WFT

Werkstoff-Forschung und -Technik
Herausgegeben von B. Ilschner
Band 4

K. Pöhlandt

Werkstoffprüfung für die Umformtechnik

Grundlagen, Prüfmethoden, Anwendungen

Mit 80 Abbildungen

Springer-Verlag
Berlin Heidelberg GmbH 1986

Dr.-Ing. Klaus Pöhlandt
Abteilungsleiter am Institut für Umformtechnik
der Universität Stuttgart

Dr. rer. nat. Bernhard Ilschner
Professor, Laboratoire de Métallurgie Mécanique
Départment des Matériaux
Ecole Polytechnique Fédérale de Lausanne / Schweiz

ISBN 978-3-540-16722-8

CIP-Kurztitelaufnahme der Deutschen Bibliothek
Pöhlandt, Klaus:
Werkstoffprüfung für die Umformtechnik :
Grundlagen, Prüfmethoden, Anwendungen / K. Pöhlandt.
(Werkstoff-Forschung und -Technik ; Bd. 4)
ISBN 978-3-540-16722-8 ISBN 978-3-662-10908-3 (eBook)
DOI 10.1007/978-3-662-10908-3
NE:GT

2362/3020-543210

Geleitwort des Herausgebers

Werkstoffe sind zum Einsatz in technischen Objekten - und übrigens auch in Werken der darstellenden Kunst - bestimmt. Daher verbindet sich mit dem Begriff der Werkstoffprüfung vielfach die Zielvorgabe einer quantitativen Bestimmung wohldefinierter Gebrauchseigenschaften: Elastizitätsmodul und Streckgrenze, Dauerschwing- und Kriechfestigkeit, Rißzähigkeit, Verschleiß- und Korrosionsbeständigkeit usw.

Bevor aber ein Werkstoff zum Gebrauch bereitsteht, muß er erst einmal in die vom Konstrukteur geforderte Form gebracht werden. Wenn man sich auf die metallischen Werkstoffe konzentriert und einmal von endformnahen Fertigungsverfahren der Gießereitechnik und der Pulvermetallurgie absieht, spielt hierbei die Umformtechnik neben der Technologie spangebender Fertigungsverfahren eine hervorragende Rolle. Ihre technisch-wirtschaftliche Bedeutung ist angesichts des großen Produktionsvolumens im Bereich des Schmiedens, Pressens, Walzens, Biegens usw. sowie der großen Kapitalinvestitionen offensichtlich. Aber auch für den Wissenschaftler stellt die quantitative Behandlung der komplexen Umformvorgänge eine Herausforderung und zugleich einen großen Reiz dar. Sie bildet den Forschungsgegenstand bedeutender Institute wie z. B. desjenigen, aus dem der Autor des vorliegenden Buches der Reihe WFT stammt.

Daraus folgt nun, daß die Prüfung der Gebrauchseigenschaften unbedingt durch die quantitative und systematische Erfassung der Verarbeitungseigenschaften - im vorliegenden Fall der Umformeignung - zu ergänzen ist. Aus dieser Aufgabenstellung heraus hat sich eine eigene Werkstoffprüfung für die Umformtechnik mit spezifischen Zielsetzungen und sich daraus ergebenden speziellen Methoden entwickelt. Es geht ihr nicht um den maximalen Widerstand gegen minimale Formänderungen, sondern im Gegenteil um die Grenzen möglichst hoher Formänderungsgrade bei möglichst geringem Energieaufwand; es geht ferner um die Eigenschafts- und Gefügeänderungen im Werkstoff während des Umformprozesses, um Eigenspannungen, Texturen und Oberflächenzustände, die sich auf die späteren Gebrauchseigenschaften auswirken können.

Herausgeber und Verlag begrüßen daher das Erscheinen dieses neuen Buches zu einem sehr wichtigen Thema aus der Hand eines mit dem Problemfeld hervorragend vertrauten Autors. Es ist zu erwarten, daß nicht nur Umformtechniker, sondern auch Metallkundler (welche Werkstoffe mit optimaler Umformeignung bereitstellen möchten) und Konstrukteure (welche die Endform zu definieren haben und insoweit der Umformung ihre Aufgaben stellen) von dieser Monographie einen guten Gebrauch machen können.

Lausanne, im Juni 1986 Bernhard Ilschner

Vorwort

Das vorliegende Buch wendet sich an Wissenschaftler an den Universitäten und Fachhochschulen wie auch an Praktiker in der Industrie. Es entstand während meiner Tätigkeit als Leiter der Abteilung für Werkstofftechnik am Institut für Umformtechnik der Universität Stuttgart.

Das Buch behandelt Methoden der Werkstoffprüfung aus der speziellen Sicht der Umformtechnik. Daher wird die allgemeine Werkstoffprüfung, soweit sie nicht für die Umformtechnik spezifisch ist, nur kurz gestreift, zumal hierzu bereits zahlreiche Darstellungen vorliegen. Der Schwerpunkt liegt auf der Erfassung der Verarbeitungseigenschaften, d.h. der Umformeignung metallischer Werkstoffe. Hierbei steht die Aufnahme von Fließkurven im Zug-, Stauch- und Torsionsversuch im Vordergrund. Außerdem wird die Ermittlung der Grenzen der Umformbarkeit behandelt. Die Übertragbarkeit der Versuchsergebnisse wird diskutiert. Darüber hinaus werden einige Prüfmethoden zur Erfassung der Eigenschaften, insbesondere der Gebrauchseigenschaften umgeformter Werkstoffe bzw. Werkstücke beschrieben.

Unberücksichtigt bleiben Prüfverfahren im Bereich der Tribologie und Oberflächenprüfverfahren sowie die Prüfung von Werkzeugwerkstoffen. Im Vordergrund steht die Verformung der Versuchsproben. Auf meßtechnische Fragen und die Prüfmaschinen wird nur soweit eingegangen, als der Zusammenhang es erfordert. Fragen des Rechnereinsatzes sind ausgeklammert.

Alle zur Zeit relevanten DIN-Normen, Stahl-Eisen-Prüfblätter und VDI-Richtlinien sind berücksichtigt. Darüber hinaus wurden auch einige ASTM-Standards sowie Empfehlungen der Internationalen Tiefziehgruppe (IDDRG) herangezogen.

Dem Direktor des Institutes für Umformtechnik, Herrn Prof. Dr.-Ing. K. Lange, danke ich für die Ermutigung und die Unterstützung bei dieser Arbeit. Mein Dank gilt ferner Frau Brigitte Wand für ihre engagierte Mitarbeit bei der Erstellung des Manuskriptes sowie allen anderen Mitarbeiterinnen und Mitarbeitern des Institutes für Umformtechnik, die zur Fertigstellung des Buches beigetragen haben.

Stuttgart, im Frühjahr 1986 Klaus Pöhlandt

Inhaltsverzeichnis

1 Einleitung

Verwendete Symbole

(in den nachfolgenden Kapiteln sind nur noch die jeweils neuen bzw. in einer neuen Bedeutung gebrauchten Symbole aufgelistet).

A_v	Kerbschlagarbeit
φ	Vergleichsumformgrad
HB	Brinell-Härte
HRc	Rockwell-Härte
HV	Vickers-Härte
IE	Erichsen-Tiefung
k_f	Fließspannung
k_{Ic}	Bruchzähigkeit
r	senkrechte Anisotropie
Δr	ebene Anisotropie
R_a	Mittenrauhwert
R_m	Zugfestigkeit
R_p	Glättungstiefe
R_p	Streckgrenze
$R_{p0,2}$	0,2-Dehngrenze
R_t	Rauhtiefe
R_z	gemittelte Rauhtiefe
σ_1; σ_2; σ_3	Hauptspannungen
σ_m	mittlere Normalspannung
Z	Brucheinschnürung

1.1 Das System der Umformtechnik

Die Gliederung des vorliegenden Buches ergibt sich aus einer Betrachtung der Umformtechnik als System, vgl. Bild 1.1 /1.1/. Den theoretischen Hintergrund für diese Betrachtungsweise liefert die Systemtheorie /1.2, 1.3/, die in der Umformtechnik bisher hauptsächlich auf tribologische Probleme angewandt wurde /1.4/.

Im Rahmen des Buches werden lediglich die Punkte 2 und 3 in Bild 1.1 betrachtet. Tribologische Untersuchungsmethoden /1.5/ sowie Prüfverfahren für Umformwerkzeuge bleiben ausgeklammert.

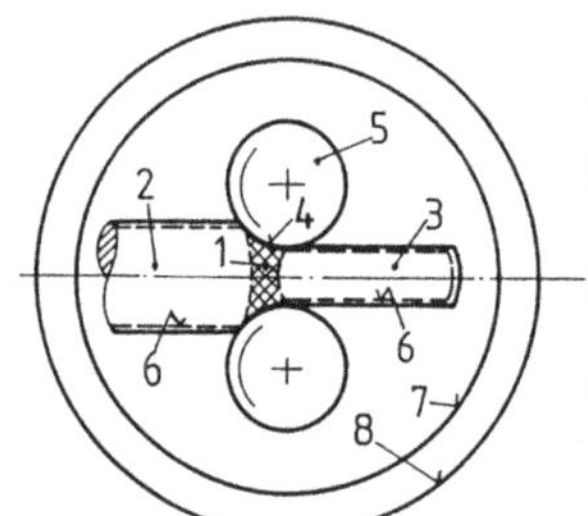

1. Umformzone
2. Stoffeigenschaften vor dem Umformen
3. Stoffeigenschaften nach dem Umformen
4. Wirkfuge zwischen Werkstück und Werkzeug
5. Umformwerkzeug
6. Oberflächenreaktionen zwischen Werkstück und umgebender Atmosphäre
7. Werkzeugmaschine
8. Betrieb

Bild 1.1. Das System der Umformtechnik am Beispiel des Walzens

Im übrigen soll lediglich eine Übersicht gegeben werden, bei der viele Einzelheiten außer Acht gelassen sind. Es wird kein Anspruch auf Vollständigkeit erhoben. Die Aufzählung der zu prüfenden Werkstoff- bzw. Werkstückeigenschaften und der zugehörigen Versuche kann nicht erschöpfend sein.

Zunächst wird der Werkstoff vor der Umformung betrachtet. Dabei kann vielfach vorausgesetzt werden, daß der Werkstoff im weichgeglühten Zustand vorliegt, so daß er den Umformgrad $\varphi = 0$ hat. Es werden Versuche beschrieben, die eine Aussage über die Umformeignung des Werkstoffes gestatten, wobei auch werkstoffbedingte Verfahrensgrenzen zum Begriff der Umformeignung zu zählen sind.

Im Anschluß daran werden Prüfmethoden zur Erfassung von Stoffeigenschaften bzw. Gebrauchseigenschaften des umgeformten Werkstoffes bzw. Werkstückes beschrieben.

1.2 Der Werkstoff vor der Umformung

1.2.1 Überblick

Im folgenden kann in der Regel vorausgesetzt werden, daß das Ausgangsmaterial für die Blechumformung ein Blechwerkstoff ist, während bei der Massivumformung keine derartige Einschränkung besteht. Dies hat Konsequenzen in Bezug auf die Symmetrieeigenschaften und somit auf die Anisotropie des zu prüfenden Werkstoffes: Bleche haben eine orthorhombische Symmetrie, die Ausgangswerkstoffe für die Massivumformung können dagegen von Fall zu Fall andere Symmetrieeigenschaften haben. Dabei bestehen aber im wesentlichen nur zwei Grundtypen (s. auch Abschnitt 3.9): die erwähnte orthorhombische Symmetrie von Blechwerkstoffen, die u.U. auch bei Vierkantstangen zu vermuten ist, und Axialsymmetrie, wie sie bei Rundstangen vorliegt. In der Praxis wirkt sich die orthorhombische Symmetrie stärker auf das Umformverhalten aus als Axialsymmetrie. Daher wird die Erfassung von Anisotropieeigenschaften nur im Zusammenhang mit der Prüfung von Blechwerkstoffen behandelt, s. Abschnitt 3.9.

Zur Charakterisierung eines Werkstoffes vor der Umformung (Punkt 1 in Bild 1.1) gehören alle Eigenschaften, die in Bild 1.2 zusammengestellt sind. Diese Eigenschaften lassen sich unterteilen in solche, die für die Beurteilung der Verarbeitungseigenschaften, vor allem also der Umformeignung, maßgeblich sind (in Bild 1.2 links oben), und allgemeine Eigenschaften, die evtl. Rückschlüsse auf zu erwartende Gebrauchseigenschaften des fertig umgeformten Werkstückes zulassen (rechts oben). Als dritte Gruppe sind unten im Bild solche Eigenschaften zusammengestellt, die für eine metallkundliche Deutung des Werkstoffverhaltens von Bedeutung sind.

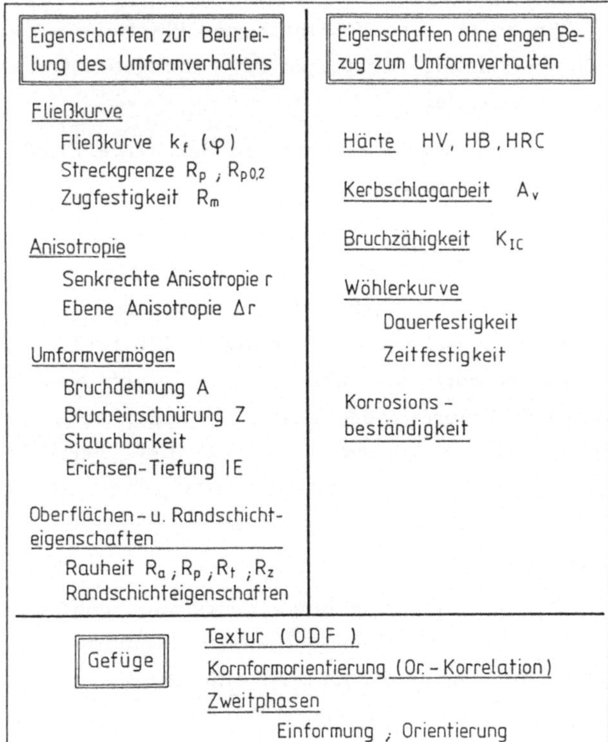

Bild 1.2. Werkstoffeigenschaften vor der Umformung

In einigen Fällen kann eine Eigenschaft nicht eindeutig einer der drei Gruppen zugeordnet werden, so daß eine gewisse Willkür nicht zu vermeiden ist.

Es kann im folgenden meistens angenommen werden, daß der zu untersuchende Werkstoff (zumindest in Näherung) den an ihn zu stellenden Anforderungen genügt; d.h. es ist schon eine Vorauswahl getroffen worden, in der völlig ungeeignete Werkstoffe ausgeschlossen wurden. Die zu beschreibenden Versuche dienen somit dazu, die - grundsätzlich zu erwartende - Umformeignung eines Werkstoffes quantitativ zu erfassen. Bei diesen Versuchen ist im Prinzip an die Eignung für beliebige Umformverfahren gedacht; allerdings steht die Stückgutfertigung im Vergleich zur Halbzeug- bzw. Fließgutfertigung etwas im Vordergrund. Ausgeklammert bleiben Verfahren des "spanlosen" Trennens wie z.B. das Feinschneiden und das Lochen.

1.2.2 Versuche zur Beurteilung der Umformeignung

Eine Voraussetzung für die zweckmäßige Auslegung von Umformmaschinen ist die Kenntnis der Spannungen in der Umformzone und der daraus resultierenden Kräfte. Die Spannungen sind in erster Linie von den Eigenschaften des Werkstückstoffes im plastischen Zustand, von den Reibverhältnissen in der Wirkfuge und von der Werkzeuggestaltung abhängig.

Aussagen über die Spannungsverteilung und den resultierenden Kraft- und Arbeitsbedarf eines Umformvorganges können mit den Verfahren der Plastizitätstheorie gemacht werden. Eine Voraussetzung derartiger Berechnungen ist die Kenntnis des Umformverhaltens der Metalle.

Die Umformeignung eines Metalles wird quantitativ beschrieben durch die Fließkurve bzw. Fließortkurve und das Umformvermögen.

Zur Ermittlung dieser Eigenschaften dient vor allem der Zugversuch /1.6 bis 1.11/, der auch in der Normung eine bevorzugte Rolle spielt. Es ist aber zu bedenken, daß das Umformvermögen metallischer Werkstoffe bei hydrostatischer Druckspannung größer ist als bei hydrostatischer Zugspannung /1.12, 1.13/, vgl. Bild 1.3. Deshalb wird der Stauchversuch oder der Torsionsversuch bevorzugt, wenn die Fließkurve bis zu hohen Umformgraden bestimmt werden soll, was zum Verständnis mancher Umformverfahren notwendig ist. All diese Versuche werden in Kapitel 2 behandelt.

1.2.3 Erfassung von Oberflächeneigenschaften

Zu den Versuchen zur Beurteilung der Umformeignung eines Werkstoffes gehört auch die Erfassung der Randschicht- und Oberflächeneigenschaften. Zu dieser Thematik sollen hier einige pauschale Hinweise genügen, da eine detaillierte Behandlung den Rahmen des Buches überschreiten würde.

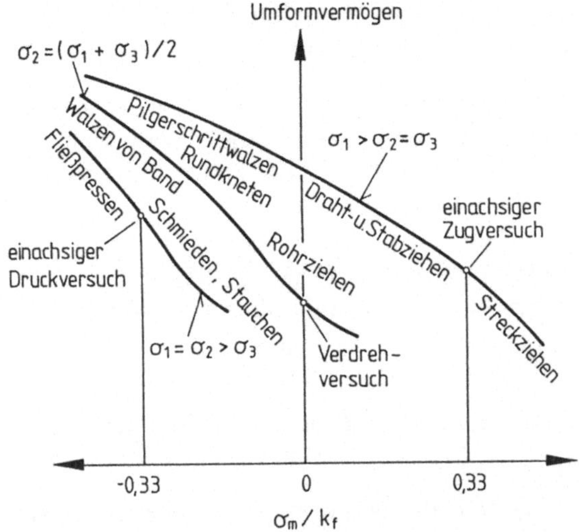

Bild 1.3. Umformvermögen metallischer Werkstoffe in Abhängigkeit von der mittleren Normalspannung $\sigma_m = \frac{1}{3}(\sigma_1 + \sigma_2 + \sigma_3)$ /1.12/

Die Oberfläche wird einerseits charakterisiert durch ihre Mikrogeometrie, d.h. vor allem durch Rauheitskennwerte /1.14 bis 1.22/. Diese Charakterisierung ist mit einigen Problemen verbunden, was sich darin äußert, daß nicht weniger als zwölf DIN-Normen diesem Thema gewidmet sind. Von diesen sind allerdings nur einige /1.14 bis 1.18/ von unmittelbarer praktischer Bedeutung für die Umformtechnik.

Zur Charakterisierung der Randschicht bzw. Oberfläche gehören andererseits ihre chemischen Eigenschaften, die zum z.T. durch recht aufwendige Analysenmethoden bestimmt werden /1.23 bis 1.25/ sowie ihre physikalischen und mechanischen Eigenschaften /1.25 bis 1.28/.

1.2.4 Sonstige Prüfverfahren

Die in Bild 1.2 rechts oben zusammengefaßten Eigenschaften dienen nicht unmittelbar der Beurteilung der Umformeignung (allerdings korrelieren manche dieser Eigenschaften mit zuvor genannten Kennwerten).

Es sind dies technologische Kennwerte wie die Härte /1.29 bis 1.31/ und die Kerbschlagarbeit /1.32/, Bruchmechanik-Kennwerte wie die Bruchzähigkeit k_{Ic} /1.33/, ferner die Zeitfestigkeit /1.34/. Versuche zur Erfassung des Ermüdungsverhaltens sowie der Korrosionsbeständigkeit werden in Kapitel 6 behandelt.

All diese Versuche - auch die letztgenannten - sind insofern schon beim nicht umgeformten Werkstoff von Interesse, als sie eine erste Aussage oder qualitative Abschätzung zu erwartender Eigenschaften des umgeformten Werkstückes ermöglichen.

Zur Ermittlung der genannten Eigenschaften dienen in vielen Fällen Prüfverfahren, die in DIN-Normen oder ASTM-Standards festgelegt sind.

Die Eigenschaften der dritten Gruppe, die in Bild 1.2 unten zusammengefaßt sind und das Gefüge mit den dazugehörigen Merkmalen betreffen, sind von Bedeutung, wenn versucht wird, Eigenschaften der ersten oder zweiten Gruppe metallkundlich zu deuten oder gezielt zu verändern.

Zur Erfassung des Gefüges dient als klassische Methode die lichtoptische metallographische Gefügeuntersuchung /1.35 bis 1.44/, die ggf. durch aufwendigere Prüfverfahren wie die Röntgentexturanalyse /1.45, 1.46/ oder die Elektronenmikroskopie /1.47, 1.48/ ergänzt werden kann. Zu einer genaueren Gefügeuntersuchung gehört auch die Prüfung auf Werkstoffehler und Oberflächenfehler, siehe z.B. /1.24, 1.49/.

Als Beispiel für eine mögliche Beurteilung der Umformeignung anhand von Gefügeeigenschaften sei auf den Zusammenhang zwischen dem Umformvermögen von Stählen bei Raumtemperatur und der Perlitausbildung hingewiesen: je größer der Anteil an kugelig ausgebildetem Perlit, desto größer ist die Brucheinschnürung im Zugversuch /1.50/.

1.3 Abschließende Bemerkungen zu Kapitel 1

Zusammenfassend kann über die Möglichkeit, Werkstoffe anhand von Versuchen vor der Umformung zu beurteilen, folgendes ausgesagt werden.

1. Hinsichtlich praktischer Anwendungen in der Umformtechnik hat die experimentelle Bestimmung von Werkstoffeigenschaften einen Vorrang nicht nur vor der theoretischen Berechnung, sondern auch vor der Übernahme von Werten aus Datensammlungen, wie sie z.B. in /1.51 bis 1.53/ vorliegen; denn Literaturwerte gelten jeweils nur für eine gegebene Werkstoffanalyse und einen gegebenen Wärmebehandlungs- und Gefügezustand.

2. Probleme durch die Forderung nach scharfer räumlicher Auflösung der Messungen bestehen außer bei Oberflächen- bzw. Randschichtuntersuchungen und bei Gefügeuntersuchungen i. allg. nicht: das Probematerial liegt ja meistens als - makroskopisch homogenes - Halbzeug vor. Dies ist ein markanter Unterschied zur Erfassung von Werkstoff- bzw. Werkstückeigenschaften nach einer Umformung und weist darauf hin, daß die Ermittlung von Stoffeigenschaften vor der Umformung i. allg. genauere Ergebnisse liefern wird.

1.4 Literatur zu Kapitel 1

/1.1/ (Hrsg.) Lange, K.: Umformtechnik. Handbuch für Industrie und Wissenschaft, 2. Aufl., Berlin/Heidelberg/New York/Tokyo: Springer 1984.

/1.2/ V. Bertallanfy, L.: General System Theory. London: Penguin 1971.

/1.3/ Ropohl, G.: Eine Systemtheorie der Technik. München/Wien: Hanser 1979.

/1.4/ Czichos, H.: Tribology. Amsterdam/Oxford/New York: Elsevier 1978.

/1.5/ Schey, J.A.: Tribology in Metalworking. Friction, Lubrication and Wear. Metals Park, Ohio: American Society for Metals (ASM) 1983.

/1.6/ DIN 50125: Prüfung metallischer Werkstoffe. Zugproben, Entwurf, Juni 1982.

/1.7/ DIN 50145: Prüfung metallischer Werkstoffe. Zugversuch, Mai 1975.

/1.8/ DIN 50114: Zugversuch ohne Feindehnungsmessung an Blechen, Bändern oder Streifen mit einer Dicke unter 3 mm, Dezember 1980.

/1.9/ DIN 51221, Blatt 1: Zugprüfmaschinen. Allgemeine Anforderungen, August 1960.

/1.10/ DIN 51221, Blatt 2: Zugprüfmaschinen. Große Zugprüfmaschinen und Universalprüfmaschinen, August 1960.

/1.11/ DIN 51210: Prüfung metallischer Werkstoffe, Zugversuch ohne Feindehnungsmessung an Drähten, August 1961.

/1.12/ Stenger, H.: Über die Abhängigkeit des Formänderungsvermögens metallischer Werkstoffe vom Spannungszustand, Diss. TH Aachen 1965.

/1.13/ Vater, M.; Lienhart, A.: Abhängigkeit des Formänderungsvermögens metallischer Werkstoffe vom Spannungszustand bei unterschiedlich hoher Temperatur und Formänderungsgeschwindigkeit, Bänder Bleche Rohre 13 (1972), 387-395.

/1.14/ DIN 4760: Gestaltabweichungen. Begriffe, Ordnungssystem, Juni 1982.

/1.15/ DIN 4762: Oberflächenrauheit, Entwurf, Mai 1978.

/1.16/ DIN 4768, Blatt 1: Ermittlung der Rauheitsmeßgrößen R_a, R_z, R_{max} mit elektrischen Tastschnittgeräten. Grundlagen, August 1974.

/1.17/ DIN 4771: Messung der Profiltiefe P_t von Oberflächen, April 1977.

/1.18/ DIN 4772: Elektrische Tastschnittgeräte zur Messung der Oberflächenrauheit nach dem Tastschnittverfahren, November 1979.

/1.19/ Peters, J. et al.: Assessment of surface topology analysis techniques, Annals of the CIRP 28/2 (1979), 539-554.

/1.20/ Bodschwinna, H.: Auswirkung der Tastspitzengeometrie auf die industrielle Rauheitsmessung, Tech. Messen 47 (1980) 21-28.

/1.21/ Sayles, R.S.; Thomas, T.R.: Measurements of the statistical microgeometry of engineering surfaces, Trans. ASME, J. Lubr. Eng. 101 (1979), 409-418.

/1.22/ Droscha, H.: Vollautomatische Oberflächenprüfung von Flachmaterial durch Bahnabtastung mit Laserstrahl, Metall 31 (1977), 1084-1086.

/1.23/ Storbeck, F.; Edelmann, Chr.: Oberflächenanalysenverfahren, Technik 33 (1978), 226-230.

/1.24/ Kollek, H.: Verfahren zur schnellen Erkennung von Verunreinigungen auf Metalloberflächen, Metall 33 (1979), 247-250.

/1.25/ Oehler, G.: Das Blech und seine Prüfung, Berlin/Göttingen/Heidelberg: Springer 1953.

/1.26/ BDS-Fachbuch Blech, Bd. 1, 7. Aufl., Bochum: Bundesverband Deutscher Stahlhandel 1978.

/1.27/ Schorsch, H.: Gütebestimmung an technischen Oberflächen, Stuttgart: Wiss. Verlagsges. 1971.

/1.28/ Krämer, H.: Oberflächenmessung mit einem Abdruckverfahren, Ind.-Anz. 100 (1978), 102, 30-31 (HGF 78/96).

/1.29/ DIN 50103, Teil 1: Prüfung metallischer Werkstoffe. Härteprüfung nach Rockwell, Verfahren C, A, B, F, März 1984; Teil 2: Härteprüfung nach Rockwell, Verfahren N und T, März 1984; Teil 3: Härteprüfung nach Rockwell, modifizierte Rockwell-Verfahren Bm, Fm und 30Tm für Feinblech aus Stahl, Februar 1985.

/1.30/ DIN 50133: Prüfung metallischer Werkstoffe. Härteprüfung nach Vickers. Bereich HV 0,2 bis HV 100, Februar 1985.

/1.31/ DIN 50351: Prüfung metallischer Werkstoffe. Härteprüfung nach Brinell, Februar 1985.

/1.32/ DIN 50115: Kerbschlagbiegeversuch, Februar 1985.

/1.33/ ASTM-Standard E 399-83: Plane-strain fracture toughness of metallic materials, Philadelphia, PA: American Society of Testing and Materials 1983.

/1.34/ DIN 50118: Prüfung metallischer Werkstoffe. Zeitstandversuch unter Zugbeanspruchung, Januar 1982.

/1.35/ ASTM-Standard E 112-84: Standard methods for determining average grain size, Philadelphia, PA: American Society of Testing and Materials 1984.

/1.36/ DIN 50600: Prüfung metallischer Werkstoffe. Metallographische Gefügebilder. Abbildungsmaßstäbe und Formate, März 1980.

/1.37/ Schumann, H.: Metallographie, 9. Aufl., Leipzig: Grundstoffindustrie 1975.

/1.38/ Rostoker, W.; Dvorak, J.R.: Interpretation of Metallographic Structures, 2nd ed., New York: Academic Press 1977.

/1.39/ (Hrsg.) Kommission der Europ. Gemeinschaft: De Ferri Metallographia, 3 Bde, Düsseldorf: Stahleisen 1966.

/1.40/ Stahl-Eisen-Prüfblatt 1520: Mikroskopische Prüfung der Carbidausbildung in Stählen mit Bildreihen, März 1978.

/1.41/ Stahl-Eisen-Prüfblatt 1570: Mikroskopische Prüfung von Stählen auf nichtmetallische Einschlüsse mit Bildreihen, 2. Ausg., 1971.

/1.42/ Stahl-Eisen-Prüfblatt 1570, Beiblatt 1: Mikroskopische Prüfung von Edelstählen auf schmale, langgestreckte nichtmetallische Einschlüsse, März 1977.

/1.43/ Schippers, M.: Metallographie von Aluminium-Legierungen, in: Lehrgang Metallographische Untersuchungsmethoden III, Technische Akademie Esslingen (TAE), 25.-27.10.1978.

/1.44/ Beckert, M.; Klemm, H.: Handbuch der metallographischen Ätzverfahren, Leipzig: Grundstoffindustrie 1962.

/1.45/ Häßner, F.: Verfahren zur Texturbestimmung, in: (Hrsg.) Grewen, J.; Wassermann, G.: Texturen in Forschung und Praxis, Symp. Clausthal-Zellerfeld 2.-5.10.1968, Berlin/Heidelberg/New York: Springer 1969.

/1.46/ Bunge, H.-J.: Methods of ODF Calculation, in (ed.) Gottstein, G.; Lücke, K.: Textures of Materials, Proc. Symp. Aachen 28.-31.3.1978, Berlin/Heidelberg/New York: Springer 1978.

/1.47/ Stüwe, H.-P.; Vibrans, G.: Feinstrukturuntersuchungen in der Werkstoffkunde, Mannheim/Wien/Zürich: Bibliographisches Institut 1974.

/1.48/ V. Heimendahl, M.: Einführung in die Elektronenmikroskopie, Braunschweig: Vieweg 1970.

/1.49/ Lange, K.: Gesenkschmieden von Stahl, Berlin/Heidelberg/Göttingen: Springer 1958.

/1.50/ Feldmann, D.: Billigmann/Feldmann. Stauchen und Pressen, 2. Aufl., München: Hanser 1973.

/1.51/ (Hrsg.) Betriebsforschungsinstitut des VDEh: Informationsdienst Werkstoffdaten Stahl-Eisen, Düsseldorf: Stahl-Eisen, Losebl.-Ausg., Stand: 1985.

/1.52/ Stahlschlüssel, 13. Aufl., Marbach: Stahlschlüssel Wegst 1983.

/1.53/ Wellinger, K., et al.: Werkstoff-Tabellen der Metalle, 7. Aufl., Stuttgart: Kröner 1972.

2 Aufnahme von Fließkurven für die Massivumformung

Verwendete Symbole

A_0	Anfangsquerschnitt einer Zugprobe
A	Momentaner Querschnitt einer Zugprobe
A_{min}	Probenquerschnitt in der Einschnürung einer Zugprobe
A_g	Gleichmaßdehnung
A_5	Bruchdehnung einer 5er Proportionalprobe (DIN 50125)
A_{10}	Bruchdehnung einer 10er Proportionalprobe (DIN 50125)
a	Abmessung am Flachstauchwerkzeug (Bild 2.20)
α	Drehwinkel im Torsionsversuch
$\dot{\alpha}$	Ableitung des Drehwinkels nach der Zeit
B	Kopfbreite einer Zug- oder Torsionsprobe
b	Abmessung am Flachstauchwerkzeug (Bild 2.20)
β	Konstante in Gl. (2.69)ff.
C	Konstante in Gl. (2.12)
C	Konstante in Gl. (2.74)
C_1	Konstante in Gl. (2.56)
c	Spezifische Wärme
d	Mittlerer Korndurchmesser
d_0	Anfangsdurchmesser einer Zugprobe B nach DIN 50125
d_1	Kopfdurchmesser einer Zugprobe B nach DIN 50125
D_1	Konstante in Gl. (2.58)
δ	Faktor in Gl. (2.77)
ε	Dehnung
ε	Relativer Fehler (auch "relative Fehlergrenze" genannt)
F	Kraft
F'	Stauchkraft pro Anfangsquerschnitt (Tab. 2.2)
$f(\gamma; \dot{\gamma})$	Funktion zur Korrektur des Verlaufes der Fließkurve, def. durch Gl. (2.57)
φ	Umformgrad
φ_0	Umformgrad bei Versuchsbeginn

φ_1	Umformgrad nach der 1. Stufe eines Stufenstauchversuches
φ_g	Vergleichsumformgrad bei Gleichmaßdehnung im Zugversuch
φ_v	Vergleichsumformgrad
$\Delta\varphi$	Zunahme des Umformgrades
$\dot{\varphi}$	Umformgeschwindigkeit
$\dot{\varphi}_1$	Bezugswert für $\dot{\varphi}$
γ	Schiebung
γ_u	Schiebung im Radialabstand u
γ_p	Schiebung im Radialabstand u_p
γ_r	Schiebung auf der Mantelfläche einer Torsionsprobe
$\dot{\gamma}$	Schiebungsgeschwindigkeit
$\dot{\gamma}_p$	Ableitung von γ_p nach der Zeit
$\dot{\gamma}_u$	Ableitung von γ_u nach der Zeit
$\dot{\gamma}_r$	Ableitung von γ_r nach der Zeit
G	Fehlergrenze im Sinne von DIN 1319
h	Kopfhöhe einer Zugprobe nach DIN 50125
h_0	Anfangshöhe einer Stauchprobe
h	Momentane Höhe einer Stauchprobe
$h(\varphi)$	Funktion für den relativen Verlauf der Fließkurve in Gl. (2.88)
j_k	k = 3,4; Koeffizienten, def. durch Gl. (2.63)
k_{f1}	Bezugswert von k_f in Gl. (2.8)
k_{fm}	Mittlere Fließspannung in Gl. (2.78)
k_w	Umformwiderstand
k	Konstante in Gl. (2.74)
L_0	Meßlänge einer Zugprobe B nach DIN 50125
L_t	Gesamtlänge einer Zugprobe B nach DIN 50125
L_v	Versuchslänge einer Zugprobe B nach DIN 50125
l_0	Meßlänge einer Torsionsprobe
l_p	Wirksame Länge einer Torsionsprobe
ΔL	Längenänderung einer Zugprobe
M	Drehmoment
m	Dehngeschwindigkeitsempfindlichkeitsindex
μ	Reibungszahl
ν	Konstante in Gl. (2.4)
n	Verfestigungsexponent
n_1	Schätzwert für n
n'	Konstante in Gl. (2.74)
Q	Aktivierungsenergie
ρ	Dichte

ρ	Konturradius bei einer eingeschnürten Zugprobe oder einer aufgebauchten Zylinderstauchprobe
R	Übergangsradius an einer Torsionsprobe (Bild 2.24)
R	Gaskonstante
r_0	Anfangsradius einer Zug- oder Zylinderstauchprobe
r	Momentaner Radius einer Zug- oder Zylinderstauchprobe
r	Außenradius einer Torsionsprobe
r_1	Innenradius einer hohlen Torsionsprobe
r_{max}	Maximaler Radius einer aufgebauchten Zylinderstauchprobe
s	Stauchweg
$\dot{s}$	Vorschubgeschwindigkeit der Stauchbahn
$\dot{s}_0$	Anfangswert von $\dot{s}$
σ	Normiertes Belastungsmaß (Tab. 2.6)
σ	Streckgrenze
$\sigma_{1;2}$	Hauptspannungen
σ_{ik}	Komponenten des Spannungstensors
σ_{∞}	Streckgrenze bei unendlich großer Korngröße
σ_m	Mittlere Normalspannung
T	Temperatur
T_s	Schmelztemperatur
t_0	Anfangswert der Wulsthöhe (Bild 2.9)
t	Momentane Wulsthöhe
t	Zeit
τ	Schubspannung
u_0	Anfangswert der Wulsthöhe (Bild 2.9)
u	Momentane Wulstbreite
u	Radialabstand in einer Torsionsprobe
u_p	Kritischer Radialabstand (Torsionsprobe)
w	Änderung des Probendurchmessers
ω	Relativer Fehler
$\varkappa$	Reibzahl mit Schmierstoff im Rastegaev-Versuch
x	Normierte Maßänderung (Tab. 2.2 und 2.6)
Z	Temperatur-korrigierte Umformgeschwindigkeit in Gl. (2.74)
z	Axialkoordinate (Bild 2.25)

2.1 Überblick, Grundbegriffe

2.1.1 Fließkurven von Einkristallen

Im folgenden werden nach Darlegung einiger Grundbegriffe die wichtigsten Einflüsse auf den Verlauf der Fließkurven metallischer Werkstoffe kurz angedeutet. Für eine ausführliche Behandlung dieser Thematik sei auf die Literatur verwiesen.

Im einfachsten Fall werden zur Ermittlung der Fließkurve im Zugversuch die Kraft F und die Längenzunahme ΔL der Probe gemessen. Die Spannung F/A (A = momentaner Probenquerschnitt) heißt im Bereich des plastischen Fließens Fließspannung k_f:

$$k_f = \frac{F}{A} \tag{2.1}$$

Für die meisten Werkstoffe gilt bei plastischer Verformung Volumenkonstanz. Daher kann der Probenquerschnitt A aus der gemessenen Längenänderung berechnet werden:

$$A = \frac{\pi r_0^2 L_0}{L_0 + \Delta L} \tag{2.2}$$

Die Fließspannung k_f wird aufgetragen über dem Umformgrad

$$\varphi = \ln \frac{L_0 + \Delta L}{L_0} \tag{2.3}$$

Die "Fließkurve"

$$k_f = k_f(\varphi) \tag{2.4}$$

gibt die Spannung an, die im einachsigen Spannungszustand notwendig ist, um beim Umformgrad φ plastisches Fließen einzuleiten bzw. aufrechtzuerhalten.

Die Übertragung der Fließspannung aus dem einachsigen auf mehrachsige Spannungszustände ist durch die Fließkriterien nach v. Mises und Tresca möglich.

Im allgemeinen Fall muß in Gl. (2.4) statt des Umformgrades φ der Vergleichsumformgrad φ_v eingesetzt werden. Bei einachsiger Beanspruchung im Zugversuch gilt jedoch /2.1/:

$$\varphi_v = \varphi \tag{2.5}$$

wobei φ durch Gl. (2.3) gegeben ist. Im folgenden wird, wenn dies nicht zu Mißverständnissen führt, der Einfachheit halber häufig φ statt φ_v geschrieben. Per Definition ist der Vergleichsumformgrad immer positiv.

Außer vom Umformgrad φ ist die Fließspannung eines Werkstoffes abhängig von der Umformgeschwindigkeit $\dot{\varphi} = d\varphi/dt$, der Temperatur sowie im allgemeinen Fall eines anisotropen Werkstoffes von der Richtung, in der die Probe aus dem Werkstück entnommen wird /2.2/, zudem in geringem Maße von der mittleren Normalspannung σ_m /2.3, 2.4/, die gegeben ist durch

$$\sigma_m = \frac{1}{3}\,(\sigma_1 + \sigma_2 + \sigma_3) \tag{2.6}$$

2.1.2 Fließkurven vielkristalliner metallischer Werkstoffe

2.1.2.1 Korngrößeneinfluß

Die Fließkurven von Einkristallen werden z.B. in /2.5/ ausführlich behandelt.

Die Körner eines Vielkristalles können sich nicht wie Einkristalle verformen, denn jedes Korn muß sich den Nachbarkörnern anpassen. Dazu ist erforderlich, daß mehrere "Gleitsysteme" in Aktion treten, d.h. es kommt zur "Mehrfachgleitung". Diese führt dazu, daß die Fließspannung meist wesentlich höher ist als bei Einkristallen. Der resultierende Korngrößeneinfluß auf die Streckgrenze wird meist durch die "Hall-Petch-Beziehung" beschrieben /2.5/

$$\sigma(d) = \sigma_\infty + \frac{k}{\sqrt{d}} \tag{2.7}$$

Diese Beziehung ist bei vielen Metallen für den Beginn der Fließkurve gut erfüllt /2.6, 2.7/. Bei größeren Formänderungen besteht kein einfacher Zusammenhang mehr zwischen Fließspannung und Korngröße.

2.1.2.2 Fließkurven bei Raumtemperatur

Metallphysikalisch ist die Raumtemperatur keine ausgezeichnete Temperatur für die Elementarvorgänge bei der Umformung. Sie wird aber als Grundlage für die technische Definition von Warm- und Kaltumformung herangezogen.

Bei Temperaturen unterhalb des Bereiches der Kristallerholung steigt die Fließspannung mit dem Umformgrad meist stetig an. Dabei nimmt die Steigung $dk_f/d\varphi$ mit wachsendem Umformgrad ab, vgl. Bilder 2.1 und 2.2.

Es wird jedoch beobachtet, daß bei Umformvorgängen größenordnungsmäßig etwa 90% der Umformarbeit in Wärme umgewandelt werden. Der Rest der Umformarbeit wird im Werkstoff als innere Energie gespeichert. Die während der Umformung stattfindende Erwärmung kann – vor allem bei niedrigschmelzenden Metallen – die Aufnahme von Fließkurven beeinflussen.

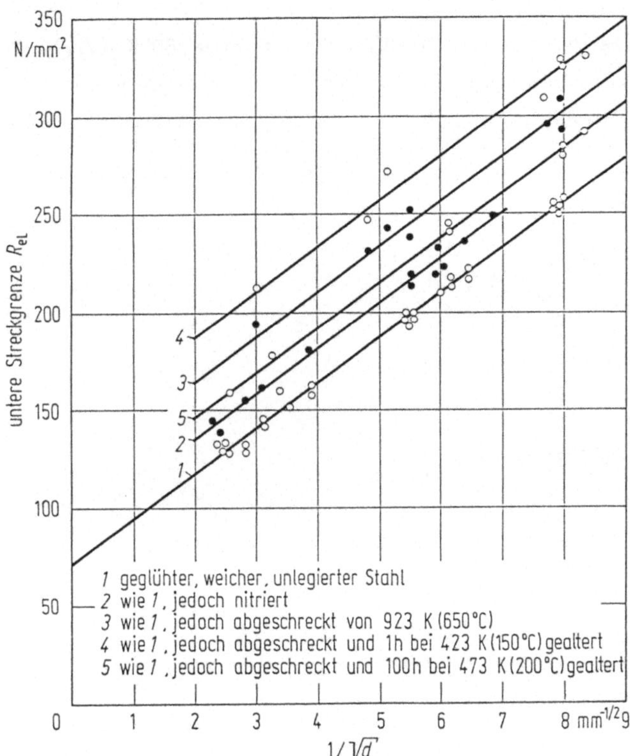

Bild 2.1. Abhängigkeit der unteren Streckgrenze vom mittleren Korndurchmesser (nach /2.6/)

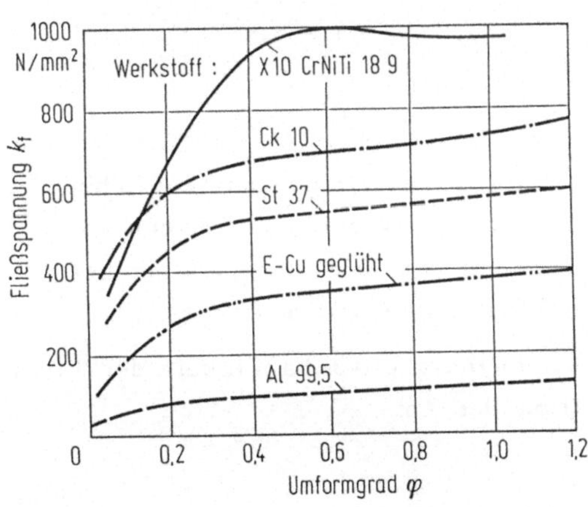

Bild 2.2. Fließkurven einiger Metalle bei Raumtemperatur /2.2/

2.1.2.3 Einfluß von Temperatur und Umformgeschwindigkeit

Bei höheren Temperaturen finden infolge thermischer Aktivierung Erholungs- bzw. Rekristallisationsvorgänge statt, so daß die Fließspannung außer von der Temperatur und dem Umformgrad stark von der Umformgeschwindigkeit abhängt.

Ein Beispiel ist in Bild 2.3 gezeigt, wo die Fließkurven ab etwa 500K (227°C) ein ausgeprägtes Maximum durchlaufen und zu höheren Umformgraden wieder abfallen. Außerdem nimmt die Fließspannung bei gegebenem Umformgrad i. allg. mit steigender Temperatur ab.

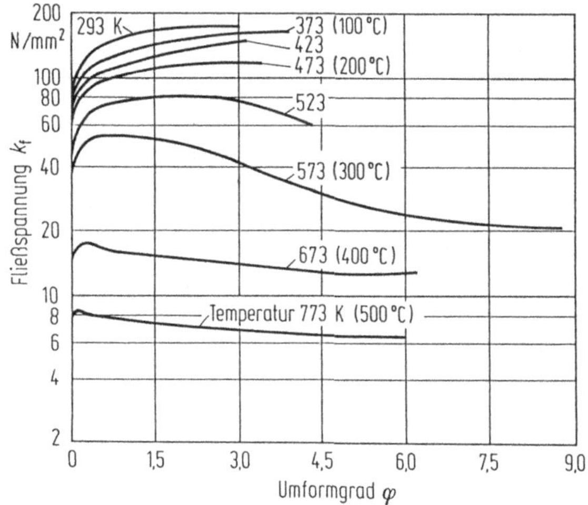

Bild 2.3. Abhängigkeit der Fließspannung von Aluminium techn. Reinheit von Umformgrad und Temperatur /2.2/

Ob Rekristallisation oder Kristallerholung der dominierende Vorgang ist, muß von Fall zu Fall entschieden werden. Beide Vorgänge erfolgen mit endlicher, von der Temperatur abhängiger Geschwindigkeit. Der Verlauf der Fließkurve ergibt sich aus der Verfestigung infolge Zunahme der Versetzungsdichte bei gleichzeitiger Entfestigung durch Erholung bzw. Rekristallisation.

Bei konstanter Temperatur läßt sich die Geschwindigkeitsabhängigkeit der Fließspannung annähern durch eine Potenzfunktion der Art

$$k_f \approx k_{f1} \left(\frac{\dot{\varphi}}{\dot{\varphi}_1} \right)^m \qquad (2.8)$$

Hierin ist k_{f1} die Fließspannung bei der Umformgeschwindigkeit $\dot{\varphi}_1$.

Nach /2.9/ beträgt der Exponent m für Stahl bei Raumtemperatur etwa 0 - 0,05, und im Bereich oberhalb 1150K etwa 0,1 - 0,2.

Bild 2.4 zeigt als Beispiel die Fließkurve von Stahl C15 bei verschiedenen Umformgeschwindigkeiten. In Abschnitt 2.5 finden sich weitere Angaben zu den Besonderheiten der Warmumformung.

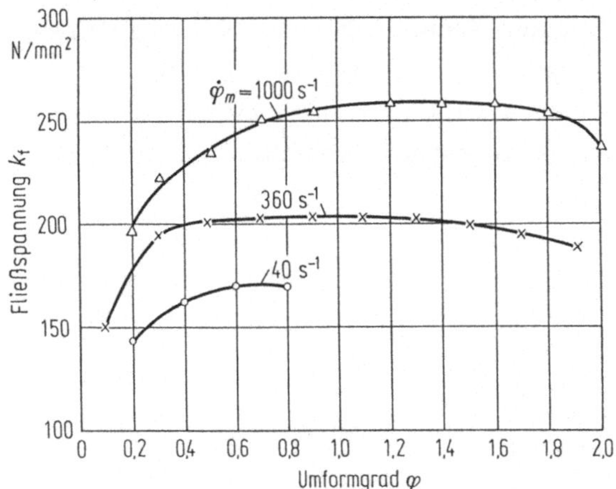

Bild 2.4. Fließkurve von C15 bei 1100°C für verschiedene Umformgeschwindigkeiten /2.10/

2.2 Zugversuch

2.2.1 Allgemeines

Fließkurven werden durch Versuche bestimmt /2.8/. In Sonderfällen können sie bei Stählen näherungsweise aus der chemischen Zusammensetzung berechnet werden, vgl. Abschnitt 4.3.

Im folgenden werden die wesentlichen Methoden zur Aufnahme der Fließkurven vielkristalliner metallischer Werkstoffe beschrieben. Dabei wird zunächst nur die Verformung isotroper Werkstoffe bei Raumtemperatur betrachtet. Es wird grundsätzlich vorausgesetzt, daß die Fließkurve an einer nicht vorverformten Probe ermittelt wird; wenn nicht ausdrücklich anders angegeben, gilt für den Umformgrad bei Versuchsbeginn $\varphi = 0$. Streckgrenzenphänomene werden nicht berücksichtigt, sondern es wird die plastische Verformung im Bereich oberhalb der Streckgrenze betrachtet.

2.2.2 Zugversuch nach DIN 50145

Wird die Fließkurve nur im Bereich kleiner Umformgrade benötigt, so wird i. allg. der Zugversuch eingesetzt, denn dieser ist in Bezug auf Instrumentierung, Versuchsauswertung und Normung zu einem hohen Stand entwickelt worden.

Die für Zugversuche gültigen DIN-Normen /1.6 bis 1.11/ wurden bereits in Abschnitt 1.2.2 angegeben. Im folgenden wird der Zugversuch gemäß DIN 50145 /1.7/ betrachtet. Dabei werden als Versuchsproben meistens Rundstäbe gemäß DIN 50125 /1.6/ verwendet *).

---

*) DIN 50125 läßt im Prinzip auch Proben mit nichtkreisförmigen Querschnitten zu; dieser Fall wird aber hier nicht betrachtet.

Bild 2.5 zeigt Rundproben mit Gewindeköpfen (Zugproben B nach DIN 50125), die den Vorteil einer zuverlässigen Einspannung bieten (bei Zugproben A mit glatten Köpfen können die Einspannbacken abrutschen). Die Gewinde können umformend mit Hilfe von Gewinderollköpfen angebracht werden.

Zugprobe B 14 × 70 DIN 50 125

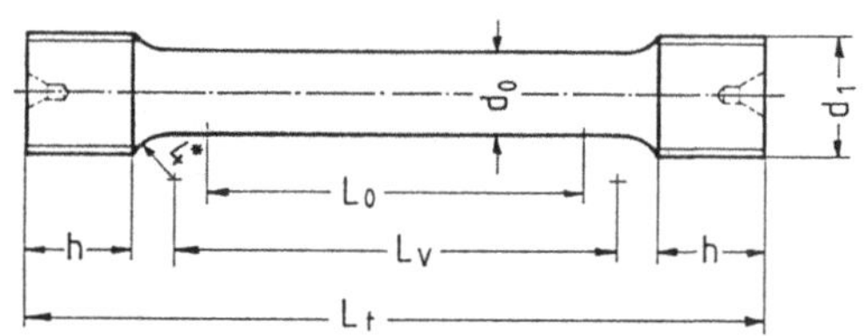

d_0 = Probendurchmesser
d_1 = Kopfdurchmesser (Außen-Φ des Gewindes)
L_V = Versuchslänge = $L_0 + d_0$
* Kleinstmaß

L_0 = Meßlänge ($L_0 = 5\,d_0$ oder $10\,d_0$)
L_1 = Gesamtlänge
h = Kopfhöhe

Bild 2.5·Zugprobe B (Rundprobe mit Gewindeköpfen) gemäß DIN 50125. Für kurze Proportionalproben ist $L_0 = 5d_0$; für lange entsprechend $L_0 = 10d_0$

Zur Versuchsauswertung wird im Bereich der Gleichmaßdehnung angenommen, daß die Zugkraft gleichmäßig über den Querschnitt der Probe verteilt ist. Für die Fließspannung gilt die schon angegebene Beziehung (2.1).

Der Bereich der Gleichmaßdehnung hat als obere Grenze die Dehnung A_g, bei der im Zugversuch die maximale Zugkraft auftritt. Zu diesem Zeitpunkt beginnt die Probe örtlich einzuschnüren. Der große Nachteil des Zugversuches liegt darin, daß die Einschnürung schon bei relativ kleinen Umformgraden einsetzt. Für viele metallische Werkstoffe gilt

$$\varphi_g = \ln(1 + A_g) \approx 0{,}1 \ldots 0{,}3 \qquad (2.9)$$

Die Ermittlung der Fließkurve im Zugversuch über den Bereich der Gleichmaßdehnung hinaus wird im folgenden Abschnitt beschrieben.

2.2.3 Verfahren nach Siebel und Schwaigerer

Nach Siebel und Schwaigerer /2.11/ berechnet sich die Fließspannung gemäß

$$k_f = \frac{F}{A_{min}\left(1 + \frac{r}{4\rho}\right)} \qquad (2.10)$$

Der zugehörige Vergleichsumformgrad ist

$$\varphi_v = \ln\left(\frac{A_0}{A_{min}}\right) \qquad (2.11)$$

mit

A_{min} = kleinste Querschnittsfläche
r = Probenradius im Einschnürbereich
ρ = Krümmungsradius der Konturlinie.

Voraussetzung ist, daß die Probe auch in der Einschnürzone ihren kreisförmigen Querschnitt beibehält.

Fehlermöglichkeiten ergeben sich vor allem bei der Bestimmung von ρ und durch Vernachlässigung des Geschwindigkeitseinflusses. Bleibt die Ziehgeschwindigkeit der Maschine während des Versuches konstant, so treten beim Einschnüren erheblich höhere Umformgeschwindigkeiten als im Bereich der Gleichmaßdehnung auf, da die Umformzone im wesentlichen auf die Einschnürstelle beschränkt ist. Unter Einbeziehung der Einschnürung werden im Zugversuch Umformgrade bis $\varphi \approx 1$ erreicht.

Ein vereinfachtes Auswertungsverfahren ist in /2.12/ beschrieben.

2.2.4 Ermittlung der Fließkurve aus Kennwerten im Zugversuch

Die Fließkurven von unlegierten und niedriglegierten Stählen sind bei Raumtemperatur bis zu Umformgraden $\varphi_v \approx 1$ in doppeltlogarithmischer Darstellung Geraden. Demnach gilt

$$k_f \approx C\,\varphi_v^n \tag{2.12}$$

Tabelle 2.1. Werte der Konstanten C und n in Gl. (2.12) für einige wichtige Werkstoffe der Umformtechnik /2.13/

Werkstoff	$\frac{C}{N/mm^2}$	n	Gültigkeitsbereich für φ_v
St38	730	0.10	
St42	850	0.23	
St60	890	0.15	
C10	800	0.24	
Ck10	730	0.22	
Ck35	960	0.15	
15Cr3	850	0.09	0,1...0,7
16MnCr5	810	0.09	0,1...0,7
20MnCr5	950	0.15	
100Cr6	1160	0.18	
Al99,5	110	0.24	
AlMg3	390	0.19	0,2...1,0
CuZn40	800	0.33	o,2...1,0

Die ist die sog. "Ludwik-Gleichung". Typische Werte für C und n sind in Tabelle 2.1 angegeben.

Die Fließkurven von einigen hochlegierten Stählen sowie von Kupferlegierungen lassen sich dagegen durch Gl. (2.12) nicht beschreiben.

Wenn Gl. (2.12) als gültig vorausgesetzt werden kann, genügt zur Ermittlung der Fließkurve die Bestimmung der Konstanten C und n im Zugversuch /2.14/. Dabei läßt sich zeigen, daß gilt

$$n \approx \varphi_g \tag{2.13}$$

und

$$C \approx R_m \left(\frac{e}{n}\right)^n \tag{2.14}$$

Demnach müssen zur Bestimmung der Fließkurve lediglich die Gleichmaßdehnung und die Zugfestigkeit ermittelt werden.

Für die Messung der Gleichmaßdehnung gibt es verschiedene Möglichkeiten. Die exakteste besteht darin, daß die Probe bis über die Gleichmaßdehnung gedehnt, und φ_g aus der Dehnung einer außerhalb der Einschnürung liegenden Meßlänge ermittelt wird. Soll die Fließkurve nur näherungsweise bestimmt werden, so kann die Gleichmaßdehnung auch nach der Formel

$$A_g = 2\,A_{10} - A_5 \tag{2.15}$$

berechnet werden. Hierin sind A_{10} und A_5 die Bruchdehnungen, die mit genormten Zugproben ($L_0 = 20r_0$ bzw. $L_0 = 10r_0$) ermittelt werden. In Gl. (2.15) ist angenommen, daß die Einschnürzone bei beiden Probentypen die gleiche Länge hat.

Weitere Angaben zur Ermittlung der Gleichmaßdehnung finden sich in /2.15/.

Mit Hilfe des so erhaltenen Wertes für A_g wird der Verfestigungsexponent berechnet gemäß (vgl. (2.9), (2.13))

$$n \approx \varphi_g = \ln\,(1+A_g) \tag{2.16}$$

Dieses Vorgehen hat den Vorteil, daß die Fließkurve oft aus schon bekannten Werten für R_m, A_{10} und A_5 ermittelt werden kann, d.h. es ist die einfachste mögliche Vorgehensweise. Ein Nachteil der Methode liegt darin, daß die Proben sehr maßgenau gefertigt werden müssen. Schon bei einer kleinen örtlichen Schwächung des Querschnittes würde sich vorzeitig eine Einschnürung ausbilden /2.16/.

2.3 Stauchversuch

2.3.1 Grundbegriffe

Da das Umformvermögen von Metallen i. allg. bei hydrostatischer Zugspannung am kleinsten ist und bei hydrostatischer Druckspannung am größten /1.12, 1.13/, werden im Stauchversuch sehr hohe Umformgrade erreicht. Daher kann im Stauchversuch die Fließkurve in einem größeren Wertebereich als im Zugversuch ermittelt werden; hierzu siehe auch Abschnitt 2.4 (dies schließt die Anwendung des Zugversuches nicht aus, zumal für viele Werkstoffe in Gütenormen Kennwerte aus dem Zugversuch festgelegt sind).

Der Stauchversuch wird deshalb zweckmäßig dann eingesetzt, wenn möglichst hohe Umformgrade erreicht werden sollen. Wenn dagegen die Fließkurve nur im Bereich kleiner Umformgrade interessiert, genügt der Zugversuch. Dieser liefert auch dann ausreichende Information, wenn der bei niedrigen Umformgraden ermittelte Verlauf der Fließkurve zu höheren Umformgraden extrapoliert werden kann. Dies ist der Fall, wenn für die Fließkurve Gl. (2.12) vorausgesetzt werden kann. Dann genügt es, in der beschriebenen Weise C und n im Zugversuch zu bestimmen.

Im folgenden wird angenommen, daß Gl. (2.12) nicht als streng gültig angenommen werden kann, und daß die Fließkurve bis zu sehr hohen Umformgraden im Stauchversuch bestimmt werden soll; Gl. (2.12) wird nur noch zum Zweck grober Abschätzung verwendet.

Die Betrachtung beschränkt sich zunächst auf die Umformung bei Raumtemperatur (der Fall der Warmumformung wird in Abschnitt 2.5 behandelt) und auf massive Versuchsproben; dünne Bleche werden in Kapitel 3 betrachtet.

Zuerst wird der herkömmliche Stauchversuch an kreiszylindrischen Proben betrachtet (Zylinderstauchversuch). Dieser ist, soweit es die Ermittlung der Fließkurve betrifft, bis jetzt nicht genormt. Er kann jedoch an Anlehnung an DIN 50106 /2.17/ und VDI B 3200 /2.18/ durchgeführt werden. Darüber hinaus ist das Stahl-Eisen-Prüfblatt 1123 /2.19/ zu berücksichtigen, das in /2.20,2.21/ in aktualisierter Form als Grundlage für einen vereinheitlichten Stauchversuch vorgeschlagen wurde *).

Ein zylindrischer Probekörper wird zwischen ebenen, parallelen Stauchbahnen zusammengedrückt, siehe Bild 2.6. Für den Umformgrad gilt bei Vernachlässigung von Korrekturen

$$\varphi(F) \approx \ln \frac{h(F)}{h_0} < 0 \qquad (2.17)$$

*) Hinweise für die praktische Durchführung von Zylinderstauchversuchen finden sich auch in /1.49/.

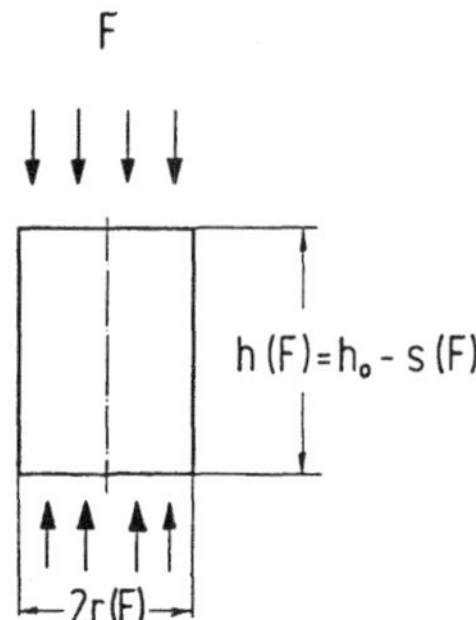

Bild 2.6. Zylinderstauchversuch (schematisch)

Hierin ist h(F) die momentane Probenhöhe bei der Last F. Es wird geschrieben

$$h(F) = h_0 - s(F) \tag{2.18}$$

s(F) ist der gemessene Stauchweg. Aus Gl. (2.17) folgt für die momentane Probenhöhe als Funktion des Umformgrades

$$h(\varphi) = h_0 \, e^{-|\varphi|} \tag{2.19}$$

Während der Umformgrad gemäß Gl. (2.17) negativ ist, ist der Vergleichsumformgrad per Definition positiv. Es gilt

$$\varphi_v = -\varphi = \ln \frac{h_0}{h(F)} \tag{2.20}$$

Für die Ermittlung der Fließkurve wird vereinfachend angenommen

$$k_f(\varphi) = k_f(-\varphi) \tag{2.21}$$

Dies gilt allerdings nicht streng, da die mittlere Normalspannung die Fließspannung schwach beeinflußt /2.3, 2.4/.

Für die Fließspannung kann mit der Voraussetzung der Volumenkonstanz geschrieben werden

$$k_f(F) \approx \frac{F}{\pi \, r^2(F)} \tag{2.22}$$

wobei r(F) über die Volumenkonstanz aus dem Stauchweg s(F) berechnet wird.

Mit den Gln. (2.17), (2.22) lassen sich aus der gemessenen Kurve F(s) der Umformgrad und die Fließspannung berechnen. Dabei geht die gemessene Kraft F lediglich in die Fließspannung ein, während die Höhenabnahme s sowohl in den Umformgrad als auch in die Fließspannung eingeht. Es ist plausibel, daß der Meßfehler der Höhenabnahme sich stärker auf die berechnete Fließkurve $k_f(\varphi_v)$ auswirkt als der Fehler der Kraftmessung.

Um die Auswirkung der Meßfehler auf die ermittelte Fließkurve zu verstehen, werden Stauchweg und Kraft als Funktionen des Umformgrades geschrieben. Es gilt mit (2.17), (2.18), (2.21)

$$s(\varphi_v) \approx h_0 [1 - e^{-\varphi_v}] \tag{2.23}$$

und

$$F(\varphi_v) \approx \pi C \, r_0^2 \, e^{\varphi_v} \varphi_v^n \tag{2.24}$$

In Gl. (2.24) ist für den Verlauf der Fließkurve Gl. (2.12) vorausgesetzt.

In Bild 2.7 sind die durch (2.23), (2.24) gegebenen Kurven dargestellt. Für die Kraft-Weg-Kurve folgt

$$F(s) = \pi C \, r_0^2 \frac{\ln^n \left\{1 - \frac{s}{h_0}\right\}}{\left[1 - \frac{s}{h_0}\right]^2} \tag{2.25}$$

Da die Kraft steil ansteigt, erfolgt eine merkliche elastische Verformung der Stauchbahnen, die den gemessenen Stauchweg zusätzlich verfälscht. Dies gilt auch dann, wenn der Stauchweg direkt an der Probe zwischen den Stauchbahnen gemessen wird, denn eine elastische Verwölbung der Stauchbahnen unter den Berührflächen ist nicht auszuschließen.

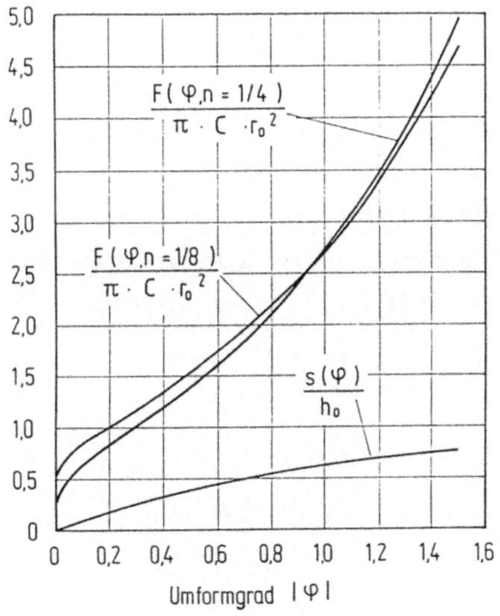

Bild 2.7. Kraft und Stauchweg als Funktionen des Umformgrades beim Zylinderstauchversuch (Annahme: $k_f(\varphi) = C|\varphi|^n$; n = 1/4 bzw. 1/8)

2.3.2 Einfluß der Reibung

2.3.2.1 Allgemeines

Bei der üblichen Durchführung des Stauchversuches wird der im Prinzip erreichbare Umformgrad oft nicht voll genutzt, da Fehler auftreten, die mit dem Umformgrad anwachsen. Da der Bereich hoher Umformgrade der eigentliche Anwendungsbereich des Stauchversuches ist, kommt es darauf an, gerade solche Fehler zu unterdrücken.

Ein erster derartiger Fehler ergibt sich aus der Reibung. Diese wirkt sich zweifach aus:

1) Sie macht eine zusätzliche Kraft zum Erreichen eines gegebenen Umformgrades erforderlich. Statt Gl. (2.22) gilt deshalb nach Siebel /2.22/

$$\frac{F(\varphi)}{\pi r^2(\varphi)} \approx k_f(\varphi)\left\{1 + \frac{2\mu r(\varphi)}{3h(\varphi)}\right\} \tag{2.26}$$

Hierin ist μ die Reibungszahl. Die linke Seite von Gl. (2.26) wird als "Umformwiderstand" $k_w(\varphi)$ bezeichnet:

$$\frac{F(\varphi)}{\pi r^2(\varphi)} = k_w(\varphi) \tag{2.27}$$

Aus Gl. (2.26) folgt, daß die Probe möglichst schlank sein sollte, damit der Reibungseinfluß gering ist. Wegen der geforderten Knick- und Biegesteifigkeit ist aber der Schlankheitsgrad beschränkt (Zahlenwerte siehe Abschnitt 2.3.4).

2) Die Reibung führt zu einer tonnenförmigen Aufwölbung der Probe /2.23/ und damit zu einem mehrachsigen Spannungszustand. Die Aufwölbung der Probe kann soweit gehen, daß sich Teile der Mantelfläche der Probe an die Stauchbahnen anlegen. Von einem Stauchversuch im engeren Sinne kann eigentlich nur die Rede sein, wenn die Axialspannung betragsmäßig groß gegen alle anderen Komponenten des Spannungstensors ist, d.h. wenn gilt

$$|\sigma_{zz}| >> |\sigma_{ik}|; \quad i,k = r,z,\vartheta; \; i \neq k \tag{2.28}$$

Hierin ist z die Axialkoordinate, r der Radialabstand und ϑ der Azimutwinkel in Bezug auf die Achse.

Aus dem Reibungseinfluß ergeben sich für die Ermittlung der Fließkurve im allgemeinen Fall folgende Probleme.

Es ist das Korrekturglied in Gl. (2.26) zu ermitteln; zu diesem Zweck muß die Reibzahl μ bekannt sein. Eine Alternative besteht darin, durch möglichst gute Schmierung μ extrem klein zu machen.

Zur Korrektur auf die Aufwölbung der Probe, d.h. für die Umrechnung auf einachsigen Spannungszustand ist die Kontur der Probe auszumessen, wobei ein zusätzlicher Meßfehler in das Ergebnis eingeht, siehe auch Abschnitt 2.3.4. Außerdem geht die Unsicherheit des angenommenen Fließkriteriums in die berechnete Fließspannung ein (nach /2.24/ kann beim Bruchbeginn die in Umfangsrichtung bestehende Zugspannung von gleicher Größenordnung wie die axiale Druckspannung sein).

Schließlich führt die Abweichung vom einachsigen Spannungszustand dazu, daß bei gegebener Längsdruckspannung die hydrostatische Druckspannung kleiner ist als im einachsigen Fall, wodurch das Umformvermögen des Werkstoffes verringert werden kann /2.17, 2.18/.

Demnach ist die Reibung eine Fehlerquelle erster Ordnung, die nur bei niedrigen Umformgraden vernachlässigt werden kann /2.25/. Nach Angaben in /2.26/ ist aufgrund der Reibung der (einstufige) Zylinderstauchversuch nur für $\varphi_v < 0{,}7$ anwendbar.

Diese Aussagen werden allerdings durch Ergebnisse von Stauchversuchen mit Haftreibung relativiert, s.u.

2.3.2.2 Überblick über die Ausführungsformen des Stauchversuches

Die verschiedenen in der Literatur beschriebenen Ausführungsformen des Stauchversuches dienen dazu, die Reibung zu unterdrücken bzw. bei der Versuchauswertung rechnerisch zu eliminieren. Sie lassen sich wie folgt unterteilen:

1) Unterdrücken der durch Reibung verursachten Aufwölbung der Probe (Kegelstauchversuch nach Siebel und Pomp /2.22, 2.27, 2.28/);

2) Bestimmung der Reibzahl und rechnerische Eliminierung des Korrekturgliedes in Gl. (2.26) (Ringstauchversuch /2.29/, Extrapolationsverfahren /2.30, 2.31/);

3) Unterdrücken der Reibarbeit durch Haftreibung /2.32 bis 2.34/;

4) Verringern der Reibarbeit durch Unterbrechen des Versuches und Abdrehen der Probe auf den anfänglichen Schlankheitsgrad (Stufenstauchversuch /2.1, 2.35/) oder Stauchen vorverfestigter Proben /2.36/, s.a. Abschnitt 2.3.3;

5) Verringerung der Reibzahl durch Schmierung /2.33, 2.37 bis 2.48/, s. a. Abschnitt 2.3.4.1;

6) Es besteht im Prinzip die Möglichkeit, den zweiten erwähnten Fehler, d.h. die fehlerhafte Bestimmung der Höhenabnahme der Probe, zu vermeiden, indem

statt der Höhenabnahme die Zunahme des Probendurchmessers gemessen wird, vgl. Abschnitt 2.3.4.5;

7) Durch Verwendung nicht zylindrischer Stauchproben /2.49, 2.50/, die große Stirnflächen und eine "schlanke Taille" haben, können sowohl die Reibung wie der Fehler der Höhenabnahme unterdrückt werden, siehe Abschnitt 2.3.5.

Völlig andersartige Bedingungen als beim Zylinderstauchversuch bestehen aufgrund der ebenen Formänderung beim Flachstauchversuch /2.8, 2.51 bis 2.62/, vgl. Abschnitt 2.3.6.

Diese Aufzählung beinhaltet nicht einige selten angewandte Methoden, siehe z.B. /2.35, 2.48/.

In den folgenden Abschnitten werden die unter 4) bis 7) genannten Verfahren etwas ausführlicher betrachtet. Zuvor sollen die Methoden 1) bis 3) kurz diskutiert werden.

1) Kegelstauchversuch: bei dem von Siebel und Pomp vorgeschlagenen Versuch /2.22/ sind Probenstirnflächen und Stauchbahnen kegelig. So wird die durch Reibung verursachte Aufwölbung der Probe bei niedrigen Umformgraden ($\varphi_v < 0{,}4$) unterdrückt /2.1/, aber die Reibarbeit bleibt praktisch unverändert. Bei diesen Versuchen müssen die Proben genau zentrisch eingespannt werden.

2) Bestimmung der Reibzahl; Extrapolationsverfahren: im Ringstauchversuch besteht die Möglichkeit, die Reibzahl aus der Änderung des Innendurchmessers der Probe experimentell zu bestimmen. Häufig wird dieser Versuch ausschließlich zur Ermittlung der Reibzahl eingesetzt. Es besteht aber die Möglichkeit, aus der Last-Weg-Kurve im Ringstauchversuch die Fließkurve zu ermitteln /2.29/. Da bei gleichzeitiger Ermittlung der Reibzahl die Reibarbeit berechnet werden kann, läßt sich diese Korrektur eliminieren. Ein Nachteil ist die Notwendigkeit, drei Meßgrößen (Kraft, Höhe, Durchmesser) zu erfassen.

Beim Extrapolationsverfahren nach Sachs /2.30/ werden Proben mit unterschiedlichem Schlankheitsgrad gestaucht, und aus den Meßwerten wird durch Extrapolation auf $r_0/h_0 \rightarrow 0$ die "reibungsfreie" Fließkurve berechnet. Diese Methode wurde von verschiedenen Autoren aufgegriffen, in neuerer Zeit z.B. von Sato und Takeyama /2.31/. Ein Nachteil des Verfahrens ist die Notwendigkeit, mindestens zwei Versuche mit unterschiedlichen Proben zur Ermittlung einer Fließkurve durchzuführen. Außerdem ist die Extrapolation mit einer Unsicherheit behaftet, da aufgrund der Reibung eine inhomogene Formänderungsverteilung vorliegt.

Bei den Verfahren zur rechnerischen Eliminierung der Reibung muß im allgemeinen Fall auch auf die Wölbung der Probe korrigiert werden, siehe z.B. /2.64/. Deshalb erscheint es eleganter, die Reibung durch wirksame Schmierung zu unterdrücken. Wie aber das im folgenden beschriebene Stauchen mit Haftreibung zeigt, können sich u.U. die durch Reibung verursachten Fehler gegenseitig kompensieren.

3) Stauchen mit Haftreibung: das in /2.32 bis 2.34/ beschriebene Verfahren macht sich die Tatsache zunutze, daß für gegebenen Werkstoff und gegebene Probengeometrie die Meßkurve F(s) bei Haftreibung fast genau so verläuft wie bei guter Schmierung, vgl. Bild 2.8. Dies gilt nur für nicht so hohe Umformgrade und in einem bestimmten Wertebereich für den Schlankheitsgrad; empfohlen wird $h_0/2r_0 = 2$ /2.33/. Auch in /2.25/ wurde erwähnt, daß die Meßkurven mit und ohne Schmierung für nicht zu hohe Umformgrade nahezu gleich verlaufen.

Um Haftreibung zu erhalten, werden Stauchbahnen mit konzentrischen Riefen ohne Schmierstoff verwendet. Die Reibarbeit ist gleich Null, aber die Aufwölbung der Probe ist stärker als bei Proben mit Gleitreibung.

Daß die Meßkurven bei Haftreibung und bei Schmierung nahezu gleich sind, wird damit erklärt, daß die erwähnten Folgerscheinungen der Reibung - erhöhter Kraftbedarf und Aufwölbung der Probe - einander in ihrer Wirkung auf die Meßkurve kompensieren: die Aufwölbung hat eine inhomogene Formänderung mit mehrachsigem Spannungszustand zur Folge, und die Außenfasern werden zugleich gestaucht und in Umfangsrichtung durch Zugspannungen verformt. Dies erklärt qualitativ, daß der Kraftbedarf verringert wird. Aufgrund dieser Erscheinung ist die Versuchsauswertung denkbar einfach: die Meßkurve F(s) wird formal mit Hilfe der Gln. (2.17) und (2.22) ausgewertet, als sei der Versuch reibungsfrei.

Ein Mangel des Verfahrens ist der durch die Zugspannungen auf der Mantelfläche ermöglichte vorzeitige Bruchbeginn. Dennoch liefert die Methode nach /2.33/ für $\varphi_v \leq 0{,}9$ bessere Ergebnisse als Stauchversuche mit Schmierung; für höhere Umformgrade wächst der Fehler schnell an, vgl. Bild 2.8. Wie aber unten gezeigt wird (vgl. Bild 2.29), ist der Stauchversuch mit Höhenmessung ohnehin nur für nicht so hohe Umformgrade ausreichend genau; daher kommt eine Versuchsauswertung ohne Berücksichtigung der Reibung durchaus in Betracht. Der zulässige hohe Schlankheitsgrad $h_0/2r_0 = 2$ liegt über dem bei

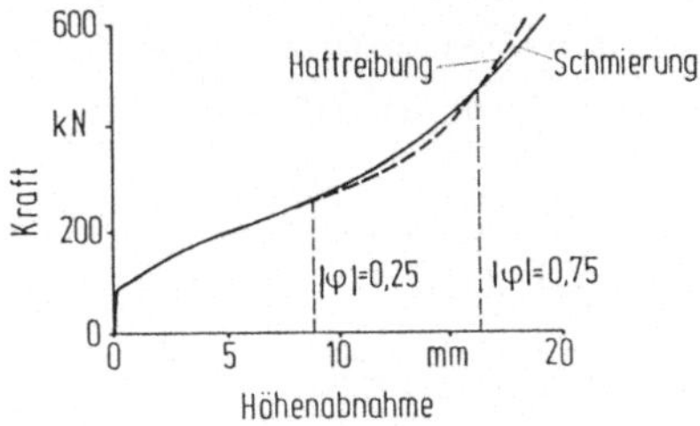

Bild 2.8. Meßkurven bei Stauchversuchen mit Schmierung und mit Haftreibung /2.32/ ($h_0/2r_0 = 3/2$; $h_0 = 30$ mm)

Schmierung und hat zur Folge, daß die Höhenabnahme der Probe mit einem vergleichsweise kleineren Fehler gemessen werden kann.

2.3.3 Diskontinuierlicher Stauchversuch

Im allgemeinen wird der Stauchversuch in seinen verschiedenen Ausführungsformen kontinuierlich durchgeführt, d.h. ohne Unterbrechung. Da sich hierbei die Probe erwärmt, kann die Fließspannung verfälscht werden; im Extremfall hoher Umformgeschwindigkeit wird die adiabatische Fließkurve angenähert (siehe auch Abschnitt 2.5). Außerdem wird die Schmierung zunehmend schlechter, da sich die Stirnfläche der Probe vergrößert, so daß der Schmierstoffilm dünner wird.

Aus diesem Grunde wird in manchen Fällen der Stauchversuch diskontinuierlich durchgeführt. Dieser "Stufenstauchversuch" /2.1, 2.35/ ist der Verwendung von Stauchproben aus anderweitig (d.h. nicht mit gleicher Richtung der Umformung) vorverfestigtem Material /2.36/ vorzuziehen.

Die erste Stauchstufe wird bei einem Umformgrad φ_1 beendet, um die Probe wieder auf den anfänglichen Schlankheitsgrad abzudrehen (und ggf. neu zu schmieren), bevor der Versuch fortgesetzt wird. Nach /2.35/ soll $|\varphi_1|$ etwa 0,25 betragen; in der Praxis sind auch erheblich höhere Werte üblich.

Der Stufenstauchversuch hat folgende Vorteile:

1) Die Stauchkraft ist bei hohen Umformgraden wesentlich kleiner als im einstufigen Versuch, so daß die elastische Verformung der Prüfeinrichtung weniger stört;

2) Das Abdrehen auf den anfänglichen Schlankheitsgrad bewirkt, daß die Reibungskorrektur in Gl. (2.26) kleiner als im einstufigen Versuch bleibt;

3) Die Probe kann während der Unterbrechung des Versuches die Umformwärme abgeben, so daß die ermittelte Fließkurve der isothermischen Fließkurve näher kommt als im einstufigen Versuch bei gleicher Umformgeschwindigkeit;

4) Die Wölbung der Probe wird durch das Abdrehen vorübergehend beseitigt.

Der entscheidende Nachteil des Versuches ist neben dem großen Aufwand die Fehlermöglichkeit durch Nullpunktsfehler in der zweiten Stauchstufe sowie durch Altern des Werkstoffes während der Unterbrechung (zur Problematik von "Stufenversuchen" siehe auch Abschnitt 2.7.2.2).

2.3.4 Rastegaev-Versuch

2.3.4.1 Zylinderstauchversuch mit konventioneller Schmierung

Im wesentlichen bestehen folgende Möglichkeiten, die Reibverhältnisse beim Zylinderstauchversuch zu beeinflussen:

1) Verwendung rauher Stauchbahnen, um Haftreibung zu erzielen, wie in Abschnitt 2.3.2 beschrieben;

2) Schmierung zum Herabsetzen der Reibzahl. Dies ist die am häufigsten praktizierte Vorgehensweise;

3) Stauchversuch nach Rastegaev /2.39/: der Schmierstoffilm wird durch einen Wulst am radialen Abfließen gehindert. Dies führt zur Ausbildung von Radialkräften, durch welche die Aufwölbung der Probe - zusätzlich zur Herabsetzung der Reibungszahl - unterdrückt wird.

Vor der Beschreibung des Rastegaev-Versuches ist es sinnvoll, den Stauchversuch mit konventioneller Schmierung - Variante 2) - zu betrachten, da der Rastegaev-Versuch gewissermaßen eine Weiterentwicklung dieser Methode ist.

Zum Erzielen einer optimalen Schmierung wird in /2.33/ empfohlen, polierte Stauchbahnen mit Teflonspray zu beschichten. Als Schmierstoff eignet sich z.B. MoS_2-Paste /2.65/.

Eine wirksame Schmierung wird auch durch Verwendung von Teflonfolien erreicht, wobei aber die Versuchsergebnisse empfindlich von der Foliendicke abhängen /2.45/; außerdem ist es hierbei erforderlich, den Versuch zu unterbrechen und neue Folien einzulegen, da die Folien mit dem Aufstauchen der Proben aufweiten und ihre Schichtdicke abnimmt.

Allgemein gilt, daß durch Schmierung die Reibung unterdrückt, aber nicht völlig beseitigt wird. Mit zunehmendem Stauchgrad nimmt die Reibung zu, da das Korrekturglied in Gl. (2.26) anwächst und durch Vergrößerung des Probenquerschnittes die Schmierstoffschicht dünner wird.

Da i. allg. der Schmierstoff an den Rändern der Probe abfließt, so daß es dort zuerst zu metallischem Kontakt kommt *) /2.37/, wird auch empfohlen, die Stirnflächen der Proben mit konzentrischen Riefen zu versehen /2.28, 2.33/.

Eine umfassende theoretische Untersuchung der Reibung wurde von Bishop /2.61/ durchgeführt. Bei der Auswertung der Versuche muß neben der Erhöhung des Umformwiderstandes durch den Beitrag der Reibarbeit auch berücksichtigt werden, daß die Probe aufwölbt. Die Korrektur hierfür macht u.U. das Ausmessen der Probenkontur erforderlich /2.64/. Nach den erwähnten Erfahrungen bei Stauchversuchen mit Haftreibung erscheint aber die Notwendigkeit solcher Messungen fraglich.

2.3.4.2 Prinzip des Rastegaev-Versuches

Beim Versuch nach Rastegaev /2.38 bis 2.44, 2.46 bis 2.48/ wird durch Wülste an den Stirnflächen der Probe das Abfließen des Schmierstoffes verhindert,

*) Hieraus resultiert auch ein Größeneinfluß, vgl. Abschnitt 4.2.

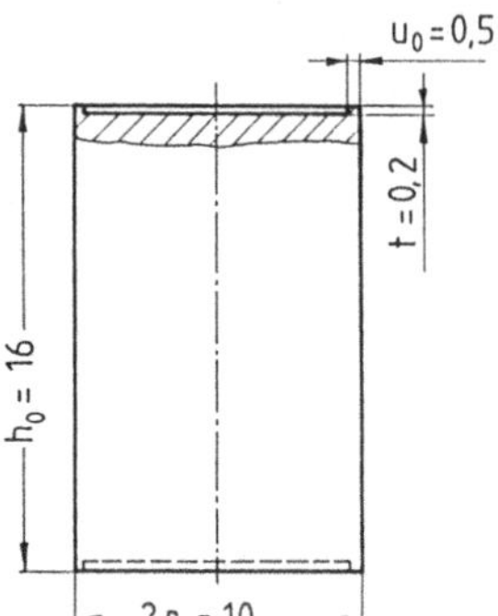

Bild 2.9. Stauchprobe nach Rastegaev /2.39/

siehe Bild 2.9. Als Schmierstoff wird bei Raumtemperatur z.B. Paraffin verwendet.

Bei Versuchen mit Rastegaev-Proben bildet sich auf den Stirnflächen unter dem Schmierstoffilm eine "Orangenhaut", was auf freie Umformung hinweist, siehe auch Bild 2.10. Die Proben behalten bis zu relativ hohen Umformgraden zylindrische Gestalt, siehe Bild 2.11. Demnach erfolgt eine homogene Umformung.

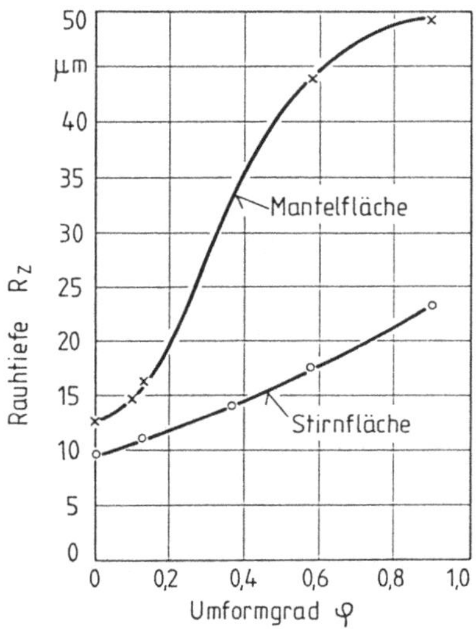

Bild 2.10. Zunahme der Rauheit auf der Oberfläche einer Rastegaev-Probe während des Stauchvorganges /2.66/

Bild 2.11. Stauchproben (h_0 = 16 mm; r_0 = 5 mm) ohne und mit Schmiertaschen nach Rastegaev: a) ungestaucht, b) ohne Schmierung, $|\varphi| \approx 0,7$, c) Rastegaev-Probe, $|\varphi| \approx 1,3$ /2.41/

Dies wird bestätigt durch die an gestauchten und aufgesägten Proben gemessene Härteverteilung, vgl. Bild 2.12 sowie durch den Verlauf von Seigerungslinien in gestauchten Proben /2.42/.

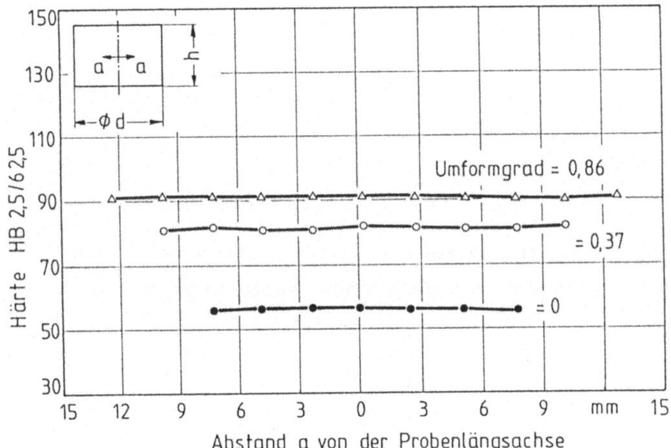

Bild 2.12. Verteilung der Brinell-Härte über den Querschnitt gestauchter und aufgesägter Rastegaev-Proben /2.66/

2.3.4.3 Optimale Geometrie von Rastegaev-Proben

Zunächst wird der zulässige Schlankheitsgrad betrachtet . In DIN 50106 /2.17/ wird für den Schlankheitsgrad "herkömmlicher" Zylinderstauchproben ohne Schmiertaschen ein relativ weiter Spielraum gelassen: $1 \leq h_0/2r_0 \leq 2$; für Stähle wird 1,5 empfohlen. Bei Rastegaev-Proben darf der Schlankheitsgrad nicht so hoch wie bei Proben mit herkömmlicher Schmierung sein. Infolge der durch die gute Schmierung erhöhten Gefahr einer Instabilität der Proben (seitliches Abscheren) sollte nach Beobachtungen des Verfassers der maximale Schlankheitsgrad von Rastegaev-Proben etwa Eins betragen, während für herkömmliche Schmierung häufig 3/2 angenommen wird. Damit ergibt sich für den zulässigen Schlankheitsgrad in Abhängigkeit vom Reibzustand:

$$h_0 / 2r_0 \leq \begin{cases} 2 & \text{für Haftreibung} \\ 3/2 & \text{für herkömmliche Schmierung} \\ 1 & \text{für Rastegaev-Schmierung} \end{cases} \qquad (2.29)$$

(die Probe in Bild 2.11 hat für manche Werkstoffe einen zu hohen Schlankheitsgrad!).

Die Werte in (2.29) sind grobe Richtwerte. Strenggenommen ist der zulässige Schlankheitsgrad abhängig vom Werkstoff; für den Fall des Rastegaev-Versuches finden sich quantitative Angaben in /2.40/.

Die Abmessungen der Wülste an den Stirnflächen der Rastegaev-Probe (t_0 und u_0 in Bild 2.9) haben entscheidenden Einfluß auf die Reibverhältnisse. Nach /2.44/ wird für Rastegaev-Proben der Zusammenhang zwischen Fließspannung und Umformwiderstand beschrieben durch die Beziehung

$$k_f(\varphi) \approx k_w(\varphi) \left\{1 - \frac{2}{3h(\varphi)} [\varkappa \, r(\varphi) + 3\mu \; u(\varphi)]\right\} \tag{2.30}$$

Hierin ist $\varkappa$ die Reibzahl mit Schmierstoff und μ die Reibzahl für metallische Reibung; $u(\varphi)$ ist die Breite des Wulstes beim Umformgrad φ, mit $u(0) = u_0$. Für eine grobe Abschätzung des Korrekturgliedes auf der rechten Seite von Gl. (2.30) werden für die Reibungszahlen die folgenden Werte angenommen:

$$\varkappa = 0{,}05 \pm 0{,}01 \tag{2.31}$$

$$\mu = 0{,}20 \pm 0{,}05 \tag{2.32}$$

Für den in Bild 2.9 gezeigten Probentyp folgt, daß das Korrekturglied in Gl. (2.30) beim Versuchbeginn etwa 2,5 % beträgt.

Diese Größenordnung wurde bestätigt durch in /2.41/ beschriebene Versuche. Es wurden Rastegaev-Proben aus dem gleichen Werkstoff mit unterschiedlichem Schlankheitsgrad gestaucht (h_0 = 10 mm und 16 mm, r_0 = 5 mm). In den Fehlergrenzen ergab sich für beide Probentypen der gleiche Umformwiderstand, vgl. Bild 2.13. Dies erklärt sich aus der Kleinheit des Korrekturgliedes in Gl. (2.30) für die verwendeten Proben. Selbst wenn angenommen wird, daß die Breite $u(\varphi)$ des Wulstes wie der Probenradius proportional zu $e^{|\varphi|/2}$ zunimmt, vgl. (2.17), so daß das Korrekturglied in Gl. (2.30) proportional zu $e^{3|\varphi|/2}$ wächst, ergibt sich z.B. für $|\varphi| = 0{,}7$ bei einer Anfangshöhe von 10 mm etwa 10 % und für h_0 = 16 mm etwa 6 %; die Differenz von 4 % ist kaum experimentell nachweisbar. Dennoch wäre es zu grob, das Korrekturglied generell zu vernachlässigen.

Im Vergleich zu einer ungeschmierten Probe ist für Rastegaev-Proben das betrachtete Korrekturglied etwa halb so groß. Dies ist leicht zu sehen, wenn in Gl. (2.30) $u(\varphi) = 0$ gesetzt wird. Demnach wird durch Rastegaev-Schmierung der Beitrag der Reibung nur auf etwa die Hälfte reduziert. Durch "konventionelle" Schmierung wird u.U. bei Versuchsbeginn die Reibung wirkungsvoller als bei Rastegaev-Proben unterdrückt, jedoch wegen des Abreißens des Schmierstoffilms nur für niedrige Umformgrade.

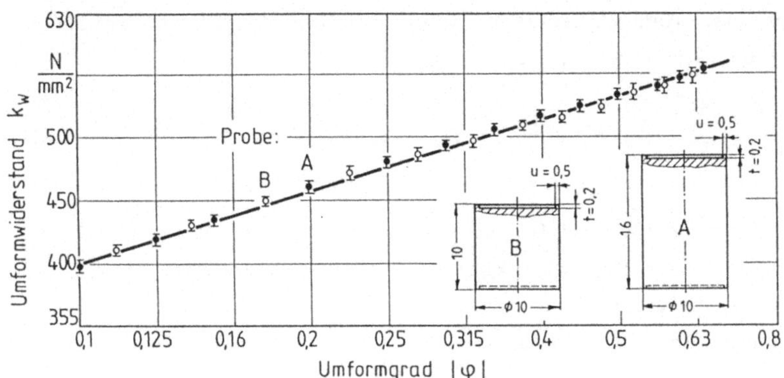

Bild 2.13. Umformwiderstand von Ma8-Stahl im Stauchversuch nach Rastegaev als Funktion des Umformgrades /2.41/

Die entscheidenden Vorteile des Rastegaev-Versuches bestehen darin, daß

1) die Schmierung auch bei hohen Umformgraden wirksam bleibt, und

2) die Probe bis zu relativ hohen Umformgraden nahezu zylindrisch bleibt (z.T. deshalb, weil der Schmierstoff radiale Druckkräfte auf den Wulst ausübt, wodurch ein Ausbauchen der Probe verhindert wird, in gewisser Analogie zum "Kegelstauchversuch"!). Voraussetzung ist, daß die Abmessungen t_0 und u_0 der Wülste passend gewählt sind.

In der Literatur finden sich unterschiedliche Angaben über die zweckmäßigen Abmessungen u_0 und t_0. Rastegaev /2.38/ verwendete Proben, die bei einer Höhe $h_0 = 2r_0 = 20$ mm eine Wulsthöhe $t_0 = 0{,}2...0{,}3$ mm hatten. Suyarov und Benyakowski /2.44/ bezogen die Wulstabmessungen auf die Gesamtmaße der Probe gemäß $t_0 = u_0 = 0{,}03r_0$. In /2.43/ wurden Proben mit $t_0 = 0{,}05$ mm und $u_0 = 3$ mm verwendet. Demgegenüber gibt Turno /2.39/ an: $t_0/u_0 \approx 0{,}5$; $u_0 = 0{,}07r_0$. Dagegen sollen nach Latocha und Rafalski /2.46/ u_0 und t_0 aus der Bedingung für das Gleichgewicht der auf den Wulst ausgeübten Radialkräfte berechnet werden. Die Radialkräfte ergeben sich einerseits aus der Reibung, andererseits aus dem im Schmierstoff bestehenden hydrostatischen Druck. Demnach müßte sein

$$\frac{t(\varphi)}{u(\varphi)} = \mu \text{ für alle } \varphi \tag{2.33}$$

Wenn diese Bedingung erfüllt ist, wird der Wulst genau im gleichen Maße wie der gesamte Probenkörper gestaucht, so daß er weder nach außen voreilt noch hinter der radialen Ausbreitung der Probe zurückbleibt; dann bleibt die Probe exakt zylindrisch. Dies ist aber illusorisch: wenn nämlich der Wulst proportional zum Probenkörper gestaucht wird, gilt - vgl. (2.19) -

$$\frac{t(\varphi)}{u(\varphi)} = \frac{t_0}{u_0} e^{-3|\varphi|/2} \tag{2.34}$$

Daher kann die Bedingung (2.33) nur für einen singulären Umformgrad erfüllt werden; danach überwiegen die Reibschubkräfte die vom Schmierstoff ausgeübten radialen Druckkräfte. Folglich wird der Wulst hinter der Ausbreitung der Probe zurückbleiben, und die Probe wölbt auf.

Um diesen Vorgang zu höheren Umformgraden hinauszuschieben, soll bei Versuchsbeginn gelten

$$\frac{t_0}{u_0} > \mu \tag{2.35}$$

Bei eigenen Versuchen des Verfassers /2.36, 2.41, 2.66/ erfüllten die Wulstabmessungen im Normalfall die Bedingung (vgl. Bild 2.9):

$$\frac{t_0}{u_0} \approx 0{,}4 \tag{2.36}$$

Wenn Gl. (2.32) erfüllt ist, kann statt (2.36) auch geschrieben werden

$$\frac{t_0}{u_0} \approx 2\mu \tag{2.37}$$

Daher überwiegen bei Versuchsbeginn zunächst die vom Schmierstoff auf den Wulst ausgeübten Druckkräfte, und der Wulst wird nach außen gedrückt, vgl. Bild 2.11 und 2.14 (nach /2.67/ soll sogar bei konventioneller Schmierung - d.h. ohne Wülste - der Fall vorkommen, daß die Stauchprobe konkav aufwölbt; auch dafür muß aber das Auftreten von Radialkräften zur Erklärung herangezogen werden, d.h. eine hohe Rauheit der Probenstirnflächen wirkt sich möglicherweise ähnlich aus, wie die Wülste bei den Rastegaev-Proben).

Da der Ring nach außen ausweichen kann, wird er nicht im gleichen Maße gestaucht wie der Probekörper; es wurde vielmehr beobachtet, daß die Breite des Wulstes nahezu den Anfangswert beibehielt. Zweckmäßiger dürfte es sein, die Wulstabmessungen so zu wählen, daß der Wulst wenigstens in gewissem Maße mit dem Probekörper mitgestaucht wird.

Krokha /2.40/ zeigte, daß es ein optimales t_0/u_0-Verhältnis gibt, für welches die Probe bis zu einem maximalen Umformgrad zylindrisch bleibt: es soll gelten

$$\frac{t_0}{u_0} \approx 0{,}4 \text{ für Stahl} \tag{2.38}$$

(diese Bedingung wird durch die Proben in Bild 2.9 erfüllt), und

$$\frac{t_0}{u_0} \approx 0{,}6 \text{ für Kupfer} \tag{2.39}$$

Damit sind die Absolutwerte von t_0 und u_0 noch frei wählbar. Für deren optimale Festlegung gelten folgende Überlegungen.

1) Je kleiner die Wulstbreite u_0 ist - bei gegebenem t_0/u_0 - desto schwächer wirkt sich eine Abweichung vom optimalen t_0/u_0 auf die Reibverhältnisse aus; 2) die Wulsthöhe t_0 soll weder zu klein sein, damit der Schmierstoffilm nicht versagt, noch zu groß, da sonst die Meßunsicherheit der Höhenabnahme zu groß wird, s. u.

Krokha ermittelte als Optimalwert für die Wulstbreite /2.40/

$$u_0 = 0{,}45 \ldots\ldots 0{,}6 \text{ mm für } r_0 = 4 \ldots\ldots 10 \text{ mm} \tag{2.40}$$

Damit und mit Gl. (2.38) bzw. (2.39) ist auch t_0 festgelegt (die Angaben von Krokha /2.40/ weichen von den Empfehlungen von Turno in /2.47/ nur unwesentlich ab).

Da die optimalen Werte für t_0 und u_0 auch von den Oberflächeneigenschaften der Stauchbahn abhängen, ist eine Verallgemeinerung der angegebenen Werte fragwürdig. Im übrigen hat es wegen der Fertigungstoleranz bei der Probenherstellung keinen Sinn, extrem genaue Werte für die Wulstabmessungen vorzuschreiben.

Eine in Abschnitt 2.3.4.5 vorgeschlagene Modifizierung des Rastegaev-Versuches ermöglicht es, für die Wulstabmessungen einen größeren Spielraum zu bekommen: wird nämlich statt der Höhenabnahme der Probe ihre Durchmesserzunahme gemessen, so können die Wulstabmessungen ausschließlich mit Hinblick auf die Reibung optimiert werden. Wird dagegen, wie bisher üblich, die Höhenabnahme gemessen, so soll die Wulsthöhe t_0 möglichst klein sein, damit die im folgenden Abschnitt betrachtete Meßunsicherheit der Höhenabnahme nicht zu groß wird.

2.3.4.4 Fehler beim Rastegaev-Versuch

Leider geht beim Rastegaev-Versuch die gute Schmierung auf Kosten der Genauigkeit, mit welcher die Höhenabnahme der Probe ermittelt wird: die Meßkurve wird durch das Umbiegen der Wülste an den Stirnflächen verzerrt. Daher ist der Fehler der Höhenabnahme oft größer als bei anderen Ausführungsformen des Stauchversuches.

Allerdings wirkt diesem Effekt ein anderer Vorgang entgegen: die Stirnflächen bleiben unter dem Schmierstoffilm nicht eben, sondern bilden in der Nähe der

Achse eine kleine Vertiefung aus, vgl. Bild 2.14 *). Dies führt dazu, daß der mittlere Umformgrad im Probenvolumen betragsmäßig wiederum etwas höher als der gemessene ist.

Die in /2.70/ berichteten Versuchsergebnisse weisen darauf hin, daß der zuerst genannte Effekt dominiert: es wird ein zu hoher Umformgrad vorgetäuscht, wobei aber der Fehler aufgrund des zweiten Effektes gegen einen Grenzwert strebt.

Bild 2.14. Rastegaev-Probe (Stahl), h_0 = 64 mm, r_0 = 20 mm, gestaucht bis $|\varphi| \approx 1{,}2$ /2.50/

Aus dem Meßfehler der Höhenabnahme ergeben sich ein mit wachsendem Umformgrad φ_v zunehmender Fehler des Umformgrades und ein gleichfalls anwachsender Fehler der Fließspannung /2.34, 2.68/; für hohe Beträge des Umformgrades wirkt sich i. allg. der Fehler der Fließspannung stärker auf die ermittelte Fließkurve $k_f(\varphi_v)$ aus, weil hier die Steigung der Fließkurve nur noch klein ist. Jedenfalls wird $k_f(\varphi_v)$ mit wachsendem Betrag des Umformgrades zunehmend ungenauer bestimmt.

Für den Fehler der Höhenabnahme wird als grobe Abschätzung bei Werten von $\varphi_v \gtrapprox 1$ angenommen, daß die Fehlergrenze (nach DIN 1319 /2.63/) des Stauchweges gegeben ist durch

$$G_s \approx t_0 \tag{2.41}$$

(zu dem Fehler G_s trägt jede Stirnfläche $t_0/2$ bei).

Wenn die Wulstabmessungen der Bedingung (2.38) für Stahl genügen, ergibt Gl. (2.41)

$$G_s \approx 0{,}4\, u_0 \tag{2.42}$$

*) Die in der Mitte der Stirnfläche in Bild 2.14 sichtbare Vertiefung kann wie folgt erklärt werden. Am Rand der Stirnflächen werden die Wülste nach außen gedrückt, wodurch etwas Schmierstoff radial abfließen kann, so daß dort die Schmierstoffschicht dünner wird. Zudem hat der Schmierstoff eine endliche Viskosität, die dazu führt, daß die Axialspannung in der Probenachse ein (schwaches) Maximum hat.

Eine grobe Abschätzung ergab für den in Bild 2.9 gezeigten Probentyp, daß der aus G_s resultierende Fehler G_{k_f} der Fließspannung für $\varphi_v = 1$ etwa 3 % beträgt. Da der Fehler mit wachsendem φ_v exponentiell zunimmt /2.60/, ist in diesem Fall eine Fortsetzung des Stauchversuches zu höheren Umformgraden fragwürdig.

Da der Schlankheitsgrad von Rastegaev-Proben begrenzt ist - vgl. (2.29) -, kann der betrachtete Fehler nicht durch Verwendung schlankerer Proben unterdrückt werden. In diesem Zusammenhang sei jedoch betont, daß auch beim Stauchversuch mit konventioneller Schmierung oder mit Haftreibung die Unsicherheit der ermittelten Fließkurve mit wachsendem φ_v zunimmt.

Weitere Angaben zum Fehler beim Rastegaev-Versuch finden sich in Abschnitt 2.3.7.

2.3.4.5 Rastegaev-Versuch mit Messung der Durchmesserzunahme

Zunächst wird kurz die Messung der Durchmesserzunahme beim Zylinderstauchversuch mit "herkömmlicher" Schmierung betrachtet. Diese Messung ist z.B. beim Stauchversuch nach Reicherter /2.64/ erforderlich, da hierbei auf die Wölbung der Probe korrigiert werden muß. In diesem Fall wird also die Durchmesserzunahme nur zur Bestimmung einer Korrektur verwendet. Die Fließspannung wird statt mit Gl. (2.26) berechnet gemäß

$$k_f \approx \frac{F}{\pi r_{max}^2 \left\{1 - \frac{r_{max}}{4\rho} - \frac{\mu}{3}\left(\frac{2r_{max}-h}{h}\right)\right\}} \quad 2r_{max} > h; \tag{2.43}$$

Hierin ist r_{max} der maximale momentane Probenradius, der wegen des Aufbauchens in der Mittelebene der Probe liegt, und ρ ist der Radius der Konturlinie ($\rho = \infty$ für exakte Zylinderform). Sowohl r_{max} als auch ρ sind vom Umformgrad abhängig und müssen neben der Kraft F und der Höhe h während des Versuches gemessen werden, so daß insgesamt vier Meßgrößen zur Ermittlung der Fließspannung erforderlich sind (Gl. (2.43) gilt für $2r_{max} > h$; andernfalls, d.h. bei höherem Schlankheitsgrad, wird das zweite Korrekturglied im Nenner von (2.43) gleich Null gesetzt). Ein Mangel der Fließkurvenermittlung nach Gl. (2.43) besteht auch darin, daß neben den Fehlern der vier Meßgrößen auch noch der Fehler der angenommenen Reibzahl μ in das Ergebnis eingeht.

Von Saluja et al. /2.69/ wurde eine einfachere Vorgehensweise beschrieben. Dabei ist eine Messung der Höhe unnötig, denn es wird ausgewertet nach der Beziehung

$$k_f \approx \frac{F}{2\pi r_{max}\rho \left\{1 - \frac{r_{max}}{2\rho}\right\} \ln\left\{1 - \frac{r_{max}}{2\rho}\right\}} \; ; \; \rho > r_{max} \; ; \tag{2.44}$$

In diesem Fall sind also nur drei Meßgrößen zu erfassen, wobei der Radius r_{max} nicht nur zur Ermittlung einer Korrektur, sondern - zusammen mit dem Konturradius - zur Berechnung der Fließspannung selbst herangezogen wird. Zugleich wird die Tatsache ausgenutzt, daß die Reibungszahl implizit in dem gemessenen Konturradius enthalten ist, so daß sich ihre explizite Berücksichtigung erübrigt. Diese Vorgehensweise ist der von Reicherter gewiß vorzuziehen, aber die Ermittlung des Konturradius stellt immer noch eine wesentliche Fehlerquelle dar.

Daher erscheint es sinnvoller, bei Stauchversuchen mit Messung der Durchmesserzunahme die Schmierung nach Rastegaev anzuwenden, da hierbei die Proben zylindrisch bleiben. Dann genügt es, neben der Kraft den Durchmesser zu messen. Diese Vorgehensweise wurde erstmals in /2.70/ beschrieben und soll deshalb hier ausführlich dargestellt werden.

Die Versuchseinrichtung zur Durchmessermessung (Bild 2.15) wird zwischen die Stauchbahnen eingelegt. Der Probendurchmesser kann mit drei Paaren induktiver Wegtaster in drei Richtungen gemessen werden. Acht Schraubenfedern halten die Meßfühler stets in halber Höhe der Stauchprobe. Der Winkel zwischen benachbarten Wegtastern beträgt 40° oder 100°. Die Enden der Meßfühler sollen flach sein, damit die Messung gegen eine außermittige Positionierung der Stauchproben unempfindlich ist.

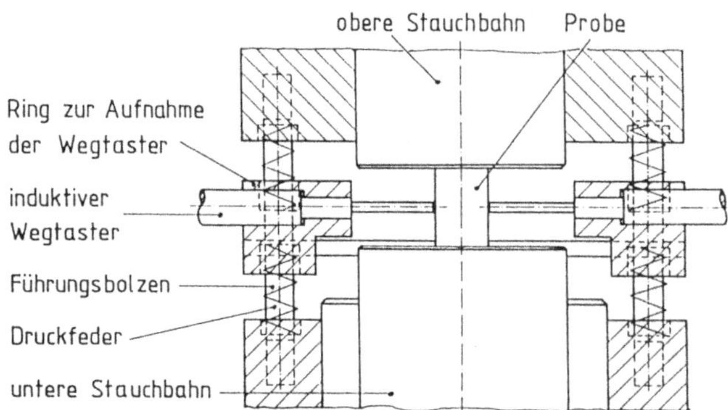

Bild 2.15. Versuchseinrichtung zum Messen der Durchmesserzunahme von Zylinderstauchproben /2.70/

Unterhalb der unteren Stauchbahn befand sich eine Kraftmeßdose zum Messen der Stauchkraft. Zum Versuchsaufbau gehörten weiterhin vier Präzisionsverstärker mit einer Meßbrücke und einem digitalen Vierkanal-Transientenspeicher (Bild 16). Die Ausgangssignale eines Paares gegenüberstehender Wegtaster wurden jeweils aufsummiert und anschließend verstärkt (dies setzt voraus, daß die beiden Wegtaster genau auf die gleiche Empfindlichkeit eingestellt sind!).

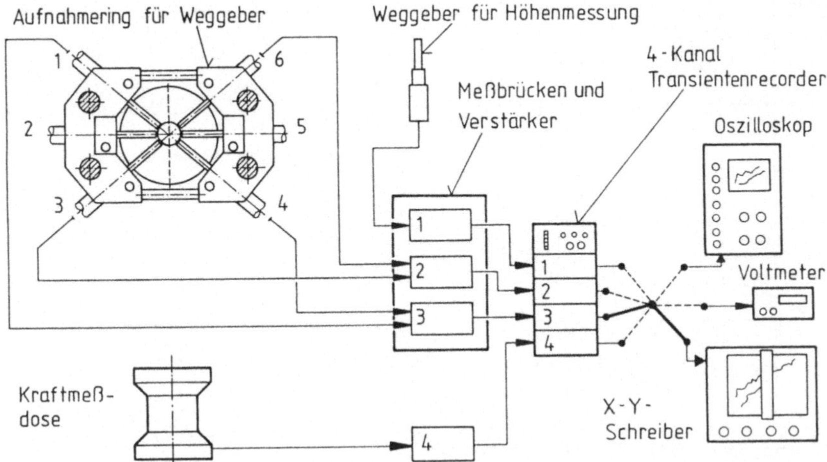

Bild 2.16. Blockdarstellung des gesamten Versuchsaufbaus zur Durchmessermessung /2.70/ (für den Einsatz in der Praxis empfiehlt sich bei rotationssymmetrischem Probematerial eine einfachere Einrichtung, um den Probendurchmesser nur in einer Richtung zu messen)

Die Linearität der Meßeinrichtung über den zu erfassenden Durchmesserbereich wurde mit Endmaßen in 0,5 mm-Abstufungen geprüft.

Es wurden Rastegaev-Stauchproben aus Ck15- und 16MnCr5-Stabmaterial hergestellt mit den Abmessungen $2r_0 = 25$ mm, $h_0 - 2t_0 = 25$ mm, $u_0 = 1$ mm. Für die Wulsthöhe t_0 wurden drei unterschiedliche Werte gewählt: 0,2; 0,4 und 0,6 mm. Die Proben wurden in Achsrichtung aus dem Stabmaterial entnommen.

Nach Versuchsende wurden die Meßdaten von dem Transientenspeicher auf einen XY-Schreiber gegeben. Im allgemeinen wurde der Durchmesser in zwei Richtungen gemessen (bei 16MnCr5 nur in einer Richtung). Dabei ergab sich aber in den Fehlergrenzen kein Unterschied für die zwei Werte.

Um experimentell nachzuweisen, daß das Messen des Probendurchmessers eine genauere Bestimmung der Fließkurve ermöglicht als das herkömmliche Messen der Höhenabnahme, wurde jeweils an einer gegebenen Probe sowohl die Höhenabnahme als auch die Zunahme des Durchmessers gemessen. Im folgenden wird der Umformgrad aus der Höhenabnahme mit φ_h bezeichnet, und der aus der Durchmesserzunahme mit φ_d.

Bild 2.17 zeigt die Differenz der Beträge beider Umformgrade. Ersichtlich liefert die Durchmessermessung einen betragsmäßig kleineren Umformgrad als die Höhenmessung. Die Versuchsergebnisse wurden mit drei Probentypen erhalten, die in allen Abmessungen außer der Wulsthöhe t_0 übereinstimmten. Offensichtlich ist die Differenz der Beträge der Umformgrade zur Wulsthöhe proportional. Dies bestätigt, daß diese Differenz wirklich durch das Umbiegen der Wülste und

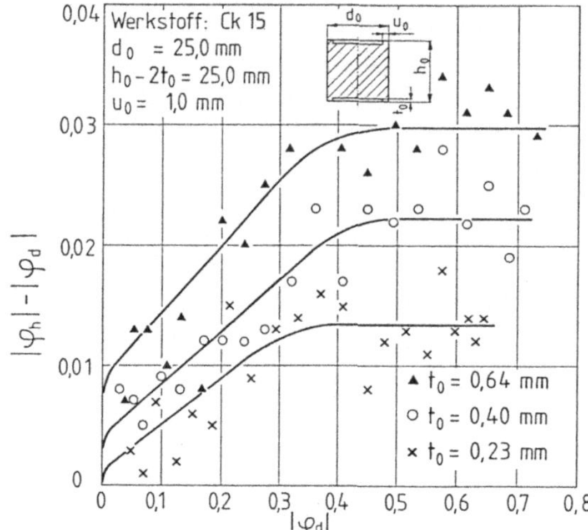

Bild 2.17. Differenz der Beträge der aus der Höhen- und Durchmessermessung erhaltenen Umformgrade in Abhängigkeit vom Umformgrad /2.70/

die damit zusammenhängende Ausbildung von Vertiefungen in den Mitten der Stirnflächen der Probe zustande kommt.

Die Extrapolation auf $t_0 = 0$ ergibt $|\varphi_h| - |\varphi_d| = 0$. Somit kann nicht bezweifelt werden, daß die Messung der Durchmesserzunahme eine genauere Bestimmung der Fließkurve ermöglicht als die herkömmliche Höhenmessung.

Nach Angaben in /2.66/ beträgt die bestgeeignete Wulsthöhe für die in der vorliegenden Arbeit verwendeten Proben $t_0 = 0{,}4$ mm. Wie gezeigt, kann hierfür der aus der Höhenmessung resultierende Fehler auf keinen Fall vernachlässigt werden.

Im allgemeinen Fall ist bei einer Messung der Durchmesserzunahme damit zu rechnen, daß der Probenquerschnitt nicht streng kreisförmig bleibt. Dann ist ggf. eine Durchmessermessung in mehreren Richtungen nötig, um die Anisotropie des Werkstoffes zu erfassen.

2.3.5 Stauchen nichtzylindrischer Proben

Dieses Verfahren /2.49, 2.50, 2.66/ besteht darin, Proben mit über die Höhe veränderlichem Querschnitt, d.h. mit großen Stirnflächen, aber kleinem Querschnitt in der Mittelebene zu verwenden, vgl. Bild 2.18 und 2.19. Damit werden die wichtigsten Fehler - Reibung und Auswirkung einer fehlerhaften Stauchwegmessung - auf rein geometrische Weise unterdrückt. Von allen Modifizierungen des Stauchversuches ist diese - neben Stauchen mit Haftreibung - die einzige, bei welcher die Oberflächeneigenschaften der Proben keinen Einfluß auf das Versuchsergebnis haben.

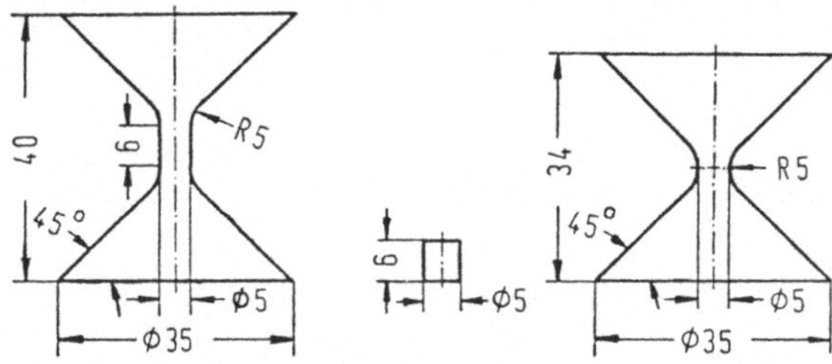

Bild 2.18. Nichtzylindrische Stauchproben /2.50/ (Maße in mm)

Bild 2.19. Stauchproben aus Bild 2.18: Typ b) ungestaucht und gestaucht, Typ a) gestaucht (der mittlere Betrag des Umformgrades in der Mittelebene beträgt etwa 1,5) /2.50/

Bei Versuchen und theoretischen Berechnungen mit derartigen Proben traten allerdings Schwierigkeiten auf, vor allem im Zusammenhang mit der Ausbildung eines mehrachsigen Spannungszustandes. Das Verfahren ist in bezug auf Probenherstellung und Versuchsauswertung äußerst aufwendig und daher hinsichtlicher praktischer Anwendungsmöglichkeiten kritisch zu beurteilen.

2.3.6 Flachstauchversuch

Beim Flachstauchversuch muß nach Watts und Ford /2.52/ zur Gewährleistung ebener Formänderung die Bedingung erfüllt sein

$$b/h > 6 \tag{2.45}$$

Nach /2.59/ soll sogar $b/h > 10$ sein.

Die englische Bezeichnung "plane strain upsetting test" ist zutreffender als das Wort "Flachstauchversuch", das den unzutreffenden Eindruck suggeriert, als sei stets $a \gg h$, oder als würden vorzugsweise dünne Bleche geprüft (in /2.8, 2.59/ war bei Versuchsbeginn $h(0) = a$).

Aufgrund seiner Symmetrieeigenschaften eignet sich der Versuch in erster Linie für Werkstoffe mit Blechtextur bzw. für quasiisotrope Werkstoffe. Wegen der notwendigen Auflösung der Höhenabnahme müssen die Proben eine Anfangshöhe von $\geq$ 5 - 7 mm haben. Daher kommt der Versuch kaum zur Untersuchung von

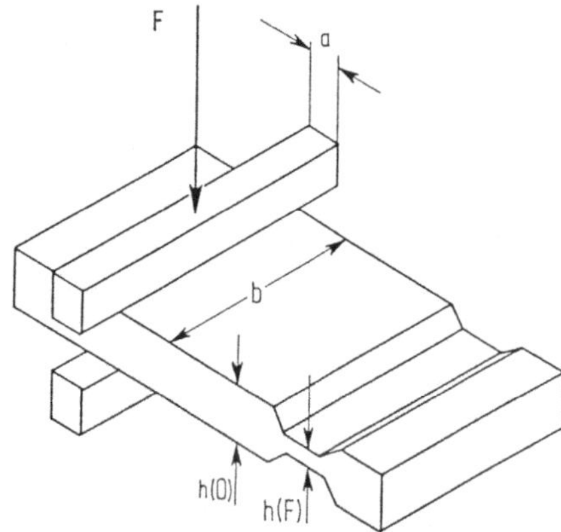

Bild 2.20. Schema des Flachstauchversuches (Ober- und Unterstempel haben die gleichen Abmessungen und stehen genau mittig übereinander)

Feinblechen, wohl aber zur Untersuchung der Warmumformung von Grobblech in Betracht.

Wichtige Merkmale des Flachstauchversuches sind:

1) Der Vergleichsumformgrad nach Tresca wird wie beim Zylinderstauchversuch gemäß Gl. (2.17) berechnet (s.a. Abschnitt 4.2.1); nach v. Mises ist er dagegen um den Faktor $2/\sqrt{3}$ größer.

2) Die belastete Fläche bleibt während der Verformung konstant. Es gilt *)

$$k_f(F) \approx \frac{F}{a\,b} \tag{2.46}$$

Da somit die gemessene Höhenabnahme nicht in die berechnete Fließspannung eingeht, wirkt sich ein Meßfehler der Höhenabnahme viel schwächer auf die ermittelte Fließkurve aus als beim Zylinderstauchversuch, s.a. Abschnitt 2.3.7. Dies ist im Vergleich zum Zylinderstauchversuch ein entscheidender Vorteil.

3) Da die belastete Fläche während des Versuches konstant bleibt, steigt die Stauchkraft mit wachsendem Vergleichsumformgrad nicht annähernd so steil an wie beim Zylinderstauchversuch. Daher ist der Fehler durch elastische Verformung der Prüfeinrichtung vergleichsweise klein.

4) Durch den Einfluß der starren Werkstoffvolumina außerhalb des Wirkungsbereiches der Stauchbahnen erfolgt eine Fließbehinderung, die eine scheinbare Erhöhung der ermittelten Fließspannung zur Folge hat /2.55/. Um diese Störung

*) In Gl. (2.46) sind Korrekturen vernachlässigt. So ergibt (2.46) nach der Gleitlinientheorie /2.53/ einen Wert für die Fließspannung, der in Abhängigkeit vom Umformgrad um bis zu 4% zu niedrig ist (für $h \leq a$), zudem ist in (2.46) die Reibung vernachlässigt.

zu verringern, wurden in /2.59/ Proben verwendet, die bei Versuchsbeginn nicht über die Werkzeugbegrenzung hinausragten.

5) Der Einfluß der Reibung im Flachstauchversuch ist bis jetzt nicht so systematisch untersucht worden wie beim Zylinderstauchversuch. Zwar wird in /2.8/ über Versuchsergebnisse berichtet, denen zufolge die Reibung im Vergleich zum Zylinderstauchversuch weniger stört. Es wurde aber z.B. noch nicht über Flachstauchversuche mit Haftreibung berichtet.

Untersuchungen des Reibungseinflusses beim Flachstauchversuch wurden auch von Hill /2.54/ und in /2.61, 2.62/ durchgeführt. Insgesamt liegen aber für den Flachstauchversuch bei weitem nicht so umfangreiche Ergebnisse wie für den Zylinderstauchversuch vor.

Den Vorzügen des Flachstauchversuches stehen einige Nachteile gegenüber:

1) die Stauchwerkzeuge müssen sehr genau mittig geführt werden, da schon ein kleiner Seitenversatz die belastete Fläche merklich verringert (die Werkzeugbreite a beträgt u.U. nur wenige mm /2.8/);

2) entlang der Längskanten der Stempel besteht eine Spannungskonzentration, die während des Versuches zunimmt. Hierdurch kann es zum Bruch kommen bei einem Stauchgrad, bei dem im Falle einachsiger Beanspruchung das Umformvermögen des Werkstoffes noch nicht erschöpft wäre, s. Bild 2.21.

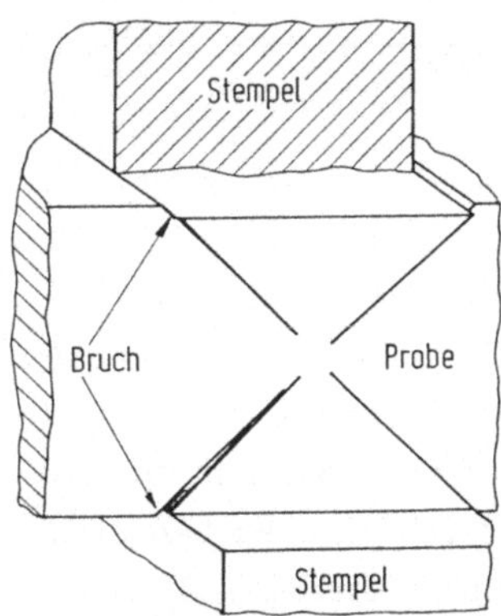

Bild 2.21. Schema der Rißentstehung beim Flachstauchversuch /2.58/

2.3.7 Vorläufiger Vergleich der Ausführungsformen des Stauchversuches

In Tabelle 2.2 sind für fünf im vorhergehenden Text beschriebene Ausführungsformen des Stauchversuches die Gleichungen angegeben, die den Zusammenhang zwischen der Fließkurve $k_f(\varphi_v)$ und der Meßkurve $F(s)$ beschreiben. Diese Gleichungen lassen sich z.B. für den Rastegaev-Versuch mit Messung der Höhenabnahme aus den Gln. (2.17) und (2.22) ableiten.

Tabelle 2.2. Umformgrad und Kraft als Funktionen der Maßänderung für verschiedene Ausführungsformen des Stauchversuches (Annahme: $k_f = C\varphi_v^n$; Korrekturen wurden vernachlässigt /2.66/):
I Rastegaev-Versuch, Messung der Höhenabnahme;
II Rastegaev-Versuch, Messung der Durchmesserzunahme;
III Zylinderstauchversuch mit Haftreibung;
IV Zylinderstauchversuch mit konventioneller Schmierung;
V Flachstauchversuch

	I,III,IV	II	V
Normierte Maßänderung x	$\frac{s}{h_0}$	$\frac{w}{2r_0}$	$\frac{s}{h_0}$
Vergleichsumformgrad $\varphi_v(x)$ nach Tresca	$\ln(\frac{1}{1-x})$	$2\ln(1+x)$	$\ln(\frac{1}{1-x})$
Fließspannung $k_f(x)$	$\frac{(1-x)F}{\pi r_0^2}$	$\frac{F}{\pi r_0^2(1+x)^2}$	$\frac{F}{ab}$
Kraft pro Anfangsquerschnitt F'(F)	$\frac{F}{\pi C r_0^2}$	$\frac{F}{\pi C r_0^2}$	$\frac{F}{abc}$
Normierte Kraft-Weg-Kurve F'(x)	$\frac{\ln^n(\frac{1}{1-x})}{1-x}$	$2^n(1+x)^2\ln^n(1+x)$	$\ln^n(\frac{1}{1-x})$

Bild 2.22 zeigt die zu erwartenden Meßkurven; infolge vereinfachender Annahmen fallen die Kurven für drei der Versuche zusammen. Ersichtlich ist die Auflösung beim Rastegaev-Versuch mit Messung der Durchmesserzunahme am besten. Damit ist gemeint, daß sich dieser Versuch in bezug auf die Fehlerfortpflanzung am günstigsten verhalten wird. In diesem Zusammenhang sei darauf hingewiesen, daß auch beim Zylinderstauchversuch mit konventionellen Proben ohne Schmiertaschen und Schmierung durch Teflonfolien /2.45/ die Probengestalt streng zylindrisch gehalten werden kann: daher ist auch in diesem Fall eine Durchmessermessung sinnvoll (vgl. Abschnitt 2.3.4.1).

Nun werden die Fehler bei den verschiedenen Ausführungsformen des Stauchversuches etwas genauer betrachtet. Der Fehler des Umformgrades ist stets nur von einer Meßgröße abhängig. Diese ist in Tabelle 2.2 in verallgemeinerter Form als "normierte Maßänderung" x (relativer Stauchgrad oder relative Durchmesserzunahme) aufgeführt. Für die Fehlergrenze *) G_{φ_v} des Vergleichsumform-

*) Als Maß für die Fehler wird die "Fehlergrenze" nach DIN 1319 /2.63/ verwendet, da die betrachteten Fehler vornehmlich systematische Fehler sind.

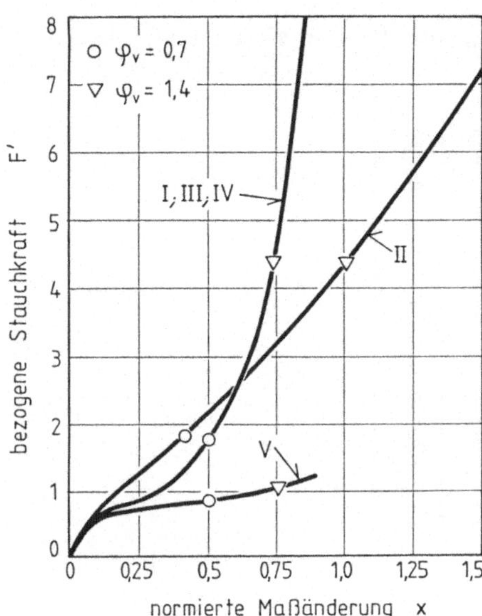

Bild 2.22. Zu erwartende "Meßkurve" für verschiedene Ausführungsformen des Stauchversuches /2.66/. Es wurde Gl. (2.12) für die Fließkurve angenommen; Korrekturen wurden vernachlässigt
I Rastegaev-Versuch, Messung der Höhenabnahme;
II Rastegaev-Versuch, Messung der Durchmesserzunahme;
III Zylinderstauchversuch mit Haftreibung;
IV Zylinderstauchversuch mit konventioneller Schmierung;
V Flachstauchversuch

grades gilt mit G_x als Fehlergrenze von x:

$$G_{\varphi_v} = \frac{d\varphi_v}{dx} G_x \tag{2.47}$$

Der Fehler des Umformgrades kann bei höheren Umformgraden, d.h. im eigentlichen Anwendungsbereich des Stauchversuches, oft vernachlässigt werden /2.34, 2.66, 2.68/, vgl. Tabelle 2.3.

Die Fehlergrenze G_{k_f} der Fließspannung ergibt sich nach dem Fehlerfortpflanzungsgesetz im allgemeinen Fall zu

$$\left|G_{k_f}\right| \leq \left|\frac{\partial k_f}{\partial F} G_F\right| + \left|\frac{\partial k_f}{\partial x} G_x\right| + \left|\frac{\partial k_f}{\partial \mu} G_\mu\right| + \left|\frac{\partial k_f}{\partial \varkappa} G_\varkappa\right| \tag{2.48}$$

Hierin ist G_F die Fehlergrenze der Kraft, und $G_\varkappa$ und G_μ sind die Fehlergrenzen der Reibungszahlen in Gl. (2.26) bzw. (2.30). In dem allgemeinen Ausdruck (2.48) können oft einige Glieder vernachlässigt werden. Dies gilt insbesondere für den Fehlerbeitrag der Kraft /2.32, 2.66, 2.67/.

Der zweite Summand in Gl. (2.48) beschreibt den Einfluß des Meßfehlers der "normierten Maßänderung" x. Der Summand ist am größten beim Rastegaev-

Tabelle 2.3. Bewertung der Fehlerfortpflanzung bei fünf Ausführungsformen des Stauchversuches

	Versuch		relative Maßänderung	Kraft F	Reibzahl (ohne Schmierung)	Reibzahl (mit Schmierung)
I	Rastegaev-Stauchversuch, Messung der Höhenabnahme	φ_v	(+)			
		k_f	+		(+)	(+)
II	Rastegaev-Stauchversuch, Messung der Durchmesserzunahme	φ_v				
		k_f			(+)	(+)
III	Zylinderstauchversuch, Haftreibung	φ_v	(+)			
		k_f	+			
IV	Zylinderstauchversuch, konventionelle Schmierung	φ_v	(+)			
		k_f	+			+
V	Flachstauchversuch	φ_v				
		k_f		(+)	+	

+ = bedeutend (d.h. "schädlich")

(+) = ungewiß, evtl. vernachlässigbar

Versuch mit Messung der Höhenabnahme und begrenzt dessen Anwendungsmöglichkeiten, s. a. Abschnitt 2.7.2. Dieser Fehler wird aber auch bei den anderen Versuchen merklich sein. Ausgenommen hiervon ist der Flachstauchversuch, für den aus (2.46) folgt

$$\frac{\partial k_f}{\partial x} = 0 \tag{2.49}$$

Zu den Fehlerbeiträgen der Reibzahlen ist zu bemerken, daß nur beim Rastegaev-Stauchversuch in Gl. (2.48) beide Beträge berücksichtigt werden müssen, vgl. (2.30); diese können aber extrem klein sein.

Für Versuche mit Haftreibung hängt die Genauigkeit der ermittelten Fließspannung von der folgenden Bedingung ab. Es kann aufgrund von Angaben in /2.33, 2.34/ angenommen werden, daß die Stauchkraft bei Haftreibung von einer Variation der Reibzahl unabhängig ist, denn es gilt

$$F(s)_{\mu_{St}} \approx F(s)_{\mu=0} \qquad (2.50)$$

Hierin ist μ_{st} die Reibzahl bei Haftreibung. Demnach wird für Haftreibung vielleicht nur der zweite Summand in (2.48) von Null verschieden sein. Dabei ist aber zu bedenken, daß Gl. (2.50) nur für $\varphi_v \leq 0{,}9$ erfüllt ist /2.33/.

Neben den unterschiedlichen systematischen Fehlern der verschiedenen Ausführungsformen des Stauchversuches treten stets zufällige Fehler auf, bedingt durch Zufallseinflüsse bei der Durchführung der Versuche und durch Schwankungen der Werkstoffeigenschaften von Probe zu Probe. In /2.65/ finden sich Angaben über die Ergebnisse einer Gemeinschaftsarbeit, in der Zylinderstauchversuche mit herkömmlicher Schmierung ohne Schmiertaschen in sechs Prüflabors durchgeführt wurden. Die Streuung der Ergebnisse betrug einige Prozent.

Abgesehen von den Fehlerquellen sind die verschiedenen Ausführungsformen des Stauchversuches auch danach zu beurteilen, bis zu welchem maximalen Umformgrad sie eine Bestimmung der Fließkurve ermöglichen. Hierzu wurde bereits erwähnt, daß beim Flachstauchversuch durch die Spannungskonzentration entlang den Werkzeugkanten ein verfrühter Bruch möglich ist.

Schließlich gehört zur Bewertung der verschiedenen Formen des Stauchversuches eine Berücksichtigung des Aufwandes für Probenherstellung, Versuchsdurchführung und Versuchsauswertung. Dabei scheint eine numerisch aufwendige Versuchsauswertung durch die zunehmende Verbreitung von Kleinrechnern nicht mehr ein grundsätzlicher Einwand gegen einen Versuch zu sein. Immerhin ist klar, daß hinsichtlich des Aufwandes der Rastegaev-Versuch mit Messung der Durchmesserzunahme schlecht abschneidet, zumal Meßeinrichtungen hierfür noch nicht im Handel sind.

In Tabelle 2.4 wurde eine einheitliche Bewertung der fünf Versuche aufgrund der genannten Kriterien versucht (für weitere Varianten des Stauchversuches findet sich eine tabellarische Darstellung in /2.69/). Allerdings war dabei eine gewisse Subjektivität schwer zu vermeiden. Der Einfluß des Fließkriteriums beim Flachstauchversuch auf den berechneten Umformgrad ist in der Tabelle nicht mit berücksichtigt.

Tabelle 2.4. Bewertungskriterien für verschiedene Ausführungsformen des Stauchversuches (zum Zylinderstauchversuch mit Haftreibung und zum Flachstauchversuch s. auch Hinweise im Text):
I Rastegaev-Versuch, Messung der Höhenabnahme;
II Rastegaev-Versuch, Messung der Durchmesserzunahme;
III Zylinderstauchversuch mit Haftreibung;
IV Zylinderstauchversuch mit konventioneller Schmierung;
V Flachstauchversuch

	I	II	III	IV	V
1) Fehlerquellen:					
Reibung	(+)	(+)		+	(+)
Meßfehler	+		(+)	(+)	
Seitenversatz der Stauchbahnen					+
2) "Vorzeitiger" Bruch			(+)		+
3) Großer Aufwand	(+)	+			
+ = ausgeprägt (+)= weniger ausgeprägt oder unklar					

2.4 Verdrehversuch

2.4.1 Grundbegriffe

Der Torsionsversuch zur Aufnahme von Fließkurven ist bis jetzt nicht genormt (der Verwindeversuch an Drähten nach DIN 51212 /2.71/ dient nicht zur Aufnahme von Fließkurven).

Die Anwendung des Torsionsversuches wurde früher dadurch beeinträchtigt, daß hierfür eine spezielle Versuchseinrichtung benötigt wird; demgegenüber können Zug- und Stauchversuche i. allg. auf handelsüblichen Zugprüfmaschinen durchgeführt werden. Seit einigen Jahren sind aber auch Torsionsprüfmaschinen im Handel.

Eine kreiszylindrische (hohle oder massive) Probe wird durch ein um ihre Achse wirkendes Moment verdrillt, siehe Bild 2.23 (zur zweckmäßigen Probengeometrie siehe Abschnitte 2.5.4 und A.1.4).

Für die Schiebung im Radialabstand r gilt unter vereinfachenden Annahmen /2.72 bis 2.75/

$$\gamma_u(\alpha) = \mathrm{tg}\,\psi = \frac{u\,\alpha}{l_0}\,; \quad 0 < u \leq r \tag{2.51}$$

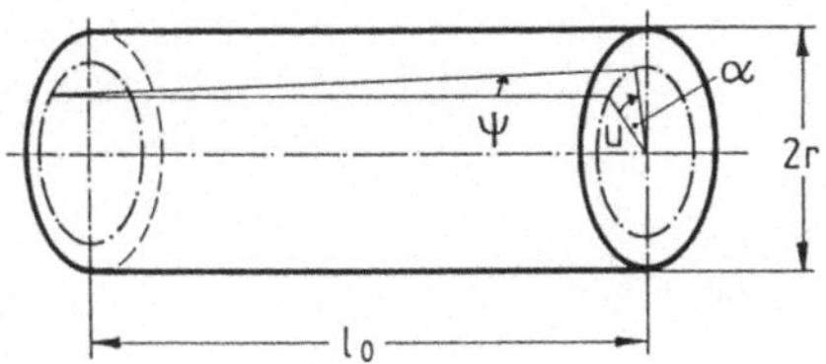

Bild 2.23. Bezeichnungen an einer Torsionsprobe

Hierin ist α der Winkel, um den die Stirnflächen gegeneinander verdreht worden sind.

Die Beziehung (2.51) enthält Voraussetzungen sowohl in bezug auf die Probengeometrie - die Probe muß einen streng kreisförmigen Querschnitt haben, sie darf keine Kerbe enthalten, und die Geometrie darf sich während des Versuches nicht ändern - wie in bezug auf den Werkstoff - er muß homogen, isotrop und inkompressibel sein. Von diesen Annahmen sind die Vernachlässigungen der Kerbwirkung (siehe Anhang A) und der Anisotropie grobe Vereinfachungen. Es sei aber darauf hingewiesen, daß die erwähnten Annahmen in bezug auf den Werkstoff auch den Fließkriterien nach v. Mises und Tresca zugrunde liegen.

2.4.2 Berechnung der Fließkurve aus den Meßdaten

Zur Versuchsauswertung wird zunächst aus den Meßdaten die Schubspannung als Funktion der Schiebung berechnet, und zwar herkömmlicherweise für die Außenfaser (u = r). Aus (2.51) wird hierfür

$$\gamma_r(\alpha) = \frac{r\,\alpha}{l_0} \quad . \tag{2.52}$$

Für die Schiebungsgeschwindigkeit auf der Mantelfläche folgt

$$\dot{\gamma}_r = \frac{r\,\dot{\alpha}}{l_0} \tag{2.53}$$

Die Versuche werden üblicherweise bei konstanter Drehzahl durchgeführt und somit bei konstanter Schiebungsgeschwindigkeit.

Für das Drehmoment gilt im allgemeinen Fall einer hohlen Probe (Bild 2.24)

$$M\,(r, r_1, \gamma_r, \dot{\gamma}_r) = 2\pi \int_{r_1}^{r} \tau\,(\gamma_u, \dot{\gamma}_u)\, u^2\, du \tag{2.54}$$

Hierin ist γ_u durch (2.52) gegeben, und $\dot{\gamma}_u$ ist die Ableitung von γ_u nach der Zeit.

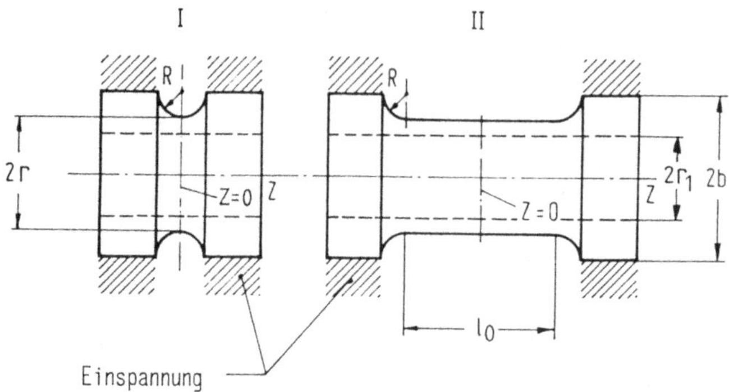

Bild 2.24. Kurze und lange hohle Torsionsproben /2.78/. Damit an den Enden der Meßstrecke eine Viertel- bzw. Halbkreiskontur besteht, muß sein $r + R \leq b$

Aus der gemessenen Drehmoment-Drehwinkel-Kurve kann die Schubspannung auf der Mantelfläche ($u = r$) berechnet werden. Im Falle $r_1 = 0$ gilt /2.75/

$$\tau(\gamma_r, \dot{\gamma}_r) = \frac{3M(r, \gamma_r, \dot{\gamma}_r)}{2\pi r^3} \left\{ 1 + \frac{1}{3M} \left[\gamma_r \frac{\partial M}{\partial \gamma_r} + \dot{\gamma}_r \frac{\partial M}{\partial \dot{\gamma}_r} \right] \right\} \text{ für } r_1 = 0 \tag{2.55}$$

Mit Hilfe dieser Beziehung wurde herkömmlicherweise der Torsionsversuch ausgewertet.

Die so erhaltene Lösung ist aber physikalisch wenig sinnvoll: direkt an der Oberfläche sind die Werkstoffeigenschaften mehr als irgendwo sonst verfälscht (durch spanende Bearbeitung bei der Probenherstellung, Oxidation, die Bildung von Mikrorissen, welche dem Bruch vorausgehen, den Kerbeffekt aufgrund der Probengeometrie - vgl. Abschnitt A.1.2 - und durch die Fortpflanzung der Experimentierfehler).

Die Untersuchung einer möglichen Berechnung der Schubspannung für einen Radialabstand im Innern der Probe in /2.76/ führte auf das nachstehend kurz skizzierte Lösungsverfahren (siehe auch Anhang A).

Es wird ausgegangen von der Überlegung, daß der Zugversuch alle notwendigen Informationen liefert, solange für die Fließkurve die analytische Gleichung vorausgesetzt werden darf

$$k_f(\varphi_v, \dot{\varphi}_v) = C_1 \varphi_v^n \dot{\varphi}_v^m \tag{2.56}$$

Hierin sind n und m die gleichen Konstanten wie in Gl. (2.12) bzw. (2.7); somit besteht zwischen C_1 in Gl. (2.56) und C in Gl. (2.12) der Zusammenhang $C = C_1 \dot{\varphi}^m$ (für n = 0 ist C_1 gleich dem Faktor k_{f1} in Gl. (2.8)).

Demnach interessiert der Torsionsversuch nur dann, wenn Gl. (2.56) eben nicht vorausgesetzt werden kann. Daher wird jetzt für die zu bestimmende Schubspannung als Funktion von Schiebung und Schiebungsgeschwindigkeit geschrieben

$$\tau(\gamma_u, \dot{\gamma}_u) = \tau_0(\gamma_u, \dot{\gamma}_u)\,[1 + f(\gamma_u, \dot{\gamma}_u)] \tag{2.57}$$

Hierin ist abgekürzt

$$\tau_0(\gamma_u, \dot{\gamma}_u) = D_1\, \gamma_u^n\, \dot{\gamma}_u^m \tag{2.58}$$

Dies ist die "nullte Näherung", die sich aus Gl. (2.56) mit einem Fließkriterium berechnen läßt, s.u. Die Funktion $f(\gamma_u, \dot{\gamma}_u)$ ("Korrekturfunktion") ist ein Maß für die Abweichung der wahren Fließkurve von der nullten Näherung. Dabei kann für viele Werkstoffe zumindest bei Raumtemperatur vorausgesetzt werden, daß gilt

$$|f(\gamma_u, \dot{\gamma}_u)| \ll 1 \quad \text{für alle} \quad \gamma_u ; \dot{\gamma}_u \tag{2.59}$$

Aus diesem Grunde werden die Gln. (2.56) und (2.58) im folgenden für den Zweck von Abschätzungen verwendet.

Einsetzen von Gl. (2.57) in (2.54) liefert

$$M(r, r_1, \gamma_r, \dot{\gamma}_r) = M_0(r, r_1, \gamma_r, \dot{\gamma}_r)\,[1 + \bar{f}(\gamma_r, \dot{\gamma}_r)] \tag{2.60}$$

Hierin ist mit (2.58)

$$M_0(r, r_1, \gamma_r, \dot{\gamma}_r) = \frac{2\pi D_1}{3+n+m}\, r^3 \gamma_r^n \dot{\gamma}_r^m j_3 \tag{2.61}$$

und

$$\bar{f}(\gamma_r, \dot{\gamma}_r) = \frac{\int_{\gamma_{r_1}}^{\gamma_r} f(\gamma_u, \dot{\gamma}_u)\, \gamma_u^{2+p}\, d\gamma_u}{\int_{\gamma_{r_1}}^{\gamma_r} \gamma_u^{2+p}\, d\gamma_u} \tag{2.62}$$

In (2.61) ist abgekürzt

$$j_k = 1 - \left(\frac{r_1}{r}\right)^{k+p}; \quad k = 3, 4 \tag{2.63}$$

wobei j_4 erst später benötigt wird, mit

$$p = n + m \tag{2.64}$$

Für nahezu alle Werkstoffe kann angenommen werden, daß gilt

$$0 < p < \frac{1}{2} \tag{2.65}$$

Die durch (2.62) definierte Größe $\overline{f}(\gamma_r, \dot{\gamma}_r)$ ermöglicht es, anhand der Versuchsergebnisse zu beurteilen, wie gut Gl. (2.59) erfüllt ist: bei guter Anpassung von $M_0(r, r_1, \gamma_r, \dot{\gamma}_r)$ an die Meßkurve muß $\overline{f}(\gamma_r, \dot{\gamma}_r)$ klein gegen Eins sein, damit (2.59) gilt.

Zur Ermittlung der Fließkurve sind nun zunächst die Konstanten D_1, n und m in Gl. (2.58) zu bestimmen, und anschließend die Funktion $f(\gamma_u, \dot{\gamma}_u)$. Die in /2.76/ beschriebene Rechnung - vgl. Abschnitt A.1 - ergibt, daß ein ausgezeichneter Radialabstand existiert, für den das Ergebnis besonders zuverlässig ist. Dieser wird als "kritischer Radius" u_p bezeichnet. Es gilt

$$\frac{u_p}{r} = \frac{3+p}{4+p} \cdot \frac{j_4}{j_3} \tag{2.66}$$

Die zugehörigen Werte von Schiebung und Schiebungsgeschwindigkeit sind mit (2.52), (2.53)

$$\gamma_p = \frac{u_p}{r}\gamma_r \; ; \; \dot{\gamma}_p = \frac{u_p}{r}\dot{\gamma}_r \tag{2.67}$$

Mit einiger Rechnung ergibt sich als zweite Näherung für die Schubspannung im Radialabstand u_p (s. a. Abschnitt A.1.1)

$$\tau_2(\gamma_p, \dot{\gamma}_p) = \frac{3\,M(r, r_1, \gamma_r, \dot{\gamma}_r)}{2\pi\, r^3} \cdot \frac{j_4^p}{j_3^{1+p}} \tag{2.68}$$

Hierin hängt die Schubspannung nur von zwei Variablen ab, weil das Drehmoment proportional zu r^3 ist.

Gl. (2.68) gibt eine umso genauere Näherung für die wahre Schubspannung, je weniger die Fließkurve von Gl. (2.58) abweicht, und je dünnwandiger die - hohle - Probe ist, vgl. Abschnitt A.1 (für massive Proben ist $j_4 = j_3 = 1$). Zur Verwendung hohler Proben finden sich weitere Angaben z.B. in /2.73, 2.75/. Damit solche Proben nicht instabil werden, ist es zweckmäßig, die Probenlänge möglichst klein zu machen, so daß der Durchmesser von gleicher Größenordnung wie die Länge ist (Typ I in Bild 2.24), s.a. Abschnitt A.1.2.

2.4.3 Auswirkung des Fließkriteriums

Über die eigentlichen Experimentierfehler beim Torsionsversuch finden sich Angaben z.B. in /2.72/. Diese Fehler dürften in vielen Fällen klein gegen die grundsätzliche Unsicherheit des Fließkriteriums sein.

Aus der Funktion $\tau_2(\gamma_p,\dot{\gamma}_p)$ ist die Fließkurve $k_f(\varphi_v,\dot{\varphi}_v)$ zu berechnen. Zu diesem Zweck wird meist das v. Mises- oder das Tresca-Kriterium angenommen. In beiden Fällen ist der Vergleichsumformgrad proportional zur Schiebung, und die Fließspannung proportional zur Schubspannung /2.77, 2.78/. Daher lassen sich beide Fließkriterien formal beschreiben durch die Gleichungen

$$k_f = \beta\ \tau \tag{2.69}$$

und

$$\varphi_v = \frac{\gamma}{\beta}\ ;\ \dot{\varphi}_v = \frac{\dot{\gamma}}{\beta} \tag{2.70}$$

Hierin ist

$$\beta = \begin{cases} \sqrt{3} & \text{nach v. Mises} \\ 2 & \text{nach Tresca} \end{cases} \tag{2.71}$$

Aufgrund des Unterschiedes zwischen den beiden genannten Fließkriterien ist die absolute Höhe der berechneten Fließspannung mit einer großen Unsicherheit behaftet. Dies gilt nicht in gleichem Maße für den ermittelten relativen Verlauf der Fließkurve und ihre Abhängigkeit von der Umformgeschwindigkeit: wie in /2.79/ gezeigt wird, hat zwar im allgemeinen Fall einer von Gl. (2.58) abweichenden Fließkurve der Unterschied der zwei Fließkriterien eine Verzerrung des relativen Verlaufes der Fließkurve zur Folge. Diese Verzerrung ist aber bei Gültigkeit von Gl. (2.59) nur schwach. Bei strenger Gültigkeit von (2.59) wird überhaupt nur die absolute Höhe der Fließspannung von der Wahl des Fließkriteriums beeinflußt (dies ist allerdings, wie erwähnt, nicht der eigentliche Anwendungsfall des Torsionsversuches).

Die Kenntnis des relativen Verlaufes der Fließkurve ohne Kenntnis der absoluten Höhe der Fließspannung ist oft nicht ausreichend; daher lohnt eine Durchführung des Torsionsversuches zur Bestimmung des relativen Verlaufes der Fließkurve manchmal nur bei gleichzeitiger Bestimmung ihrer absoluten Höhe im Zug- oder Stauchversuch.

Abschließend sei zum Fließkriterium darauf hingewiesen, daß seine Unsicherheit noch größer ist, als in dem Unterschied zwischen den Fließkriterien nach v. Mises und Tresca zum Ausdruck kommt: beide Fließkriterien haben nämlich einige Voraussetzungen gemeinsam, die z.T. nicht erfüllt sind. Dies sind die schon erwähnten Voraussetzungen der Homogenität, Isotropie und Inkompressibilität des Werkstoffes; zudem die Annahme, daß die Fließspannung von der Umformgeschwindigkeit unabhängig ist. Unter diesen Annahmen ist vor allem die der Isotropie oft unzulässig, vgl. /2.80/ sowie bei Warmumformung die der geschwindigkeitsunabhängigen Fließspannung /2.81/. Die Aussagefähigkeit des Torsionsversuches wird also wesentlich durch die Unsicherheit des Fließkriteriums begrenzt.

Daher konzentriert sich die Anwendungsmöglichkeit des Torsionsversuches auf die Fälle, in denen vor allem der relative Verlauf der Fließkurve interessiert, und/oder ihre Abhängigkeit von der Umformgeschwindigkeit (letztere ist vorwiegend bei erhöhten Temperaturen von Bedeutung), sofern Gl. (2.56) nicht a priori vorausgesetzt werden darf. Die Abweichung der Fließkurve vom Verlauf gemäß Gl. (2.56) soll aber nicht zu stark sein, vgl. (2.59). Dies läßt sich, wie schon angedeutet, prüfen anhand der Bedingung

$$|\bar{f}(\gamma_r, \dot{\gamma}_r)| \ll 1 \quad \text{für alle} \quad \gamma_r ; \dot{\gamma}_r \tag{2.72}$$

Ergänzende Hinweise zur Anwendbarkeit des Torsionsversuches finden sich in Anhang A.

2.5 Aufnahme von Warmfließkurven

2.5.1 Allgemeine Bedingungen

Da die Bewegung der gleitfähigen Versetzungen zur Überwindung von Hindernissen durch thermisch aktivierbare Vorgänge erleichtert wird, haben zunehmende Temperaturen i. allg. eine Abnahme der Fließspannung zur Folge (vgl. Abschnitt 2.1.2.3 und 4.3).

Der Einfluß der Umformgeschwindigkeit auf die Fließspannung ist bei erhöhten Temperaturen mindestens so stark wie der des Umformgrades. Wird Gl. (2.56) für die Fließkurve angenommen, so bedeutet dies, daß der Geschwindigkeitsexponent m i. allg. mit steigender Temperatur zunimmt.

Während m sich z.B. für unlegierte Stähle bei Raumtemperatur nur wenig von Null unterscheidet, nimmt bei 1200°C die Fließspannung um bis zu 70 % zu, wenn $\dot{\varphi}$ um eine Zehnerpotenz vergrößert wird. Wegen der Versprödung im Temperaturbereich von 100 bis 500°C und der α - γ - Umwandlung steigt m jedoch nicht monoton mit der Temperatur.

Nach Sellars und Tegart /2.82/ lassen sich bei Temperaturen $T > 0{,}6\ T_s$ der Zusammenhang der Fließspannung k_f mit Umformgeschwindigkeit $\dot{\varphi}$ und Temperatur T und das Kriechverhalten gemeinsam durch eine einzige Funktion beschreiben. Der Grund hierfür ist, daß die Warmumformung ähnlich wie das Kriechen als thermisch aktivierter Vorgang betrachtet werden kann. Es wird geschrieben

$$k_f = k_f(Z) \tag{2.73}$$

Hierin ist

$$Z = Z(\dot{\varphi}, T) = \dot{\varphi} \exp\left(\frac{Q}{RT}\right) = C\,[\sinh\,(\nu \cdot k_f)]^{n'} \tag{2.74}$$

die temperaturkorrigierte Umformgeschwindigkeit ("Zener-Hollomon-Parameter"), Q ist die Aktivierungsenergie für die Umformung, und R die Gaskonstante; C, und n' sind temperaturunabhängige Konstanten. Dabei ändert sich Q im Falle einer Phasenänderung.

I. allg. kann jedenfalls für erhöhte Temperaturen angenommen werden, daß die Fließspannung mindestens so stark von $\dot{\varphi}$ wie von φ abhängt, so daß in Gl. (2.56) gilt

$$m \geq n \tag{2.75}$$

In manchen Fällen kann sogar der Einfluß des Umformgrades φ im Vergleich zu dem der Umformgeschwindigkeit $\dot{\varphi}$ vernachlässigt werden, d.h. es ist

$$m \gg n \tag{2.76}$$

Dann kann Gl. (2.56) näherungsweise durch (2.8) ersetzt werden.

Im übrigen entspricht bei hohen Temperaturen der relative Verlauf der Fließkurve in Abhängigkeit vom Umformgrad φ_v nicht mehr genau dem Ludwik-Ansatz $k_f \sim \varphi_v^n$, siehe z.B. /2.24/.

Bei der Aufnahme von Warmfließkurven ist außerdem zu beachten, daß die Umformgeschwindigkeit bei technischer Warmumformung häufig sehr hoch ist ($\dot{\varphi}_v \approx 10 \ldots 10^3 s^{-1}$). Dies macht es erforderlich, vergleichbar hohe Umformgeschwindigkeiten im Versuch zu realisieren.

An und für sich werden Versuche mit einer Umformgeschwindigkeit oberhalb von etwa $\dot{\varphi}_v \approx 0{,}1\ s^{-1}$ oft als "Schlagversuche" bezeichnet /2.83/, siehe auch Abschnitt 2.6.2. Da aber eine Erhöhung der Temperatur einer Erhöhung der Umformgeschwindigkeit entgegenwirkt, vgl. Gl. (2.73), sind die hier betrachteten Versuche zur Aufnahme von Warmfließkurven nicht als typische "Schlagversuche" anzusehen.

Allgemein gilt jedoch für Versuche bei extrem hoher Umformgeschwindigkeit, daß bei Versuchsbeginn die Umformgeschwindigkeit infolge der plötzlichen Belastung der Prüfeinrichtung absinken kann, wenn diese nicht hinreichend steif ist (wobei eine möglichst große Schwungmasse - z.B. in Form eines Fallhammers oder eines Schwungrades - zur Stabilisierung der Umformgeschwindigkeit beitragen kann).

Ein wesentliches Merkmal der Umformung bei hoher Umformgeschwindigkeit ist die Erwärmung der Probe: etwa 90 % der Umformarbeit sowie die Reibarbeit werden in Wärme umgewandelt, der Rest bleibt als gespeicherte Energie auch im abgekühlten Werkstoff, siehe z.B. /2.84/. Da bei hinreichend hoher Umformgeschwindigkeit während des Versuches praktisch keine Wärme abgeleitet wird, gilt für die Temperaturerhöhung der Probe in Näherung

$$\Delta T(\varphi) = \frac{k_{fm}\,\varphi}{\rho\, c} \cdot \delta \tag{2.77}$$

Hierin ist abgekürzt

$$k_{fm} = k_{fm}(\varphi) = \frac{1}{\varphi} \int_0^{\varphi} k_f(\varphi')\, d\varphi' \tag{2.78}$$

Dabei bedeutet c die spezifische Wärme, und ρ die Dichte des Probenwerkstoffes; der Faktor δ hat die Werte

$$\delta = \begin{cases} 0 & \text{für isotherme Umformung} \\ 1 & \text{für adiabatische Umformung} \end{cases} \tag{2.79}$$

Die Erwärmung der Probe während der Verformung scheint einerseits wünschenswert, da sie eine entsprechende Erwärmung bei technischer Warmumformung simuliert. Da aber die Erwärmung nicht allein von der Umformgeschwindigkeit abhängt, sondern auch von der Probengestalt, der absoluten Probengröße und von den Reibverhältnissen, kann eine im Versuch gemessene Erwärmung nicht einfach auf technische Umformvorgänge übertragen werden. Deshalb wird in vielen Fällen versucht, die isothermische Fließkurve anzunähern. Dies kann ggf. durch eine mehrfache Unterbrechung des Versuches erreicht werden.

Ein Beispiel dafür ist der schon beschriebene Stufenstauchversuch (bei dem allerdings mit der Unterbrechung auch bezweckt wird, die Reibungseinflüsse zu unterdrücken, siehe Abschnitt 2.3.3). Grundsätzlich läßt sich ein vollständiger Temperaturausgleich nur erreichen, wenn der Versuch oft genug unterbrochen wird; dabei wird vorausgesetzt, daß keine thermisch aktivierten Vorgänge während der Unterbrechung ablaufen.

Die Abweichung der gemessenen von der isothermischen Fließkurve ist umso größer, je höher die Umformgeschwindigkeit ist. Da i. allg. die Fließspannung mit steigender Temperatur abnimmt, liegen isothermische Fließkurven über den entsprechenden adiabatischen.

Eine andere Möglichkeit, die Erwärmung der Probe während des Versuches zu unterdrücken, besteht im Kühlen der Probe durch eine zirkulierende Kühlflüssigkeit /2.85/. Es ist auch möglich, isothermische Fließkurven durch entsprechende rechnerische Korrektur adiabatischer Fließkurven zu ermitteln /2.8, 2.86/. Die Messung der Erwärmung der Probe während des Versuches mit Hilfe von Thermoelementen ist z.B. in /2.87/ beschrieben.

Den Bedingungen der Praxis entspricht vielfach eine Umformgeschwindigkeit, bei der eine endliche, aber nicht adiabatische Erwärmung erfolgt; dies wird als "polytrope" Umformung bezeichnet.

Wegen Gl. (2.75) bzw. (2.76) interessiert nicht allein der relative Verlauf der Fließkurve in einem großen Wertebereich für den Umformgrad, sondern auch der Geschwindigkeitseinfluß. Um diesen zu erfassen, sind mehrere Versuche bei unterschiedlicher Umformgeschwindigkeit erforderlich, wobei für die Dauer eines Versuches die Umformgeschwindigkeit jeweils konstant bleiben soll.

Wenn gemäß Gl. (2.56) die Fließspannung proportional zu $\dot{\varphi}^m$ ist, genügen im Prinzip zwei Versuche mit unterschiedlicher Umformgeschwindigkeit zur Ermittlung des Exponenten m. Allerdings stellt Gl. (2.56) nur eine Näherung dar, so daß i. allg. Versuche mit mehr als zwei Werten der Umformgeschwindigkeit zweckmäßig sind.

Schließlich ist noch zu beachten, daß bei hohen Umformgeschwindigkeiten Trägheitskräfte einen merklichen Einfluß auf das Ergebnis haben können. Nach /2.88/ können Trägheitskräfte für $\dot{\varphi} \approx 100\ s^{-1}$ noch vernachlässigt werden, aber für $1000\ s^{-1}$ gilt dies nicht mehr (hierzu siehe auch Abschnitt 2.5.3).

Im folgenden werden die Grundversuche zur Aufnahme von Warmfließkurven beschrieben. Es sei vorweg bemerkt, daß diese Versuche vielfach nicht nur zur Aufnahme von Warmfließkurven durchgeführt werden, sondern auch oder in vereinfachter Form ausschließlich zur Ermittlung des Umformvermögens.

2.5.2 Warmzugversuch

Im Zugversuch können bei Verwendung üblicher Prüfmaschinen mit genormten Proben keine hohen Umformgeschwindigkeiten erreicht werden. Da bei technischer Warmumformung hauptsächlich die Fließkurven bei hohen Umformgeschwindigkeiten interessieren, ist der Warmzugversuch für diesen Zweck wenig geeignet. Dagegen wird der Versuch oft eingesetzt, um die Brucheinschnürung als Maß für das Umformvermögen zu ermitteln, wobei vielfach auf eine Ermittlung der Fließkurve verzichtet wird /2.89/, vgl. auch Kapitel 5. Darüber hinaus wird für werkstoffkundliche Grundlagenuntersuchungen der Warmzugversuch bei niedriger Umformgeschwindigkeit mit elektronisch gesteuerten Prüfmaschinen eingesetzt /2.90/.

2.5.3 Warmstauchversuch

Beim Warmstauchversuch ist zunächst zu beachten, daß aus Gl. (2.17) für die Vergleichsumformgeschwindigkeit beim Zylinderstauchversuch wie auch (bei Annahme des Tresca-Kriteriums) beim Flachstauchversuch folgt

$$\dot{\varphi}_v = \frac{\dot{s}}{h_0} e^{\varphi_v} \qquad (2.80)$$

Hierin ist $\dot{s}$ die Vorschubgeschwindigkeit der Stauchbahn. Bei konstantem $\dot{s}$ ergibt sich somit eine während des Versuches exponentiell ansteigende Vergleichsumformgeschwindigkeit $\dot{\varphi}_v$. Dies würde eine grobe Verfälschung des Versuchsergebnisses zur Folge haben. Es ist deshalb erforderlich, die Werkzeuggeschwindigkeit $\dot{s}$ kontinuierlich zu verändern in der Weise, daß gilt

$$\dot{s}\,(\varphi_v) = \dot{s}_0\; e^{-\varphi_v} \tag{2.81}$$

Dies ist möglich mit Hilfe eines kurvengesteuerten oder hydraulisch gesteuerten "Plastometers" /2.57, 2.91 bis 2.93/.

Wie in /2.24/ gezeigt, kann auch mit einer Kurbelpresse in einem endlichen Intervall für den Umformgrad eine annähernd konstante Umformgeschwindigkeit eingehalten werden. Durch passende Wahl der Parameter wurde bei den in /2.41/ beschriebenen Versuchen im Intervall $0 \leq \varphi_v \lessapprox 0{,}85$ eine annähernd konstante Umformgeschwindigkeit erhalten.

Im Prinzip wäre es auch bei nichtzylindrischen Stauchproben von entsprechend gewählter Form möglich, eine annähernd konstante Umformgeschwindigkeit zu realisieren /2.49, 2.50/.

Neben einer möglichst guten Konstanz der Vergleichsumformgeschwindigkeit wird bei Warmstauchversuchen auch ein möglichst hoher Wert der Vergleichsumformgeschwindigkeit angestrebt, um technische Warmumformung zu simulieren. Aus Gl. (2.80) ist zu ersehen, daß ein hoher Wert von $\dot{\varphi}_v$ einerseits durch eine hohe Vorschubgeschwindigkeit s der Stauchbahn erreicht wird. Dazu können z.B. Pressen oder Gegenschlaghämmer verwendet werden /2.24, 2.60/, oder auch servohydraulische Prüfmaschinen, siehe z.B. /2.57, 2.94/; ferner werden in manchen Fällen sog. Hopkinson-Einrichtungen verwendet /2.95/, mit denen allerdings keine hohen Umformgrade erreicht werden, vgl. Abschnitt 2.6.2. Andererseits ist gemäß Gl. (2.80) eine möglichst niedrige Anfangshöhe h_0 der Versuchsprobe zum Erreichen einer hohen Umformgeschwindigkeit wünschenswert.

Die in Abschnitt 2.5.1 diskutierte Erwärmung der Versuchsproben während der Umformung wurde in /2.96/ für den Stauchversuch und den Torsionsversuch unter Berücksichtigung der Reibungswärme theoretisch berechnet. In diesem Zusammenhang bietet der Flachstauchversuch (wie auch das Stauchen nichtzylindrischer Proben!) den Vorteil, daß die Umformwärme nicht durch Grenzflächen hindurch in die Stauchbahnen abgeleitet werden muß, sondern zunächst in die nicht verformten, also auf tieferer Temperatur befindlichen Teile des Probenvolumens.

Ergänzend sei darauf hingewiesen, daß das Ergebnis des Stauchversuches auch noch aus anderen Gründen von der Umformgeschwindigkeit abhängen kann, denn die Formänderungsverteilung innerhalb der Probe hängt strenggenommen von der Umformgeschwindigkeit ab. Ursachen hierfür sind sowohl Trägheitskräfte (bei hoher Umformgeschwindigkeit) als auch die Geschwindigkeitsabhängigkeit der Reibzahl /2.97/. Bei der Ermittlung der Fließkurve in Abhängigkeit von der Umformgeschwindigkeit muß ggf. auf diese Effekte korrigiert werden.

Die Trägheitskräfte haben übrigens nach /2.97/ auch einen Vorteil: sie unterdrücken die Instabilität der Probe, d.h. ihre Neigung zum Knicken etc.. Demnach sind bei sehr hohen Umformgeschwindigkeiten im Zylinderstauchversuch höhere Schlankheitsgrade zulässig als bei niedriger Umformgeschwindigkeit.

Weiterhin ist bei Warmstauchversuchen zu beachten, daß je nach Temperatur ein anderer Schmierstoff verwendet werden muß, vgl. Bild 2.25 und Tabelle 2.5.

Ergänzende Angaben über den Warmstauchversuch und damit zusammenhängende Fragen finden sich in /2.60, 2.63, 2.90, 2.98 bis 2.100/.

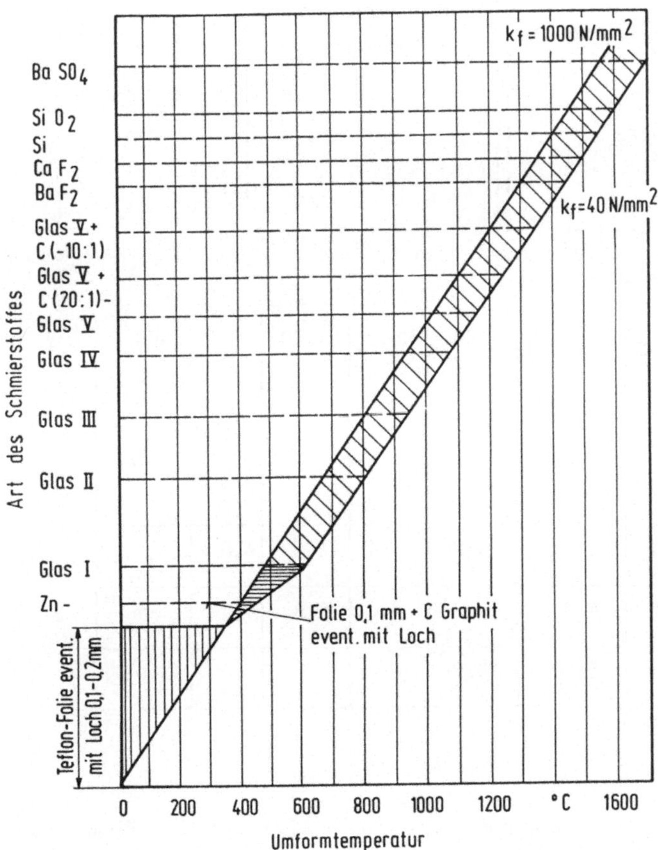

Bild 2.25. Schmierplan für Zylinderstauchversuche (vgl. Tabelle 2.5) /2.98/

Tabelle 2.5. Schmierstoffe für den Stauchversuch /2.67, 2.98/

a) Schmierstoffe in Abhängigkeit von der Temperatur

Prüftemperatur °C	Schmierstoff	Anwendungsart
20	Teflon	Folie
100	Teflon	
200	Teflon	
300	Teflon	
400	Zink mit Graphit	
500	Legierung Al/Zn 50	
600	Glasmischung I+II	Aufschwemmung in Methanol
700	Glasmischung II+III	
800	Glas III	
900	Glasmischung III+IV	
1000	Glas V	
1100	Glas V mit Graphit	
1200	Glas V mit Graphit	
1300	Glas V	
1400	CaF_2 + BaF_2	
1500	SiO_2 + Si	
1600	$BaSO_4$	

b) Chemische Zusammensetzung der als Schmierstoffe verwendeten Glassorten in %

Glassorte	Pb_3O_4	SiO_2	H_3BO_2	$AL(OH)_3$	$CaCO_3$	$MgCO_3$	Na_2CO_3	K_2CO_3	$BaCO_3$
I	69,9		30,1						
II	71,4	26,5						2,1	
III		56,5	1,7	4,2	8,9	5,4	22,5	o,8	
IV		71,0	18,6	4,0			6,0	o,4	
V		42,8	9,7	25,5	19,5				3,o

2.5.4 Warmtorsionsversuch

Analog zur Beschreibung des Warmstauchversuches im vorhergehenden Abschnitt wird zunächst die Umformgeschwindigkeit betrachtet. Der Torsionsversuch hat den großen Vorteil, daß sich die Probengestalt während des Versuches nicht ändert, so daß eine konstante Bewegungsgeschwindigkeit des Antriebes eine konstante Umformgeschwindigkeit zur Folge hat: aus Gl. (2.53) folgt für konstantes $\dot{\alpha}$ ein konstanter Wert für die Schiebungsgeschwindigkeit $\dot{\gamma}$, und mit Gl. (2.70) ergibt sich die Vergleichsumformgeschwindigkeit.

Aus Gl. (2.53) folgt, daß eine möglichst hohe Umformgeschwindigkeit wie bei technischer Warmumformung entweder durch Verwendung einer Prüfeinrichtung mit sehr hoher Drehzahl, d.h. mit hohem $\dot{\alpha}$ erreicht wird, oder durch Verwendung von Proben mit hohem r/l_0-Verhältnis. Aus wirtschaftlichen Gründen wird i. allg. die zweite Möglichkeit vorzuziehen sein. Dabei ist für den Probenradius r eine obere Grenze durch das maximale von der Prüfmaschine aufgebrachte Drehmoment gegeben. Eine weitere Steigerung kann nur erreicht werden durch Verwendung von (hohlen) Proben möglichst kleiner Länge /2.71, 2.73, 2.75, 2.101, 2.102/, siehe auch Anhang A.

Die Verwendung kurzer Proben (Typ I in Bild 2.24) erfordert eigentlich eine Korrektur für die Kerbwirkung bei der Versuchsauswertung /2.71/, siehe auch Abschnitt A.1.2. Dies kann aber umgangen werden, wenn Fließspannung und Umformgrad für den schon in Abschnitt 2.4.2 eingeführten "kritischen Radialabstand" berechnet werden. Im übrigen ist die Verwendung von Proben mit allzu scharfen Kerben dadurch begrenzt, daß möglicherweise ein vorzeitiger Bruch erfolgt.

Für die Angabe der Schiebung in der Mittelebene einer kurzen Probe (Typ I in Bild 2.24) wird die "wirksame Probenlänge" l_p als Maß für den an der Verformung beteiligten Abschnitt der Gesamtlänge der Probe eingeführt. Statt l_0 ist jetzt l_p in den Nenner von Gl. (2.52) und (2.53) einzusetzen. Die Bestimmung der wirksamen Probenlänge kann mit Hilfe von Versuchen erfolgen. Es ist aber auch möglich, die wirksame Länge "semiempirisch" zu bestimmen /2.71, 2.72/, vgl. Abschnitt A.1.2.

Da bei kurzen Torsionsproben schon ein kleiner Drehwinkel einen hohen Umformgrad ergibt, kann der relative Meßfehler des Drehwinkels wesentlich sein, vor allem im Zusammenhang mit einer elastischen Verformung der Prüfeinrichtung.

Über die Erwärmung der Proben beim Torsionsversuch finden sich Angaben z.B. in /2.92, 2.103, 2.104/. Eine Besonderheit des Versuches ist die über den Probenquerschnitt veränderliche Verformung, die eine entsprechende inhomogene Erwärmung zur Folge hat. Die Ableitung der Umformwärme erfolgt am günstigsten bei kurzen Proben, bei denen der Abstand der Probenmitte von den nicht verformten Probenköpfen klein ist.

Weitere Angaben zum Warmtorsionsversuch finden sich in /2.105 bis 2.109/.

2.6 Weitere Prüfverfahren

2.6.1 Überblick

Im Prinzip ist es möglich, die Fließkurve $k_f(\varphi_v)$ zu ermitteln, indem ein beliebig geformter Probekörper auf irgendeine Weise plastisch verformt wird. Aus der Messung der einwirkenden Kraft bzw. Kräfte sowie der Gestaltänderung des Probekörpers kann durch entsprechende Umrechnung die Fließkurve bestimmt werden. Eine solche Umrechnung ist im allgemeinen Fall nur mit Hilfe numerischer Näherungsverfahren möglich, wobei vereinfachende Annahmen und insbesondere auch das angenommene Fließkriterium in das Ergebnis eingehen.

Aus diesem Grunde sind in allen Zweifelsfällen die einfachsten Prüfverfahren vorzuziehen. Nur wenn klare Gründe dagegen sprechen, kommt eine kompliziertere Vorgehensweise in Betracht. Im folgenden werden einige Sonderverfahren behandelt, die geeignet erscheinen, wenn die Grundversuche unzweckmäßig sind:

1) Wenn extreme Werte für die Umformgeschwindigkeit erreicht werden sollen, können andersartige Vorgehensweisen als in den drei Grundversuchen (Zug, Stauchung, Torsion) zweckmäßig sein; hierzu siehe Abschnitt 2.6.2.

2) Wenn es darum geht, die Fließkurve bei überlagerter hydrostatischer Druckspannung aufzunehmen, kann zwar das Prinzip des Zug-, Stauch- oder Torsionsversuches beibehalten werden. Aber die Randbedingungen erzwingen eine Modifizierung, speziell in bezug auf die Abmessungen der Proben, so daß meist keine genormten Zugproben verwendet werden, siehe Abschnitt 2.6.3.

3) Andere Gründe, vom Zug- oder Stauchversuch abzugehen, können sich daraus ergeben, daß die Probenahme schwierig ist. Da genormte Zugproben eine recht große Länge haben, ist es nicht immer möglich, solche Proben aus dem zur Verfügung stehenden Material herauszuarbeiten. In diesem Fall ist der Stauchversuch wegen der kleineren Probenabmessungen eher möglich. Wenn aber auch die Abmessungen von Stauchproben noch zu groß sind, kommt z.B. ein Eindringverfahren in Betracht, siehe Abschnitt 2.6.4.

4) Schließlich können ungewöhnliche Werkstoffeigenschaften ein besonderes Prüfverfahren notwendig machen, siehe Abschnitt 2.6.5.

2.6.2 Prüfverfahren bei extremer Umformgeschwindigkeit

Da technische Umformung bei extremer Umformgeschwindigkeit häufig als Warmumformung durchgeführt wird, interessiert die Fließkurve $k_f(\varphi_v)$ bei hoher Umformgeschwindigkeit vor allem für erhöhte Temperaturen. Diese Thematik wurde schon in Abschnitt 2.5 behandelt.

Andererseits werden auch bei Verfahren der Kaltumformung in manchen Fällen extreme Umformgeschwindigkeiten erreicht, so z.B. beim Feinblechwalzen.

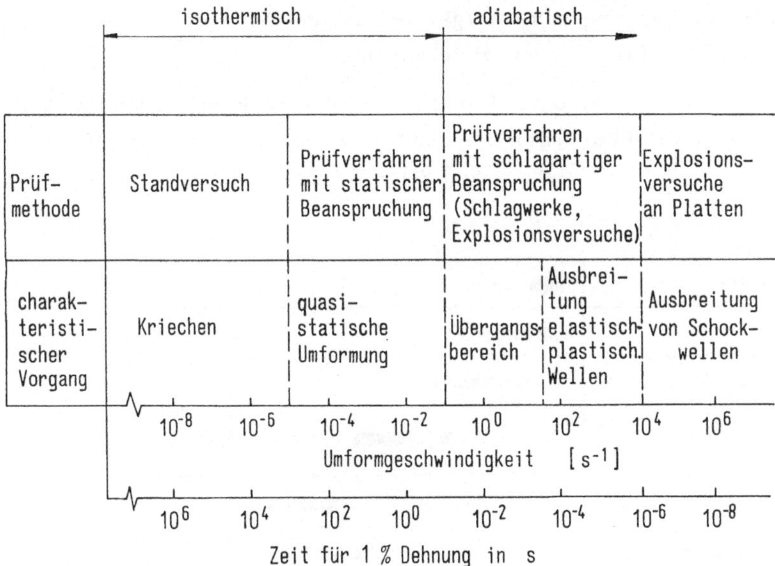

Bild 2.26. Prüfverfahren in Abhängigkeit von der Umformgeschwindigkeit /2.83/

Bild 2.26 gibt einen Überblick über die Einteilung von Prüfverfahren in Abhängigkeit von der Umformgeschwindigkeit; diese Einteilung ist nicht auf Prüfverfahren bei erhöhter Temperatur beschränkt.

Die hier interessierenden Prüfverfahren bei extremen Umformgeschwindigkeiten sind zu den Schlag- oder sogar zu den Explosionsversuchen zu zählen. Allerdings besteht in diesem Bereich für die Umformgeschwindigkeit - zumindest bei Raumtemperatur - eine verstärkte Neigung der Werkstoffe zum Sprödbruch; deshalb werden Schlagversuche in vielen Fällen nicht zur Aufnahme von Fließkurven durchgeführt, sondern zur Festigkeitsprüfung bzw. zur Untersuchung des Bruchverhaltens; diese Thematik liegt aber hier außerhalb des Rahmens der Betrachtung.

Zum Erzielen extremer Umformgeschwindigkeiten sind unabhängig vom konkreten Prüfverfahren zwei Voraussetzungen zu erfüllen: einerseits wird eine Prüfeinrichtung mit sehr hoher Bewegungs- und Belastungsgeschwindigkeit benötigt, andererseits eine Versuchsprobe mit möglichst kleinen Abmessungen. Damit scheiden genormte Zugproben (Proportionalstäbe) aus; der Schlagzugversuch wird üblicherweise mit Kerbzugproben durchgeführt, so daß hierbei kein einachsiger Spannungszustand besteht.

Auch der Schlagbiege- und der Kerbschlagbiegeversuch werden üblicherweise nicht zur Ermittlung von Fließkurven durchgeführt, sondern zur Ermittlung der Schlagarbeit als integrales Maß für das Werkstoffverhalten vor und während des Bruches. Demgegenüber werden der Stauch- und vor allem der Torsionsversuch teilweise bei Umformgeschwindigkeiten im Bereich der Schlagbeanspruchung durchgeführt, um Fließkurven zu ermitteln.

Ein umfassender Überblick über in der Literatur beschriebene Versuchsanordnungen zur Aufnahme von Fließkurven bei extrem hohen Umformgeschwindigkeiten findet sich in /2.111, 2.112/, siehe auch Bild 2.27.

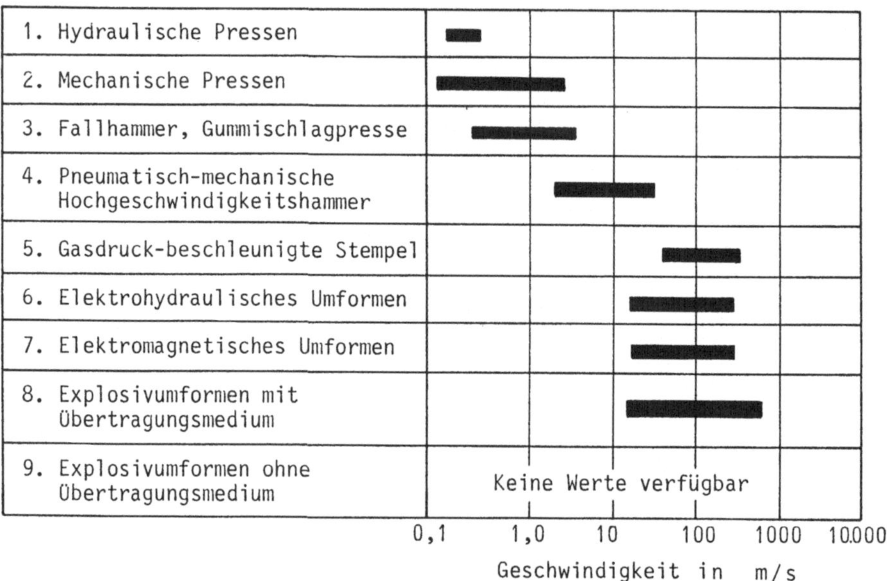

Bild 2.27. Erreichbare Vorgangsgeschwindigkeiten für verschiedene Umformverfahren (in Anlehnung an /2.110/)

Als ein Beispiel für unkonventionelle Methoden zum Erreichen extremer Umformgeschwindigkeiten sei der dynamische Aufweitversuch genannt. Hierbei wird die physikalische Erscheinung benutzt, daß sich mit Hilfe eines schnell veränderlichen Magnetfeldes ein rohrförmiges metallisches Werkstück reibungsfrei aufweiten läßt. Auf diese Weise lassen sich nach /2.113/ Umformgeschwindigkeiten bis etwa $3 \cdot 10^3 s^{-1}$ erreichen.

Eine Begrenzung des Verfahrens ergibt sich daraus, daß es nur für Probenwerkstoffe mit hoher elektrischer Leitfähigkeit in Betracht kommt.

Diese Beschränkung gilt nicht für die in /2.110, 2.112/ beschriebene Aufnahme von Fließkurven durch Explosionsumformung *). Bei diesem Versuch kann die Druckwelle der Sprengstoffdetonation auf sehr unterschiedliche Weise zur Verformung einer Probe ausgenutzt werden. Nach /2.112/ lassen sich die zahlreichen

*) Von der Explosionsumformung zu unterscheiden ist die Umformung durch Einwirken eines ballistischen Projektils /2.115/.

Ausführungsformen des Versuches im wesentlichen auf drei Grundformen zurückführen: die Plattenbeschleunigungstechnik wie in /2.113/, bei der die Druckwelle senkrecht auf eine plattenförmige Probe wirkt; die Hohlzylinder- bzw. Ringtechnik mit rotationssymmetrischer Hohlprobe und schließlich den "Split-Hopkinson-Pressure-Bar" /2.114/. Letzterer kann für Stauch- wie auch für Zug- und Torsionsversuche angewendet werden. Bild 2.28 zeigt die Anordnung für Stauchversuche. Durch den Stab I läuft eine Druckwelle über die Probe in den Stab II. An den Grenzflächen wird aufgrund der unterschiedlichen akustischen Impedanzen jeweils ein Teil der Wellenenergie reflektiert. Schließlich erreicht die Restwelle das freie Ende des Stabes II und wird dort reflektiert. Dann läuft eine Zugwelle durch den Stab II zurück, wodurch der Stab von der Probe getrennt wird (die Probe ist mit den Stäben nur durch einen Ölfilm verbunden). Mit der Trennung endet die Belastung der Probe.

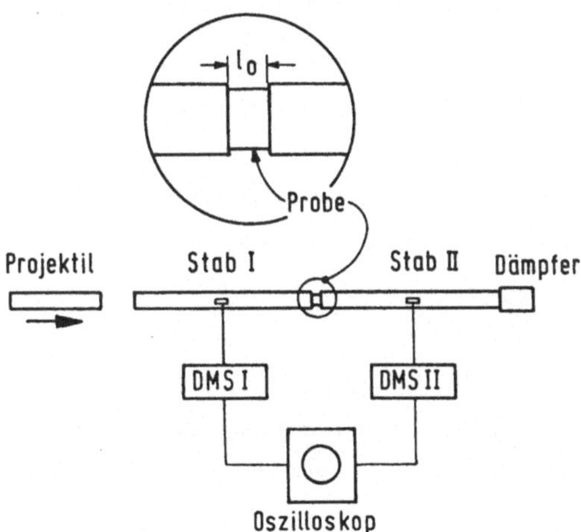

Bild 2.28. "Split-Hopkinson-Pressure-Bar-Test" in der von Kolski vorgeschlagenen modifizierten Form /2.112/

Bei Explosionsumformung werden Umformgeschwindigkeiten bis zur Größenordnung $10^6 s^{-1}$ erreicht. Dies macht eine aufwendige Meßtechnik erforderlich. Nach Angaben in /2.113/ ließen metallographische Untersuchungen umgeformter Proben bei höchsten Umformgeschwindigkeiten keine anderen Mechanismen der Verformung als bei konventionellen Umformgeschwindigkeiten vermuten.

Allgemein werden bei Hochgeschwindigkeitsumformung nur relativ niedrige Umformgrade erreicht.

2.6.3 Prüfverfahren bei überlagerter hydrostatischer Druckspannung

Wie erwähnt, ist das Umformvermögen metallischer Werkstoffe bei hydrostatischer Druckspannung am größten /1.12, 1.13/. Diese Erscheinung wird genutzt, um bei verschiedenen Umformverfahren durch Überlagerung eines Gegen- oder Querdruckes höhere Umformgrade zu erreichen /2.1/. Durch den überlagerten hydrostatischen Druck ändert sich nicht nur das Umformvermögen, sondern in schwächerem Maße auch die Fließspannung /2.3/. Es ist daher erforderlich, die Fließspannung unter überlagertem hydrostatischem Druck zu bestimmen. Entsprechend den Bedingungen bei Umformung mit hydrostatischem Gegen- oder Querdruck sind Drücke in der Größenordnung 10^4bar erforderlich *).

In /2.21/ wird eine Prüfeinrichtung zur Aufnahme von Fließkurven bei überlagertem hydrostatischem Druck im Zug- und im Stauchversuch mit vielen experimentellen Details beschrieben. Weitere Angaben finden sich z.B. in /2.116, 2.117/.

Bei derartigen Versuchen ist nicht nur die Erzeugung des hohen Druckes mit erheblichem Aufwand verbunden, sondern vor allem auch die Kraftmessung. In /2.116/ wird die Kraftmessung mit Hilfe magnetostriktiver Geber beschrieben.

Im Prinzip können alle Prüfverfahren - Zug, Druck, Torsion - bei überlagertem hydrostatischem Druck durchgeführt werden. Es besteht auch die Möglichkeit, Hohlproben zu verwenden und diese von innen über eine Flüssigkeit mit einem Druck zu beaufschlagen /2.118/.

Angaben zum Werkstoffverhalten bei hohem Druck finden sich z.B. in /2.21, 2.119/.

2.6.4 Eindringverfahren

Das einfachste Eindringverfahren besteht darin, aus einer Härtemessung lediglich ein Maß für die absolute Höhe der Fließspannung zu gewinnen, nicht aber für den relativen Verlauf der Fließkurve.

Wie in Abschnitt 2.2.4 beschrieben, können bei Annahme der Ludwik-Gleichung (2.12) durch Bestimmung der Gleichmaßdehnung und der Zugfestigkeit die Konstanten C und n berechnet werden, durch welche die Fließkurve in diesem Fall eindeutig bestimmt ist.

Da die Zugfestigkeit proportional zur Härte ist, kann statt der Zugfestigkeit im Prinzip auch die Härte gemessen werden. Die Umrechnung erfolgt nach der

---

*) Nach dem Gesetz über Einheiten im Meßwesen vom 2. Juli 1969 werden hydraulische Drücke in Bar (Einheitszeichen: bar), mechanische Spannungen dagegen in N/mm^2 angegeben. Es gilt

$$1 \text{ bar} \approx 0{,}1 \text{ N/mm}^2$$

Im vorliegenden Abschnitt müßten deshalb beide Einheiten abwechselnd gebraucht werden, je nachdem, ob die hydraulische Aufbringung des Druckes oder aber seine Wirkung auf die Probe im Vordergrund steht. Es werden deshalb manchmal beide Einheiten gleichzeitig genannt. In diesem Zusammenhang sei darauf hingewiesen, daß die z.Z. gültigen Normen DIN 1301 und DIN 1314 ausdrücklich die Verwendung der Einheit bar neben der SI-Einheit Pascal (Pa) zulassen.

bekannten Näherungsbeziehung /2.120/

$$R_m \approx 3{,}5\ \text{HB in N/mm}^2 \tag{2.82}$$

Ähnliche Beziehungen lassen sich auch für die Vickers- bzw. Rockwell-Härte angeben (der Proportionalitätsfaktor 3,5 in Gl. (2.82) gilt für Stähle; für andere Werkstoffe sind abweichende Faktoren einzusetzen).

Da Gl. (2.82) nur eine grobe Faustformel ist, kann auf diese Weise die Fließkurve nur grob qualitativ bestimmt werden. Im Prinzip kann aus der Härte statt der Zugfestigkeit auch die Streckgrenze als Maß für die absolute Höhe der Fließspannung bestimmt werden /2.121/. Die Vorgehensweise, aus einer Härtemessung eine Aussage über die Fließkurve zu gewinnen, läßt sich aber weiterentwickeln, indem die Kraft und der Weg des Eindringkörpers kontinuierlich gemessen werden, um die Fließkurve $k_f(\varphi_v)$ zu erfassen /2.122/. Dies erfordert allerdings eine Wegmessung mit sehr guter Auflösung.

Ein entscheidender Vorteil der Eindringprüfverfahren besteht darin, daß sie nahezu zerstörungsfrei sind. Es genügt, am zu untersuchenden Werkstoff einen oder einige Eindrücke anzubringen; das für alle anderen Prüfverfahren erforderliche Heraustrennen einer Probe ist oft überflüssig.

2.6.5 Prüfung ungewöhnlicher Werkstoffe

In manchen Fällen ist aufgrund ungewöhnlicher Werkstoffeigenschaften ein besonderes Vorgehen bei der Ermittlung der Fließkurve erforderlich. Dies gilt speziell für zwei Gruppen von Werkstoffen, die im folgenden betrachtet werden: superplastische und kompressible Werkstoffe.

Superplastische Werkstoffe sind dadurch gekennzeichnet, daß sie bei Zugbeanspruchung außerordentlich hohe Dehnungen ertragen, ohne einzuschnüren oder zu brechen /2.123/. Es werden Dehnungen von einigen hundert, in manchen Fällen sogar von einigen tausend Prozent ertragen.

Als Superplastizität wird nicht jede plastische Anomalie bezeichnet. Kennzeichnend ist vielmehr eine hohe Dehngeschwindigkeitsempfindlichkeit. Es soll gelten

$$\frac{\partial \ln k_f}{\partial \ln \dot{\varepsilon}} > 0{,}3 \tag{2.83}$$

Hierin ist $\dot{\varepsilon}$ die Ableitung der Dehnung $\varepsilon = \Delta l/l_0$ nach der Zeit.

Superplastizität ist an bestimmte Gefügezustände gebunden, so daß sich derselbe Werkstoff superplastisch oder "normal" verhalten kann. Hierauf soll nicht näher eingegangen werden.

Für die Aufnahme von Fließkurven superplastischer Werkstoffe ergibt sich aus dem hohen Umformvermögen, daß z.B. im Zugversuch an genormten Proportionalstäben eine extreme Längenänderung Δl der Probe erreicht wird. Daher empfiehlt sich u.U. die Verwendung nicht genormter kürzerer Proben.

Der für herkömmliche Werkstoffe geltende Einwand gegen den Zugversuch, daß in ihm nicht hinreichend hohe Umformgrade erreicht werden, entfällt für superplastische Werkstoffe. Damit entfallen auch die Gründe, die andernfalls zugunsten des Stauchversuches sprechen. Eher ist noch der Torsionsversuch interessant, da in ihm die Umformgeschwindigkeit konstant bleibt.

Die Umformgeschwindigkeit soll bei superplastischer Umformung i. allg. extrem niedrig sein ($\dot{\varphi}_v \sim 10^{-1} \ldots 10^{-5} s^{-1}$). Demnach ist im Torsionsversuch die Verwendung langer, dünner Proben bei niedriger Drehzahl zweckmäßig, vgl. Gl. (2.53).

Eine spezielle DIN-Norm zur Aufnahme der Fließkurven superplastischer Werkstoffe existiert bis jetzt nicht.

Bei den im folgenden betrachteten kompressiblen Werkstoffen ist speziell an nicht vollständig verdichtete Pulvermetalle gedacht (ansonsten wird, wie erwähnt, im Rahmen des Buches stets Volumenkonstanz vorausgesetzt). Für kompressible Werkstoffe reicht die Bestimmung eines Zusammenhanges der Form $k_f(\varphi_v)$ zur Beschreibung des plastischen Verhaltens nicht aus. Als zusätzlicher Parameter ist die Dichte oder die auf den vollständig verdichteten Werkstoff bezogene relative Dichte zu berücksichtigen. Die üblicherweise verwendeten Fließkriterien nach v. Mises oder Tresca reichen für die Beschreibung des Werkstoffverhaltens nicht aus. Es ergibt sich die Forderung, nicht einfach eine Fließkurve $k_f(\varphi_v)$, sondern ein Stoffgesetz unter Berücksichtigung des Einflusses der relativen Dichte zu ermitteln.

Eine Übersicht über in der Literatur angegebene Stoffgesetze für kompressible Werkstoffe und Prüfverfahren zu ihrer Bestimmung findet sich in /2.124/ zusammen mit einer Aufstellung der Anforderungen an ein solches Prüfverfahren.

In /2.124/ wurden folgende Versuche durchgeführt: einachsiges und ebenes Stauchen, Verdichten in einer geschlossenen Matrize, Verdichten unter rein hydrostatischem Druck, einachsiger Zugversuch, Zugversuch mit Querdruck. Aufgrund der Ergebnisse wird empfohlen, zweckmäßig zwei Versuche zur Ermittlung des Fließverhaltens von Sintermetallen durchzuführen, nämlich den Stauchversuch und den hydrostatischen Verdichtungsversuch.

Angaben zum Fließkriterium bei Pulvermetallen finden sich auch in /2.125/.

In der Praxis wird aufgrund seiner Einfachheit oft auch der Zugversuch zur Prüfung von Pulvermetallen eingesetzt, wobei aus den erwähnten Gründen keine vollständige Information über das Stoffgesetz erhalten wird. Eine DIN-Norm zur Erfassung des plastischen Verhaltens von Sintermetallen existiert bis jetzt nicht. Als maßgeblich für den Zugversuch an Sintermetallen ist deshalb am ehesten das Stahl-Eisen-Prüfblatt 88 /2.126/ anzusehen, in dem allerdings nicht die Aufnahme von Fließkurven sondern nur die Ermittlung der Zugfestigkeit und der Bruchdehnung festgelegt ist.

2.7 Kritischer Vergleich der Methoden

2.7.1 Überblick

Im folgenden sollen die drei Grundversuche und die Sonderverfahren unter einheitlichen Gesichtspunkten miteinander verglichen werden. Dabei kann teilweise auf Angaben in den vorhergehenden Abschnitten zurückgegriffen werden; dort sind auch - was hier nicht wiederholt werden soll - verschiedene Ausführungsformen der einzelnen Versuche diskutiert worden. Ähnliche vergleichende Betrachtungen finden sich auch in /2.1, 2.8, 2.18, 2.25 bis 2.27, 2.79, 2.98, 2.99, 2.108, 2.127, 2.128/.

Der Vergleich beschränkt sich auf Methoden zur Ermittlung der Fließkurven an massiven Proben; Besonderheiten der Prüfung von Blechwerkstoffen werden in Kapitel 3 behandelt. Für den Vergleich der Methoden lassen sich folgende Kriterien heranziehen:

1) Die Fehlermöglichkeiten, siehe auch Abschnitt 2.7.2.1;

2) die erreichbaren Wertebereiche für Umformgrad und Umformgeschwindigkeit;

3) der Aufwand für Probenherstellung, Versuchsdurchführung und Versuchsauswertung (in diesen Zusammenhang gehört auch die Frage der Verfügbarkeit der erforderlichen Prüfmaschine);

4) die Möglichkeit, an bestehende Normen anzuknüpfen;

5) mögliche Beschränkungen der Probenahme aufgrund der Abmessungen des Probematerials und der Proben;

6) die Simulation technischer Umformverfahren durch das jeweilige Prüfverfahren. Hierzu gehören neben entsprechenden Werten für Umformgrad, Umformgeschwindigkeit und Temperatur auch die Mehrachsigkeit des Spannungszustandes sowie die mittlere Normalspannung.

Zunächst werden in Abschnitt 2.7.2 die drei Grundversuche - Zug, Stauchen und Torsion - miteinander verglichen. Dabei wird angenommen, daß keine extremen Werte für Umformgrad oder Umformgeschwindigkeit gefordert sind. Anschließend werden in Abschnitt 2.7.3 die Sonderverfahren betrachtet.

2.7.2 Die drei Grundversuche

2.7.2.1 Systematische Fehlereinflüsse

Zu den systematischen Fehlern sind zu rechnen:

1) Reine Meßfehler, d.h. Nullpunktsfehler, Fehler der Kalibrierfaktoren und Linearitätsfehler der Meßeinrichtungen;

2) Fehler durch andere systematische Einflüsse, die im Hinblick auf eine möglichst genaue Bestimmung der Fließkurve stören, die aber hinsichtlich einer Simulation des interessierenden Umformverfahrens - vgl. Punkt 6) in Abschnitt 2.7.1 - unter Umständen bewußt in Kauf genommen werden können. Hierzu zählen:

2.1) die Reibung bei den Stauchversuchen, falls diese nicht durch Schmierung unterdrückt wird (beim Rastegaev-Versuch mit Durchmessermessung eine notwendige Voraussetzung);

2.2) die Anisotropie des Probematerials. Diese ist zumindest dann als "Fehler" aufzufassen, wenn die Beanspruchungsrichtung beim Versuch von derjenigen beim realen Umformvorgang abweicht, und wenn nicht mit Hilfe eines Fließkriteriums für anisotropes Werkstoffverhalten entsprechend umgerechnet wird.

Im Hinblick auf die Probengeometrie könnte es scheinen, als seien alle betrachteten Versuche an isotropes Probematerial bzw. an solches mit rotationssymmetrischer Fasertextur gebunden *). Diese Bedingung gilt allerdings beim Zugversuch und beim Stauchversuch mit Höhenmessung nicht in gleicher Schärfe wie beim Stauchversuch mit Durchmessermessung: bei letzterem hat eine nicht axialsymmetrische Textur zur Folge, daß die Probe beim Stauchen einen nicht kreisförmigen Querschnitt annimmt;

2.3) eine schlechte Annäherung der Temperatur und der Umformgeschwindigkeit des realen Umformvorganges (vgl. Abschnitt 2.5). In diesem Zusammenhang bestehen vor allem beim Zugversuch Einschränkungen: bei genormten Proportionalproben werden aufgrund ihrer großen Länge mit üblichen Prüfmaschinen nur relativ niedrige Umformgeschwindigkeiten im Vergleich zu technischer Warmumformung erreicht;

2.4) eine vom realen Umformverfahren abweichende mittlere Normalspannung;

2.5) die Unsicherheit des Fließkriteriums bei Versuchen mit mehrachsigen Spannungszuständen. Dies betrifft vor allem den Torsionsversuch, aber auch den Zugversuch im Bereich der Einschnürung sowie den ungeschmierten Stauchversuch;

---

*) Der Flachstauchversuch - vgl. Abschnitt 2.3.6 - ist hier nicht berücksichtigt. Er wird in Abschnitt 3.7 diskutiert.

2.6) eine unterschiedliche Größe von Versuchsprobe und realem Werkstück: hierzu siehe Abschnitt 4.2.2.2.

Im folgenden wird die Auswirkung der unter 1) genannten systematischen Fehler auf die ermittelte Fließkurve betrachtet. Dabei wird vereinfachend Gl. (2.12) für die Fließkurve angenommen.

Es ergeben sich die in Tabelle 2.6 eingetragenen Beziehungen für die "Meßkurven", siehe Bild 2.29. Hierbei wurde zu Vergleichszwecken das "Belastungsmaß" σ eingeführt, das die Dimension einer Spannung hat und eine einheitliche Auftragung der "Meßkurven" für die betrachteten Versuche ermöglicht.

Mit dem Verlauf der "Meßkurve" σ (x)/C und ihrer Auswertung hängt die Fortpflanzung systematischer Meßfehler zusammen. Dabei gilt für alle Versuche, daß der Meßfehler des "Belastungsmaßes" σ ausschließlich in die berechnete Fließspannung k_f eingeht, nicht dagegen in den Vergleichsumformgrad φ_v. Demgegenüber geht der Meßfehler der "normierten Maßänderung" x bei einigen Versuchen nicht nur in den berechneten Vergleichsumformgrad ein, sondern auch in die Fließspannung: dies gilt für den Zugversuch und beide Formen des Zylinderstauchversuches, denn hierbei wird der momentane Probenquerschnitt mit Hilfe von x berechnet. Der resultierende Fehler wirkt sich besonders beim Stauchversuch mit Höhenmessung stark aus, s.u.

Ein Gesamtmaß für den aus systematischen Meßfehlern resultierenden Fehler der Fließkurve ergibt sich, indem die Fehlergrenze G_{φ_v} des ermittelten Vergleichsumformgrades in eine ihr äquivalente Fehlergrenze $G_{\varphi_v} dk_f/d\varphi_v$ umgerechnet und zur eigentlichen Fehlergrenze der Fließspannung addiert wird.

Im allgemeinen Fall ergibt sich für die relative Unsicherheit der ermittelten Fließspannung nach dem Gesetz für die Fortpflanzung systematischer Fehler /2.63/

$$\left|\frac{G_{k_f}}{k_f}\right| = \left|\varepsilon_{k_f}\right| \leq \frac{1}{k_f}\cdot\left\{\left|\frac{\partial k_f}{\partial \sigma} G_\sigma\right| + \left|\frac{\partial k_f}{\partial x} G_x\right| + \left|\frac{dk_f}{d\varphi_v}\,\frac{d\varphi_v}{dx} G_x\right|\right\} \tag{2.84}$$

Dabei gilt für alle betrachteten Versuche

$$\frac{\partial k_f}{\partial \sigma} G_\sigma = \frac{k_f}{\sigma} G_\sigma = k_f\,\varepsilon_\sigma \tag{2.85}$$

Beim Torsionsversuch entfällt in Gl. (2.84) der Beitrag der partiellen Ableitung der Fließspannung nach x (weil der Probenquerschnitt konstant bleibt):

$$\left|\varepsilon_{k_f}\right| \leq \left|\varepsilon_\sigma\right| + \frac{1}{k_f}\left|\frac{dk_f}{d\varphi_v}\,\frac{d\varphi_v}{dx} G_x\right| \tag{2.86}$$

Tabelle 2.6. Zu erwartende Meßkurven und Fehler für verschiedene Prüfverfahren (Annahme: Gl. (2.12), so daß in Gl. (2.87) $h = h(\varphi_v) = \varphi_v^{\,n}$) /2.79/

Versuch	Normiertes Belastungsmaß σ	Normierte Maßänderung x	Normierte Meßkurve $\sigma(x)/C$	Maximaler relativer Fehler der Funktion $h(\varphi_v)$ gemäß Gl. (2.90) bzw. (2.91)
Zugversuch für $\varphi \leq n$	$\frac{F}{\pi r_o^2}$	$\frac{\Delta L}{L_o}$	$\frac{\ln^n(1+x)}{1+x}$	$\lvert\varepsilon_x\rvert \left(\frac{n}{\varphi}-1\right)(1-e^{\varphi}) + \lvert\varepsilon_\sigma\rvert; \varphi \leq n$
Zyl.-stauchversuch, Höhenmessung	$\frac{F}{\pi r_o^2}$	$\frac{\lvert\Delta h\rvert}{h_o}$	$\frac{1}{1-x} \ln^n\left(\frac{1}{1-x}\right)$	$\lvert\varepsilon_x\rvert \left(1+\frac{n}{\varphi_v}\right)(e^{\varphi_v}-1) + \lvert\varepsilon_\sigma\rvert$
Zyl.-stauchversuch, Durchmessermessung	$\frac{F}{\pi r_o^2}$	$\frac{\Delta d}{d_o}$	$2^n(1+x)^2 \ln^n(1+x)$	$2\lvert\varepsilon_x\rvert \left(1+\frac{n}{\varphi_v}\right)(1-e^{-\varphi_v/2}) + \lvert\varepsilon_\sigma\rvert$
Torsionsversuch	τ_p	γ_p	x^n	$n\lvert\varepsilon_x\rvert + \lvert\varepsilon_\sigma\rvert$

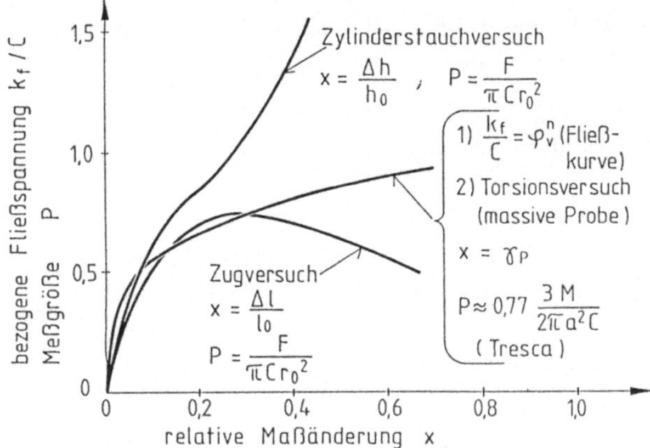

Bild 2.29. Zu erwartende Meßkurven bei verschiedenen Prüfverfahren (Annahme: Gl. (2.12) mit n = 1/4) /2.79/.

Wie schon in Abschnitt 2.4.3 erwähnt, kommt der Torsionsversuch nicht in erster Linie zur Ermittlung der absoluten Höhe der Fließspannung in Betracht. Der besondere Wert des Versuches besteht vielmehr darin, den relativen Verlauf der Fließkurve nahezu unverzerrt abzubilden, was im Zug- und im Stauchversuch aufgrund der Veränderung der Probengeometrie mit dem Umformgrad unmöglich ist.

Dies wird durch folgende Überlegung noch deutlicher. Es wird für die Fließkurve formal geschrieben

$$k_f(\varphi_v) = C\, h(\varphi_v) \tag{2.87}$$

Hierin ist C wie in Gl. (2.12) ein Maß für die absolute Höhe der Fließspannung, die im Torsionsversuch wegen der Unsicherheit des Fließkriteriums nur ungenau bestimmt werden kann, vgl. (2.69), (2.72). Alle Information über den relativen Verlauf der Fließkurve ist in der Funktion $h(\varphi_v)$ enthalten.

Ein Maß für die Genauigkeit, mit welcher der relative Verlauf der Fließkurve im Versuch ermittelt wird, ist die relative Fehlergrenze ε_h der Funktion $h(\varphi_v)$.

Da hier die Unsicherheit des Fließkriteriums nicht berücksichtigt werden soll, kann für alle Versuche genähert werden

$$|\varepsilon_h| \approx |\varepsilon_{k_f}| \tag{2.88}$$

(daß im Fehler der Fließspannung auch infolge eines Kalibrierfehlers ein konstanter Anteil enthalten sein kann, wird hier nicht berücksichtigt). Der Fehler ε_{kf} wird von der Größenordnung Prozent sein.

Für eine graphische Veranschaulichung des unterschiedlichen Verhaltens der betrachteten Versuche eignet sich am besten der ideale Fall strenger Gültigkeit von Gl. (2.12) (in dem natürlich der Zugversuch völlig ausreichen würde). Hierfür folgt beim Zug- und Stauchversuch mit (2.84)

$$|\varepsilon_h| \leq |\varepsilon_\sigma| + |\varepsilon_x| \left\{ \left| \frac{x\,\partial k_f}{k_f \partial x} \right| + n \left| \frac{x}{\varphi_v} \frac{d\varphi_v}{dx} \right| \right\} \tag{2.89}$$

worin ε_x der relative Fehler von x ist; die Ableitungen $\partial k_f / \partial x$ und $d\varphi_v/dx$ sind in Tabelle 2.6 angegeben.

Für den Torsionsversuch folgt aus (2.88), (2.89) mit $x = \beta\,\varphi_v$ und $\tau_p = \sigma$:

$$|\varepsilon_h| \leq |\varepsilon_\sigma| + n\,|\varepsilon_x| \tag{2.90}$$

In Bild 2.30 sind die aus (2.89) bzw. (2.90) resultierenden Verläufe des Fehlers ε_h dargestellt.

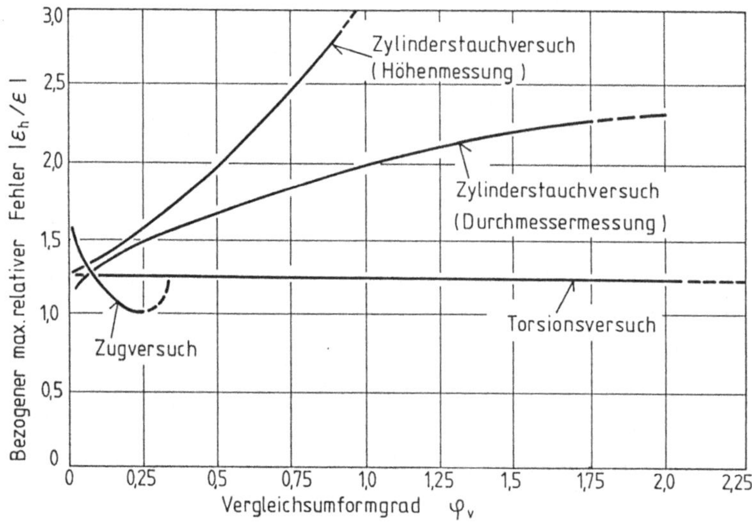

Bild 2.30. Maximaler relativer Fehler der Funktion $h(\varphi)$ gemäß Gl. (2.89) bzw. (2.90) (Annahme: Gl. (2.12) mit $n = 1/4$; $|\varepsilon_\sigma| = |\varepsilon_x| = \varepsilon$) /2.79/

Dem Bild ist folgendes zu entnehmen:

1. Abgesehen von dem leider nur kleinen erreichbaren Umformgrad ist der Zugversuch recht vorteilhaft. Bei Erreichen der Gleichmaßdehnung ist der Fehler ε_h ausschließlich durch den Fehler der Kraftmessung bestimmt.

2. Der Zylinderstauchversuch mit Höhenmessung schneidet vergleichsweise am schlechtesten ab, weil sich mit zunehmendem Betrag des Umformgrades ein Meßfehler der Höhenabnahme immer stärker auswirkt. Dieser Fehler wirkt sich noch dazu zweifach aus, denn eine zu groß gemessene Höhenabnahme ergibt eine zu niedrige Fließspannung. Da die Fließkurven bei Raumtemperatur i. allg. monoton steigen, wirken so die Fehler von Umformgrad und Fließspannung in der gleichen Richtung und verstärken einander. Demgegenüber resultiert beim Zugversuch aus einer zu groß gemessenen Längenzunahme eine zu hohe Fließspannung, wodurch sich die Fehler teilweise wegheben.

Daß der Stauchversuch mit Messung der Höhenabnahme so schlecht abschneidet, läßt sich dadurch erklären, daß er weiter nichts ist als ein "Zugversuch mit umgekehrtem Vorzeichen der Beanspruchungsrichtung". Allerdings bietet der Versuch als einziger von den betrachteten Versuchen die Möglichkeit, mit handelsüblichen Zugprüfmaschinen ohne Zusatzeinrichtung die Fließkurve im Wertebereich bis $\varphi_v \approx 1$ zu ermitteln.

3. Dem Wesen des Stauchversuches wird die Durchmessermessung eher gerecht. Hierbei wirkt sich der Meßfehler von x für hohe Umformgrade weit schwächer aus als bei der Höhenmessung (die in Bild 2.30 gezeigt Kurve geht für $\varphi_v \rightarrow \infty$ asymptotisch gegen 3, was beim Stauchversuch mit Höhenmessung schon für $\varphi_v \approx 1{,}3$ erreicht ist). Der Versuch ist mindestens bis $\varphi_v \approx 2$ hinreichend genau; daher wird - im Gegensatz zur Höhenmessung - das Ende des Versuches i. allg. nicht durch das Anwachsen systematischer Fehler, sondern durch den Bruch der Probe erzwungen sein.

4. Der Torsionsversuch erscheint bei dieser Betrachtungsweise am vorteilhaftesten. Er allein ermöglicht es, die Fließkurve mit konstanter Genauigkeit zu ermitteln, so daß der relative Verlauf der Fließkurve unverzerrt abgebildet wird. Es gibt hierbei keine obere Grenze für den Umformgrad - abgesehen vom Bruch der Probe.

All diese Aussagen beruhen auf den erwähnten vereinfachenden Annahmen. Auch ist zu bedenken, daß der Fehler $|\varepsilon_x|$ bei den einzelnen Versuchen unterschiedlich groß sein wird: insbesondere wird $|\varepsilon_x|$ beim Zugversuch aufgrund der Länge der genormten Proportionalproben deutlich kleiner sein als bei den anderen Versuchen (zum Fehler im Zugversuch siehe auch /2.129 bis 2.135/). Dagegen ist beim Zylinderstauchversuch mit Höhenmessung der Fehler durch elastische Verformung der Prüfeinrichtung größer als bei allen anderen Versuchen, so daß $|\varepsilon_x|$ besonders groß sein wird. Hinzu kommt hier noch der erwähnte Effekt der mittleren Normalspannung auf die Fließspannung /2.3/, der allerdings bei der Simulation von Umformverfahren der Druckumformung in Kauf genommen werden kann.

Im übrigen ist für alle Versuche beim Versuchsbeginn infolge von Nullpunktsfehlern $|\varepsilon_x|$ extrem groß, so daß Bild 2.30 erst oberhalb eines kleinen, endlichen Umformgrades eine sinnvolle Aussage gestattet.

2.7.2.2 Weitere Beurteilungskriterien

In Tabelle 2.7 wurde versucht, die drei Grundversuche nach den in Abschnitt 2.7.1 genannten Bewertungskriterien zu vergleichen (dabei sind die verschiedenen möglichen Ausführungsformen der einzelnen Versuche jeweils pauschal zusammengefaßt). Die in der Tabelle unter 2) bis 5) gemachten Angaben sollen kurz erläutert bzw. ergänzt werden.

Zu Kriterium 2) - Wertebereich für φ_v und $\dot{\varphi}_v$ - sei darauf hingewiesen, daß der Zugversuch nur bei Ausnutzung des Einschnürvorganges (vgl. Abschnitt 2.2.3) die Bestimmung der Fließkurve bis zu höheren Umformgraden ermöglicht /2.11/; zum Einschnürvorgang siehe auch /2.136 bis 2.140/. Demnach steht nur diese Variante des Zugversuches in Konkurrenz zu den anderen Prüfverfahren, speziell zum Stauchversuch. Der Zugversuch nach Siebel und Schwaigerer wird meist nur bei Raumtemperatur ausgeführt, da das Ausmessen der Probenkontur im Innern einer Heizvorrichtung schwierig wäre.

Im Torsionsversuch kann ein hoher Umformgrad erreicht werden; das Ergebnis ist jedoch in manchen Fällen nur in Verbindung mit einem einachsigen Versuch nutzbar, weil die Unsicherheit des Fließkriteriums in die berechnete Fließkurve eingeht, vgl. Abschnitt 2.4.

In diesem Zusammenhang soll kurz die Frage erörtert werden, ob die Fließkurve bis zu höheren Umformgraden bestimmt werden kann, wenn bei einem der Grundversuche vorverfestigtes Probematerial mit bekanntem Umformgrad eingesetzt wird, wie im Zugversuch an kaltgewalztem Material /2.8/ *). Diese Thematik wurde schon in Abschnitt 2.3.3 am Beispiel des Stauchversuches diskutiert. Allgemein scheint die Verwendung von vorverfestigtem Material nur dann sinnvoll, wenn die Vorverfestigung in der gleichen Richtung wie die Verformung in der zweiten Stufe des Versuches erfolgt, d.h. also in mehreren Stufen des gleichen Versuches. Andernfalls kann die Richtungsänderung des Umformweges das Versuchsergebnis verfälschen (Bauschingereffekt /2.5/).

Es braucht demnach nur noch die Ausführung der Grundversuche als "Stufenversuche" betrachtet zu werden. Die Bezeichnung Stufenversuch ist allerdings nicht ganz eindeutig, da zuweilen auch ein Versuch, der lediglich zur Ablesung von Probenabmessungen unterbrochen wird, als Stufenversuch bezeichnet wird. Hier ist aber mit dem Ausdruck Stufenversuch ausschließlich die Vorgehensweise

*) Im Prinzip eignet sich die Kaltverfestigung durch Walzen am ehesten für eine anschließende Prüfung des Werkstoffes im Flachstauchversuch, s. Abschnitte 2.3.6 und 3.3.3.

Tabelle 2.7. Bewertung der drei Grundversuche nach einheitlichen Kriterien (wichtige Erläuterungen im Text)

Versuch	Kriterium					
	1)Fehler bzw. Unsicherheitsquellen	2) Wertebereich für φ_v und $\dot{\varphi}_v$	3)Aufwand	4)Normung	5) erschwerte Probenahme	6)Simulation technischer Umformung
Zugversuch (strengere Ausführung, vgl. Text)	Schwankungen des Durchmessers; Messung des Konturradius ρ ;Biegung	sowohl für φ_v als auch für $\dot{\varphi}_v$ beschränkt	mittel	DIN 50125; DIN 50145 (für $\varphi \leq \varphi_g$); DIN 51221	ja, wegen großer Abmessungen	ja (Zugumformung)
Zyl.-stauchversuch	Stauchwegmessung; Reibung; Knicken; Abscheren	Für φ_v groß, für $\dot{\varphi}_v$ evtl. groß (wobei $\dot{\varphi}_v$ nicht konstant ist)	unterschiedlich (vgl. Tab.2.3)	DIN 50106 enthält nur Rahmenbedingungen	nein	ja (Druckumformung)
Torsionsversuch	Anisotropie; Fließkriterium	sowohl für φ_v als auch für $\dot{\varphi}_v$ groß	groß	keine	nein	ja(Zugdruckumformung)

gemeint, mit Hilfe einer Unterbrechung des Versuches den Wertebereich für den Umformgrad, in welchem die Fließkurve ermittelt wird, zu vergrößern.

So wird beispielsweise im Stufenstauchversuch (vgl. Abschnitt 2.3.3) durch spanende Bearbeitung die zylindrische Probenform wieder hergestellt, um Fehler durch mehrachsigen Spannungszustand im Bereich hoher Umformgrade zu unterdrücken. Bei dem in /2.141/ beschriebenen "Stufenzugversuch" wurde die schon eingeschnürte (aber noch nicht gebrochene) Zugprobe ausgespannt und durch plastische Verformung der nicht eingeschnürten Zone die Einschnürung unterdrückt, wobei allerdings keine strenge Zylinderform erreicht wurde. Der Torsionsversuch hat den Vorteil, daß sich die Probengestalt während der Verformung praktisch nicht ändert; daher erübrigt sich - zumindest hinsichtlich der Probengestalt - die Durchführung von Stufenversuchen.

Der allgemeine Nachteil von Stufenversuchen ist neben dem hohen Aufwand die Möglichkeit einer fehlerhaften Bestimmung des in der ersten Stufe erreichten Umformgrades, wozu auch die elastische Verformung der Prüfeinrichtung beitragen kann sowie die Möglichkeit einer Alterung des Werkstoffes während der Unterbrechung. Zu den Vorteilen zählt bei hohen Umformgeschwindigkeiten, daß die isothermische Fließkurve besser angenähert werden kann.

Zu Kriterium 3) - Aufwand - sei festgestellt, daß die Berechnung der Fließkurve aus im Zugversuch gemessenen Kennwerten (vgl. Abschnitt 2.2.4) von allen Methoden den geringsten Aufwand verursacht. Hierbei muß aber die Ludwik-Gleichung (2.12) für die Fließkurve vorausgesetzt werden: dies stellt eine Hauptunsicherheitsquelle dar. Nur wenn diese Unsicherheit keinen allzu großen Fehler verursacht, bestent kein Anlaß zu einer aufwendigeren Vorgehensweise, auch nicht zu einer strengeren Ausführung des Zugversuches, wie Zugversuch nach DIN 50145 /1.7/ für $\varphi \leq \varphi_g$, und nach Siebel und Schwaigerer /2.11/ für $\varphi > \varphi_g$. Im günstigsten Fall sind die Gleichmaßdehnung und die Zugfestigkeit schon vom Lieferanten angegeben, so daß ohne jeden eigenen Prüfaufwand eine näherungsweise Angabe der Fließkurve möglich ist. Diese Vorgehensweise ist aber nicht sehr zuverlässig, da die Gleichmaßdehnung nur in grober Näherung gleich dem Verfestigungsexponenten ist /2.16/.

In Tabelle 2.7 ist angenommen, daß Gl. (2.12) nicht ungeprüft vorausgesetzt werden darf. Dann ist eines der aufwendigeren Prüfverfahren (strengere Ausführung des Zugversuches, Stauch- oder Torsionsversuch) angebracht. Unter diesen Verfahren erfordert der Zylinderstauchversuch mit Haftreibung den geringsten Aufwand.

Zu Kriterium 4) - Normung - sei daran erinnert, daß in den DIN-Normen wie auch in ausländischen Normen dem Zugversuch Vorrang eingeräumt ist. Die in Tabelle 2.7 angegebenen Normen legen den Zugversuch für $\varphi \leq \varphi_g$ bis ins einzelne fest; zusätzlich gelten besondere Normen für den Zugversuch an speziellen Werkstoffen, wie z.B. Gußwerkstoffen, die aber für die Umformtechnik weniger wichtig sind.

Demgegenüber lassen die Normen für den Stauchversuch mehr Spielraum, vor allem in bezug auf Gestalt und Größe der Proben *). Für den Torsionsversuch existieren bisher in den DIN-Normen überhaupt keine derartigen Angaben.

Zu Kriterium 5) - Simulation technischer Umformverfahren - sei festgestellt, daß jeder der drei Grundversuche gewisse Eigenschaften technischer Umformvorgänge simuliert. Deshalb ist dieses Kriterium nicht geeignet für eine allgemeingültige Entscheidung zugunsten eines der drei Versuche: vielmehr wird unter diesem Gesichtspunkt von Fall zu Fall zu entscheiden sein, siehe auch Kapitel 4. Somit hat jeder der Versuche ein eigenes Spektrum von Anwendungsmöglichkeiten. Dies gilt umso mehr, als auch aus metallphysikalischen Gründen die in einem Versuch ermittelte Fließkurve nicht streng mit den Ergebnissen der anderen Versuche übereinstimmen kann /2.27/.

Abschließend sei nochmals erwähnt, daß Fragen der Meßtechnik, der Instrumentierung und der Prüfmaschinen sowie des Einsatzes von Rechnern hier weitgehend außer acht gelassen wurden. Einige Hinweise hierzu finden sich in /2.142 bis 2.149/.

2.7.3 Zu den Sonderprüfverfahren

Die Bedeutung der in Abschnitt 2.6 beschriebenen Sonderprüfverfahren ergibt sich einerseits daraus, daß in den Grundversuchen extreme Werte für Umformgrad oder Umformgeschwindigkeit nicht oder nur mit Zusatzeinrichtungen realisiert werden können. So lassen sich im Prinzip alle drei Grundversuche bei extremer Umformgeschwindigkeit durchführen, wenn statt einer konventionellen Prüfeinrichtung z.B. eine entsprechend modifizierte Hopkinson-Anordnung /2.114/ verwendet wird; desgleichen ist es möglich, jeden der drei Versuche bei überlagertem hydrostatischem Druck durchzuführen.

Die Sonderprüfverfahren bei extremer Umformgeschwindigkeit oder extremem Umformgrad (durch Überlagern einer hydrostatischen Druckspannung) stehen demnach nicht in Konkurrenz zu den drei Grundversuchen, sondern erweitern deren Anwendungsmöglichkeiten.

Da die Sonderverfahren mit erheblichem Aufwand verbunden sind, werden sie nur dann zum Einsatz kommen, wenn entsprechende Bedingungen technischer Umformvorgänge simuliert werden sollen, oder für reine Grundlagenexperimente.

---

*) Dies gilt nicht für das Stahl-Eisen-Prüfblatt 1123 /2.19/, das die Vorgehensweise beim Zylinderstauchversuch recht genau festlegt. Daher bietet dieses Stahl-Eisen-Prüfblatt mit seinen in /2.20, 2.21/ beschriebenen Aktualisierungen z.Z. die beste Orientierung.

Andererseits ist die zweite Gruppe der in Abschnitt 2.6 beschriebenen Verfahren (Eindringprüfverfahren) vor allem dann von Bedeutung, wenn die Probenahme für einen der drei Grundversuche schwierig ist.

Allgemein dürfte die bei den Sonderverfahren erreichbare Genauigkeit geringer als bei den Grundversuchen sein.

Ergänzende Angaben zur Bewertung der einzelnen Prüfverfahren finden sich in Abschnitt 3.8.

2.8 Literatur zu Kapitel 2

/2.1/ (Hrsg.) Lange, K.: Lehrbuch der Umformtechnik (3 Bände), Berlin/ Heidelberg/New York: Springer 1972-1975.

/2.2/ Stüwe, H.-P.: Die Fließkurven vielkristalliner Metalle und ihre Anwendung in der Plastizitätsmechanik, Z. Metallkde. 56 (1965), 633-642.

/2.3/ Herbertz, R.; Wiegels, H.: Der Unterschied zwischen Zug- und Druckfließkurve, gedeutet durch den hydrostatischen Druckeinfluß, Arch. Eisenhüttenwes. 51 (1980), 413-416.

/2.4/ Lorrek, W.: Einfluß von hydrostatischem Druck auf Fließspannung und Formänderungsvermögen metallischer Werkstoffe, Diss. TU Clausthal 1972.

/2.5/ Troost, A.: Einführung in die allgemeine Werkstoffkunde metallischer Werkstoffe, Bd. I, Mannheim/Wien/Zürich: Bibliographisches Institut 1980.

/2.6/ Siebel, E.; Pomp, A.: Zur Weiterentwicklung des Druckversuches, Mitt. KWI Eisenforsch. 10 (1928), 55-62.

/2.7/ Hornbogen, E.: Werkstoffe, Berlin/Heidelberg/New York: Springer 1973.

/2.8/ Krause, U.: Vergleich verschiedener Verfahren zum Bestimmen der Formänderungsfestigkeit bei der Kaltumformung, Diss. TH Hannover 1962.

/2.9/ Lueg, W.; Krause, U.: Formänderungsfestigkeit von Stahl C45 beim Warmstauchen mit mittleren Formänderungsgeschwindigkeiten, Stahl und Eisen 80 (1960), 1061-1067.

/2.10/ Bühler, H.; Vollmer, J.: Fließkurven metallischer Werkstoffe bei großen Formänderungen und Formänderungsgeschwindigkeiten, Ind.-Anz. 91 (1969), 2021-2023.

/2.11/ Siebel, E.; Schwaigerer, S.: Zur Mechanik des Zugversuches, Arch. Eisenhüttenwes. 19 (1948), 145-152.

/2.12/ Lange, G.: Vereinfachte Ermittlung der Fließkurve metallischer Werkstoffe im Zugversuch während der Einschnürung der Probe, Arch. Eisenhüttenwes. 45 (1974), 809-812.

/2.13/ Hensel, A.; Spittel, Th.: Kraft- und Arbeitsbedarf bildsamer Formgebungsverfahren, Leipzig: Grundstoffindustrie 1976.

/2.14/ Reihle, M.: Ein einfaches Verfahren zur Aufnahme der Fließkurve von Stahl bei Raumtemperatur, Arch. Eisenhüttenwes. 32 (1961), 331-336.

/2.15/ Jöller, A. et al.: Eine Möglichkeit zur objektiven Bestimmung der Gleichmaßdehnung, Berg- u. Hüttenm. Mh. 126 (1981), 80-83.

/2.16/ El-Magd, E.: Ermittlung der Fließkurven im Zugversuch, Arch. Eisenhüttenwes. 45 (1974), 83-89.

/2.17/ DIN 50106: Prüfung metallischer Werkstoffe. Druckversuch, Dezember 1978.

/2.18/ VDI-Richtlinie 3200: Fließkurven metallischer Werkstoffe, Blatt 1. Grundlagen, Oktober 1978.

/2.19/ Stahl-Eisen-Prüfblatt 1123: Kaltstauchversuch zur Ermittlung des Verfestigungsverhaltens, 1. Ausg., Juli 1973.

/2.20/ Pöhlandt, K.: Zylinderstauchversuche zur Ermittlung von Kaltfließkurven, wt-Z. ind. Fertig. 74 (1984), 99-102.

/2.21/ Stahl-Eisen-Prüfblatt 1123: Zylinderstauchversuch zur Ermittlung von Kaltfließkurven, 2. Ausg., Entwurf, Februar 1986.

/2.22/ Siebel, E.; Pomp, A.: Die Ermittlung der Formänderungsfestigkeit von Metallen durch den Stauchversuch, Mitt. KWI Eisenforsch. 9 (1927), 157-171.

/2.23/ Banerjee, J.K.: Barrelling of solid cylinders under axial compression, Trans. ASME, J. Eng. Mater. Technol. 107 (1985), 138-144.

/2.24/ Samanta, S.K.: On the limit of plastic deformation in compression of circular cylinders, Int. J. Fracture 11 (1975), 301-313.

/2.25/ Diether, U.: Warmfließkurven von Stählen und ihre Ermittlung im Stauchversuch, Seminar "Neuere Entwicklungen in der Massivumformung", Forschungsgesellschaft Umformtechnik mbH., Stuttgart, 26.-27.6.1979.

/2.26/ Pawelski, O.: Vergleichende Wertung der Prüfverfahren für die Warmumformbarkeit von Metallen, in: Warmumformung und Warmfestigkeit, Symp. Bad Nauheim 1975, Oberursel: DGM 1976, 1-24.

/2.27/ Panknin, W.; Bach, M.: Anleitung zur experimentellen Bestimmung der Fließkurven metallischer Werkstoffe, DFBO-Mitt. (1972), 15-22.

/2.28/ Nebe, G.; Stenger, H.: Zur Aufnahme von Fließkurven an Stahlproben, Materialprüf. 6 (1964), 157-162.

/2.29/ Bramley, A.N.; Abowl, N.A.: Stress-strain-curves from the ring test, Proc. 15th MTDR Conf., London 1975, 431-436.

/2.30/ Sachs, G.: Z. Metallkde. 16 (1924), 55.

/2.32/ Sato, Y.; Takeyama, H.: An extrapolation method for obtaining stress-strain-curves at high rates of strain in uniaxial compression, Tech. Rep. Tohoku Univ. 44 (1980), 287-302.

/2.32/ Wiegels, H.; Herbertz, R.: Der Zylinderstauchversuch mit großer Reibung zur Bestimmung der Fließspannung (Formänderungsfestigkeit), Stahl und Eisen 99 (1979), 1380-1390.

/2.33/ Schey, J.A. et al.: The effect of friction on pressure in upsetting at low diameter-to-height ratios, J. Mech. Work. Technol. 6 (1982), 23-34.

/2.34/ Osakada, H. et al.: A method of determining flow stress under forming conditions, Annals of the CIRP 30/1 (1981), 135-138.

/2.35/ Polakowski, N.H.: The compression test in relation to cold rolling, J. Iron Steel Inst. 163 (1949), 250-276.

/2.36/ Pöhlandt, K.: Beitrag zur Aufnahme von Fließkurven bei hohen Umformgraden, Seminar "Neuere Entwicklungen in der Massivumformung", Forschungsgesellschaft Umformtechnik mbH., Stuttgart, 26.-27.6.1979.

/2.37/ Holzer, A.J.: Specimen geometry and friction in dynamic compression, Annals of the CIRP 29/1 (1980), 135-139.

/2.38/ Rastegaev, M. V.: Neue Methode der homogenen Stauchung von Proben zur Bestimmung der Fließspannung und des Koeffizienten der inneren Reibung (russ.), Zav. Lab. (1940), 354.

/2.39/ Turno, A.: Die Bestimmung der Verfestigungskurven an Probekörpern mit Ausdrehungen an den Stirnflächen (pol.), Obrobka Plastyczna Poznan 11 (1972), 123-127.

/2.40/ Krokha, V.A.: Grundgesetze für die Verfestigung von Metallen und Legierungen beim Kaltstauchen (russ.), Kuzn. Stamp. Proizv. 10 (1977), 29-47.

/2.41/ Pöhlandt, K.: Stauchversuch zur Ermittlung von Fließkurven nach Rastegaev, Ind.-Anz. 101 (1979), 48, 28-29 (HGF 79/26).

/2.42/ Wiegels, H.; Herbertz, R.: Der Zylinderstauchversuch - ein geeignetes Verfahren zur Fließkurvenermittlung?, Stahl und Eisen 101 (1981), 1487-1492.

/2.43/ Chang, T.; Shü, U.: The stress-strain relationship of metals under homogeneous compression, Scientia Sinica 10 (1961), 377-385.

/2.44/ Suyarov, D.I. et. al.: Bestimmung der Fließspannung von Metallen (russ.), Zav. Lab. 21 (1955), 97-99.

/2.45/ Gunasekera, J.S. et al.: The effect of specimen size on stress-strain behaviour in compression, Trans. ASME, J. Eng. Mater. Technol. 104 (1982), 274-279.

/2.46/ Latocha, J.; Rafaslki, Z.: Ermittlung der Verfestigungsexponenten von M1E Kupfer und Ms63 Messing (pol.), Rudy Metale 21 (1976), 345-348.

/2.47/ Turno, A.: Uniaxial compression test without friction and its different applications, Guest Lecture, Tech. Univ. of Denmark, Lyngby/Dänemark, 1985.

/2.48/ Rafalski, Z.; Misiolek, Z.: Beurteilen der Plastizität kaltverformter Metalle, Bänder Bleche Rohre 21 (1980), 459-463.

/2.49/ Yerkovich, L.A.; Gurnieri, G.J.: Compression-creep properties of several metallic and cermet materials at high temperatures, ASTM Proc. 55 (1955), 732-754.

/2.50/ Pöhlandt, K.; Roll, K.: Upsetting test for determining stress-strain--curves in the range of very high strains, ASTM-Symp. "Formability 2000 AD", Chicago 24.-25.6.1980, Philadelphia, PA: ASTM 1982, 211-228.

/2.51/ Ford, H.: Researches into the deformation of metals by cold rolling, Proc. Inst. Mech. Eng. 159 (1948), 115-143.

/2.52/ Watts, A.B.; Ford, H.: On the basic yield stress curve for a metal, Proc. Inst. Mech. Eng. 169 (1955), 1141-1150.

/2.53/ Green, A.P.: A theoretical investigation of the compression of a ductile material between smooth flat dies, Phil. Mag. Ser. 7, 42 (1951), 900-918.

/2.54/ Hill, R.: The Mathematical Theory of Plasticity, Oxford: Clarendon Press 1950.

/2.55/ Lippmann, H.; Mahrenholtz, O.: Plastomechanik der Umformung metallischer Werkstoffe, Bd. 1, Berlin/Heidelberg/New York: Springer 1967.

/2.56/ Pawelski, O. et al.: Der Warmumformsimulator des Max-Planck-Institutes f. Eisenforschung - Ein neues Konzept zur Erforschung schneller Warmumformvorgänge, Stahl und Eisen 98 (1978), 165-178.

/2.57/ Lonn, A.H.; Schey, J.A.: Development of the plane-strain compression test, Proc. NAMRC-II, Madison/Wisc., 20.-22.5.1974, 165-178.

/2.58/ Thomason, P.-F. et al.: The effect of temperature and strain rate on the yield stress-strain relationship for alloy steels, Univ. of Salford, Dept. of Mech. Eng., Res. Rep. No. 69/33, Salford/England 1969.

/2.59/ Vollmer, J.: Messung der Formänderungsfestigkeit metallischer Werkstoffe vornehmlich bei großen Formänderungen und großen Formänderungsgeschwindigkeiten, Diss. TU Hannover 1969.

/2.60/ Kaspar, R.; Pawelski, O.: A computer-controlled simulation of hot work by flat compression on a high speed servo-hydraulic testing machine, Proc. 19th MTDR-Conf., Manchester/England, 13.-15.9.1978, 247-253.

/2.61/ Bishop, J. F. W.: On the effect of friction on compression and indentation between flat dies, J. Mech. Phys. Solids 6 (1958), 132-149.

/2.62/ Kubie, J.; Delamare, F.: Mésure de la contrainte d'écoulement en compression d'un materiaux par bipoinconnement. Application à une tôle à acier, Mem. Etudes Sci. Rev. Metall. 78 (1981), 201-207.

/2.63/ DIN 1319: Grundbegriffe der Meßtechnik. Teil 3: Begriffe für die Meßunsicherheit und für die Beurteilung von Meßgeräten und Meßeinrichtungen, August 1983.

/2.64/ Reicherter, K.: Untersuchungen über das plastische Verhalten zylindrischer Probekörper, Diss. TH Stuttgart 1950.

/2.65/ Straßburger, Ch.; Robiller, G.: Aufnahme der Fließkurve unlegierter Stähle im Kaltstauchversuch, Stahl und Eisen 93 (1973), 1164-1170.

/2.66/ Abschlußbericht zum Forschungsvorhaben La 155/89 der DFG: Verwendung neuartiger Versuchsproben zur Bestimmung von Fließkurven im Stauchversuch, Inst. für Umformtech., Univ. Stuttgart 1981.

/2.67/ Wagener, H.-W.: Die Staucheigenschaften reaktiver und hochschmelzender Metalle, Diss. TH Hannover 1965.

/2.68/ Wiegels, H.; Herbertz, R.: Einfluß der Meßgenauigkeit von Kraft und Weg auf die Unsicherheit bei der Fließkurvenermittlung im Zylinderstauchversuch, Stahl und Eisen 100 (1980), 1548-1552.

/2.69/ Saluja, S.S. et al.: A simple method for flow stress determination under metal working conditions, Proc. NAMRC-IX, The Pennsylvania State Univ., University Park/PA, 19.-22.5.1981, 153-157.

/2.70/ Rasmussen, S.N. et al.: Weiterentwicklung des Rastegaev-Stauchversuches zur Aufnahme von Fließkurven, wt-Z. ind. Fertig. 74 (1984), 667-670.

/2.71/ DIN 51 212: Verwindeversuch an Drähten, September 1978.

/2.72/ Pöhlandt, K.: Beitrag zur Optimierung der Probengestalt und zur Auswertung des Torsionsversuches, Diss. TU Braunschweig 1977.

/2.73/ Pöhlandt, K.: Drehmoment und Längenänderung beim Bruch im Torsionsversuch, Materialprüf. 21 (1979), 7-12.

/2.74/ Pöhlandt, K. et al.: Torsion test on solid and tubular specimens for testing the plastic behaviour of metals, Arch. Eisenhüttenwes. 55 (1984), 149-158.

/2.75/ Stüwe, H.-P.; Turck, H.: Zur Messung von Fließkurven im Torsionsversuch, Z. Metallkde. 55 (1964), 699-703.

/2.76/ Pöhlandt, K.; Tekkaya, A.E.: Der Torsionsversuch zur Aufnahme von Fließkurven unter Berücksichtigung des Einflusses der Umformgeschwindigkeit, Z. Metallkde. 76 (1985), 108-114.

/2.77/ (Hrsg.) Verein Deutscher Eisenhüttenleute (VDEh): Grundlagen der bildsamen Formgebung, Düsseldorf: Stahleisen 1966.

/2.78/ Pöhlandt, K.; Tekkaya, A.E.: Torsion testing - plastic deformation to high strains and high strain rates, Mater. Sci. Technol. 1 (1985), 972-977.

/2.79/ Pöhlandt, K.: Grundversuche zur Aufnahme der Fließkurven metallischer Werkstoffe für die Massivumformung, Draht 36 (1985), 320-324 und 432-434.

/2.80/ Witzel, W.: Inhomogene Verformung aufgrund von Texturänderungen, Z. Metallkde. 69 (1978), 337-343.

/2.81/ Day, W.A.: On the Reiner-Weissenberg criterion for yield, Q. J. Mech. Appl. Math. 28 (1975), 207-221.

/2.82/ Sellars, C.M.; Tegart, W.J.: La rélation entre la résistance et la structure dans la déformation à chaud, Mem. Etudes Sci. Rev. Metall. 63 (1966), 731-746.

/2.83/ (Hrsg.) Blumenauer, H.: Werkstoffprüfung, Leipzig: Grundstoffindustrie 1976.

/2.84/ Häßner, F.; Hemminger, W.: Gespeicherte Energie in Kupfer nach Walzen und Torsion, Z. Metallkde. 69 (1978), 553-563.

/2.85/ Heil, H.P.; Lienhardt, A.: Ermittlung isothermer Fließkurven von Stählen bei Temperaturen von 20 bis 200°C, Arch. Eisenhüttenwes. 45 (1974), 91-98.

/2.86/ Schack, J.: Das Verhalten der Formänderungsfestigkeit von Eisen-Mangan-Kohlenstofflegierungen im Bereich der Blauwärme, Diss. TH Hannover 1965.

/2.87/ Doraivelu, S.M.; Gopinathan, Y.: Determination of flow stress of 18-4-1 alloy steel taking into account the change in temperature during dynamic deformation, Trans. IIM 32 (1979), 42-46.

/2.88/ Bauer, D.: Der Einfluß hoher Formänderungsgeschwindigkeiten auf die Kaltumformung von Stahl, Kupfer und Aluminium, Fortschr.-Ber. der VDI-Z., Reihe 2, Nr. 26, Düsseldorf: VDI-Verlag 1973.

/2.89/ Dressel, P.-G.: Der Warmzugversuch als Prüfverfahren zur Ermittlung von Kennwerten für die Warmumformbarkeit von Stählen, in: (Hrsg.) Verein Deutscher Eisenhüttenluete (VDEh): Ermittlung von Kennwerten für die Warmumformbarkeit von Stählen, Düsseldorf: Stahleisen 1972.

/2.90/ Ilschner, B.: Hochtemperatur-Plastizität, Berlin/Heidelberg/New York: Springer 1973.

/2.91/ Hawkyard, J.B. et al.: A wedge plastometer for hot multistage compression testing, J. Mech. Work. Technol. 1 (1978), 291-298.

/2.92/ Roeder, E. et al.: Ein elektronisch gesteuertes Plastometer für Zug- und Druckversuche, Materialprüf. 21 (1979), 345-349.

/2.93/ Hartley, C.S.; Jenkins, D.A.: Tensile testing at constant true plastic strain rate, J. Metals 32 (1980), 23-29.

/2.94/ Immarigeon, J.-P. A. et al.: A hot compression testing apparatus for the study of isothermal forging, J. Test. Eval. (JTEVA) 8 (1980), 273-281.

/2.95/ Wulf, G.: High strain rate compression of titanium and some titanium alloys, Int. J. Mech. Sci. 21 (1979), 713-718.

/2.96/ Lahoti, G.D.; Altan, T.: Prediction of temperature distributions in axisymmetric compression and torsion, Trans. ASME, J. Eng. Mater. Technol. 97 (1975), 113-120.

/2.97/ Metzler, H.-J.: Über den Einfluß der Werkzeuggeschwindigkeit auf den Stauchvorgang, Berichte aus dem Institut für Umformtechnik, Universität Stuttgart, Nr. 21, Essen: Girardet 1970.

/2.98/ Meyer-Nolkemper, H.: Fließkurven metallischer Werkstoffe, HFF-Ber. 4, Hannoversches Institut für Fertigungsfragen, Hannover 1978.

/2.99/ Bühler, H.-E.: Der Warmstauchversuch zur Ermittlung von Kennwerten für die Warmumformbarkeit von Stählen, in: (Hrsg.) Verein Deutscher Eisenhüttenleute (VDEh): Ermittlung von Kennwerten für die Warmumformbarkeit von Stählen, Düsseldorf: Stahleisen 1972.

/2.100/ Wiegels, H.; Herbertz, R.: Die Fließkurvenermittlung bei höheren Umformgeschwindigkeiten im Zylinderstauchversuch mit geringer und mit großer Reibung, Stahl und Eisen 101 (1981), 1127-1132.

/2.101/ Itihara, M.: Rep. Tohoku Univ. 11 (1935), 489, 512, 528, zitiert in: Siebel, E.: Handbuch der Werkstoffprüfung, Bd. 2, Berlin: Springer 1939.

/2.102/ Horiuchi, M.R. et al.: The characteristics of the torsion test for assessing hot workability of aluminium alloys, Inst. Space Aeronautical Science, Univ. of Tokyo, Rep. No. 443, Tokyo 1970.

/2.103/ Sheppard, T.; Wright, D.S.: Determination of flow stress, part 1: constitutive equations, Metals Technol. 6 (1979), 215-223.

/2.104/ Wright, D.S.; Sheppard, T.: Determination of flow stress, part 2: Radial and axial temperature distribution during torsion testing, Metals Technol. 6 (1979), 224-229.

/2.105/ Weber, K.-H.: Der Warmtorsionsversuch und seine Aussage als Maß für das Umformverhalten der Stähle bei höherer Temperatur, Habil.-Schr., B.A. Freiberg 1968.

/2.106/ Hertel, J.: Untersuchungen zur Warmumformbarkeit von Stählen mit dem Warmverdrehversuch, in: (Hrsg.) Verein Deutscher Eisenhüttenleute (VDEh): Ermittlung von Kennwerten für die Warmumformbarkeit von Stählen, Düsseldorf: Stahleisen 1972.

/2.107/ Ryan, N.D. et al.: The deformation behaviour of types 304, 316 and 317 austenitic stainless steels during hot torsion, Can. Metall. Quarterly 22 (1983), 369-378.

/2.108/ Vanovsek, W.; Trenkler, H.: Neuere Untersuchungen an einer Warmtorsionsanlage, Berg- und Hüttenm. Mh. 122 (1977), 397-409.

/2.109/ Witzel, W.: Einsatzmöglichkeit des Torsionsversuches bei der Untersuchung metallischer Werkstoffe, Radex-Rdsch. (1980), 151-160.

/2.110/ Blankenagel, H.-J.; Fischer, F.: Über die Messung des Formänderungsverhaltens von Fe-Legierungen und Messing bei höchsten Umformgeschwindigkeiten, Blech Rohre Profile 26 (1979), 155-162.

/2.111/ Jähn, F.: Ein neues Verfahren zur Bestimmung der Fließspannung von metallischen Werkstoffen bei höchsten Dehngeschwindigkeiten, Diss. TH Karlsruhe 1979.

/2.112/ Holzer, A.J.: A tabular summary of some experiments in dynamic plasticity, Trans. ASME, J. Eng. Mater. Technol. 101 (1979), 231-235.

/2.113/ Bauer, D.: Der dynamische Aufweitversuch, ein Meßverfahren zur Ermittlung der Formänderungsfestigkeit bei großen Formänderungsgeschwindigkeiten, Ind.-Anz. 96 (1974), 1886-1887 (HGF 74/54).

/2.114/ Nicholas, Th.: Tensile testing of materials at high rates of strain, Exp. Mech. 21 (1981), 177-185.

/2.115/ Hashmi, M.S.J. et al.: High strain rate properties of material: Design and development of a testing equipment and methodology, Int. J. Mach. Tool Des. Res. 25 (1985), 39-50.

/2.116/ Ogushi, A.; Yoshida, S.: A magnetostrictive load cell for use under high hydrostatic pressure, Jap. J. Appl. Phys. 7 (1968), 622-678.

/2.117/ Sismincev, V.F. et al.: Anordnung zur Werkstoffprüfung unter hydrostatischem Druck (russ.), Zav. Lab. 44 (1978), 1279-1280.

/2.118/ Bogatov, A.A. et al.: Eine Untersuchung der Plastizität von Metallen unter hydrostatischem Druck (russ.), Fiz. Met. Metallov. 45 (1978), 1089-1094.

/2.119/ (Hrsg.) Pugh, H.L.D.: Mechanical Behaviour of Materials under Pressure, Amsterdam: Elsevier 1970.

/2.120/ Domke, W.: Werkstoffkunde und Werkstoffprüfung, 5. Aufl., Essen: Girardet 1973.

/2.121/ Schmidt, W.; Schaffrath, W.: Die Austauschbarkeit von Härte- und Festigkeitskennwerten und ihre Beeinflussung durch Anlassen bei Vergütungs- und Kaltarbeitsstählen, Materialprüf. 26 (1984), 57-61.

/2.122/ Böklen, R.: Über den Zusammenhang von Härte-Eindruckvorgängen mit der Fließkurve metallischer Werkstoffe, Materialprüf. 25 (1983), 117-119.

/2.123/ Heubner, U.: Fachbericht Superplastizität, Oberursel: DGM 1978.

/2.124/ Höneß, H.: Über das plastische Verhalten von Sintermetallen bei Raumtemperatur, Berichte aus dem Institut für Umformtechnik, Universität Stuttgart, Nr. 40, Essen: Girardet 1976.

/2.125/ Huppmann, W.J.; Hirschvogel, M.: Powder forging, Int. Metall. Rev. 23 (1978), 209-240.

/2.126/ Stahl-Eisen-Prüfblatt 88: Eigenschaftsänderungen von Metallpulver durch das Sintern, 1. Ausg., Dezember 1969.

/2.127/ Rao, K.P. et al.: Flow curves and deformation of materials at different temperatures and strain rates, J. Mech. Work. Technol. 6 (1982), 63-88.

/2.128/ Schmidt, W.: Die Kennzeichnung der Eignung von Vormaterial für die Kaltmassivumformung in Versuchen, Draht 31 (1980), 891-899.

/2.129/ Christ, R.W.; Swanson, S.R.: Alignment problems in the tensile test, J. Test. Eval. (JTEVA) 4 (1976), 405-417.

/2.130/ Lange, F.F.; Diaz, E.S.: Powder-cushion gripping to promote good alignment in tensile testing, J. Test. Eval. (JTEVA) 6 (1978), 320-323.

/2.131/ Pink, E.: Die Normung des Zugversuches aus metallphysikalischer Sicht, Berg- und Hüttenm. Mh. 125 (1980), 107-112.

/2.132/ Bauer, F. et al.: Beitrag zur Analyse der Reproduzierbarkeit von Kennwerten im geregelten Zugversuch, Berg- und Hüttenm. Mh. 125 (1980), 113-116.

/2.133/ Kurzmann, W.; Heimbrodt, P.: Einfluß der Beanspruchungsbedingungen auf die Ergebnisse des Zugversuches, Neue Hütte 24 (1979), 426-430.

/2.134/ Baptista, A.A.; Fortes, M.A.: Computer simulation of the tensile test, J. Test. Eval. (JTEVA) 7 (1979), 254-263.

/2.135/ Späth, W.: Gestaltabweichungen eines Probestabes im Zugversuch, Metall 30 (1976), 752-754.

/2.136/ Andresen, K.; Lange, G.: Vergleich gemessener und berechneter Einschnürungskonturen von Zugproben, Arch. Eisenhüttenwes. 48 (1977), 409-413.

/2.137/ Dahl, W.; Rees, H.: Verlauf der Mantellinie der Probenoberfläche im Bereich der Einschnürungen im Zugversuch, Materialprüf. 19 (1977), 304-310.

/2.138/ El-Magd, E.; Troost, A.: Instabilität im Zugversuch, Arch. Eisenhüttenwes. 48 (1977), 43-46.

/2.139/ Christodoulou, N.; Jonas, J.J.: Effect of work hardening flow law and sample geometry on the forming limit in uniaxial tension, Can. Metall. Quarterly 22 (1983), 379-384.

/2.140/ Melander, A.: Necking in cylindrical tensile specimens, Scand. J. Metall. 9 (1980), 51-57.

/2.141/ Thomsen, E.G.: A direct method for obtaining an effective stress-strain-curve from a tension test, Proc. NAMRC-V, Amherst/Mass., 25.-27.5.1977, 139-146.

/2.142/ Sieker, W.: Auswertung von Zugversuchen mit programmierbaren Tischrechnern, Gießerei 64 (1977), 29-33.

/2.143/ Bauerfeind, E.: Wege zur Automatisierung der Zugprüfung, Fachber. Hüttenpraxis Metallweiterverarb. 15 (1977), 318-321.

/2.144/ Lange, G.: Der Einfluß der Prüfmaschinenhärte auf die Ergebnisse des Zugversuches, Arch. Eisenhüttenwes. 43 (1972), 67-75.

/2.145/ Kravcenko, V.: Zugversuch an Stahl aus der Sicht der Normung, Berg- und Hüttenm. Mh. 122 (1977), 255-263.

/2.146/ Dripke, M.: Wechselbeziehungen zwischen Probe und Prüfmaschine beim Zugversuch, Berg- und Hüttenm. Mh. 122 (1977), 275-279.

/2.147/ Dripke, M.: Verfahren und Einrichtungen zum Messen der Verformung beim Zug-, Druck- und Biegeversuch, wt-Z. ind. Fertig. 67 (1977), 287-291.

/2.148/ Jacoby, G.; Mall, G.: Probleme beim Zugversuch und bei der Entwicklung von Zugprüfmaschinen, Berg- und Hüttenm. Mh. 122 (1977), 264-274.

/2.149/ Zillmann, J.: Praxis in der Materialprüfung, Materialprüf. 25 (1983), 351-367.

3 Aufnahme der Fließkurven von Blechwerkstoffen

Verwendete Symbole

a	Blechdicke
α_0	Nullte Näherung für den Drehwinkel
A_0	Anfangsquerschnitt einer Flachzugprobe
a	Probenabmessung (Bild 3.2)
B	Kopfbreite einer Flachzugprobe
$\bar{ß}$	Mittelwert der Konstanten ß in Gl.(2.72)
b	Breite einer Flachzugprobe in der Meßstrecke
b	Probenabmessung (Bild 3.2)
c	Probenabmessung (Bild 3.2)
C^*	Konstante in Gl.(3.10)
ε_1	Dehnung bei der Kraft F_1 im Flachzugversuch (Gl.(3.5))
ε_2	Dehnung bei der Kraft F_2 im Flachzugversuch (Gl.(3.5))
φ_v	Vergleichsumformgrad
$f(\tau)$	"Korrekturfunktion" def. durch Gl.(3.14)
$f'(\tau)$	Ableitung der "Korrekturfunktion", d.h. $f'(\tau) = d(\tau)/d\tau$
$\bar{f}(M)$	"Mittelwert" der Funktion $f(\tau)$, def. durch Gl.(3.17)
F_1	Bezugswert der Kraft im Flachzugversuch (Gl.3.5))
F_2	Bezugswert der Kraft im Flachzugversuch (Gl.(3.5))
	Schiebung
γ_0	Nullte Näherung für die Schiebung
γ_2	Zweite Näherung für die Schiebung
h	Kopfhöhe einer Flachzugprobe
h	Beulhöhe im hydraulischen Tiefungsversuch
L_0	Anfangsmeßlänge einer Flachzugprobe
L_c	Versuchslänge einer Flachzugprobe
L_t	Gesamtlänge einer Flachzugprobe
$\omega_ß$	Relative Unsicherheit des Faktors ß
ω_C	Relative Unsicherheit des Faktors C

p_k	Koeffizient in Gl.(3.13)
r	Radialabstand im ebenen Torsionsversuch
r	momentaner Radius eines Bezugskreises im Bulge-Test
r_0	Anfangswert von r
r_i	Außenradius der inneren Spannbacke im ebenen Torsionsversuch
r_a	Innenradius der äußeren Spannbacke im ebenen Torsionsversuch
r_n	"Kritischer Radialabstand" im ebenen Torsionsversuch
r	Mittlere senkrechte Anisotropie
S_0	Anfangsquerschnitt einer Flachzugprobe
s_0	Anfangsblechdicke
s	momentane Blechdicke
τ_n	Schubspannung im "kritischen Radialabstand" r_n
ξ	Winkel zur Stabachse (Bild 3.9)

3.1 Zur Besonderheit von Blechwerkstoffen

Während es für die Aufnahme der Fließkurven von massivem Probematerial zahlreiche Methoden gibt, bestehen bei Blechwerkstoffen erhebliche Einschränkungen bzw. andersartige Bedingungen:

1. Bei Blechen spielt die plastische Anisotropie i. allg. eine weit größere Rolle als in der Massivumformung. Daher sind Verfahren zur Aufnahme von Fließkurven stets auch danach zu beurteilen, wie weit sie von der Anisotropie beeinflußt werden bzw. welche Informationen sie über die Anisotropie liefern.
2. Grobbleche werden meist bei erhöhter Temperatur umgeformt; demgegenüber interessiert bei Feinblechen i. allg. nur die Kaltumformung, so daß ihre Fließkurven meist nur bei Raumtemperatur aufgenommen werden müssen.
3. Für die experimentelle Praxis sind vor allem folgende Gesichtspunkte maßgeblich, durch welche die Anwendung der wichtigsten Versuche zur Aufnahme von Fließkurven eingeschränkt wird:

- beim Flachzugversuch ist es im Gegensatz zum Zugversuch an Rundstäben nicht möglich, den Einschnürvorgang für die Ermittlung der Fließkurve auszunutzen, so daß die Aufnahme der Fließkurve mit Erreichen der Gleichmaßdehnung beendet ist;

- die Anwendung des Stauchversuches an Blechen ist dadurch eingeschränkt, daß die Höhenabnahme einer Stauchprobe nur dann mit üblichen Mitteln hinreichend genau meßbar ist, wenn die Anfangshöhe mindestens etwa 5-7 mm beträgt.

Die folgende Darstellung beschränkt sich auf die Ermittlung von Fließkurven von Blechen im Dickenbereich von etwa 0,5 mm (zur Aufnahme der Fließkurven noch dünnerer Bleche - "Folien" - finden sich einige Hinweise in /3.1/) bis einige mm.

3.2 Flachzugversuch

Der Flachzugversuch nach DIN 50114 /1.8/ wird im Bereich der Blechdicke unterhalb 3 mm durchgeführt; darüber hinaus wird nach DIN 50114 bei Blechen, Bändern oder Streifen mit einer Nenndicke größer als 3 mm der Zugversuch mit einer Zugprobe Form F (oder G) nach DIN 50125 /1.6/ durchgeführt.

Während beim Zugversuch an Rundstäben ausschließlich proportionale Proben genormt sind, läßt DIN 50114 für Blechwerkstoffe mit einer Dicke unterhalb 3 mm zwei verschiedene Arten von Proben mit jeweils zwei verschiedenen Breiten (b = 20 mm und b = 12,5 mm) zu:

- nichtproportionale Flachproben mit Köpfen: Flachprobe DIN 50114 20 x 80 (große ISO-Flachprobe), siehe Bild 3.1a, und Flachprobe DIN 50114 12,5 x 50 mm (kleine ISO-Flachprobe);
- proportionale Flachproben mit Köpfen, siehe Bild 3.1b.

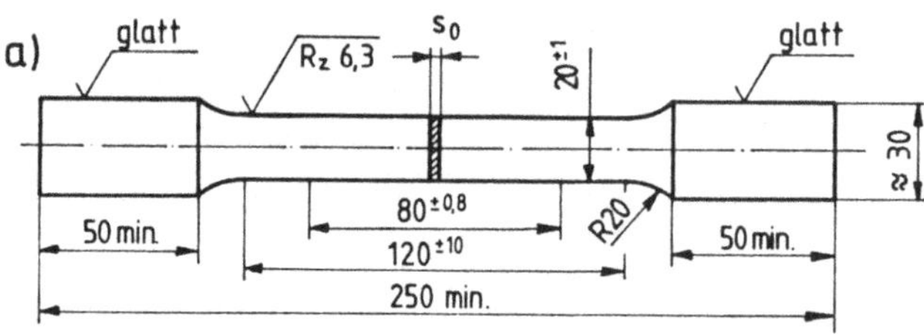

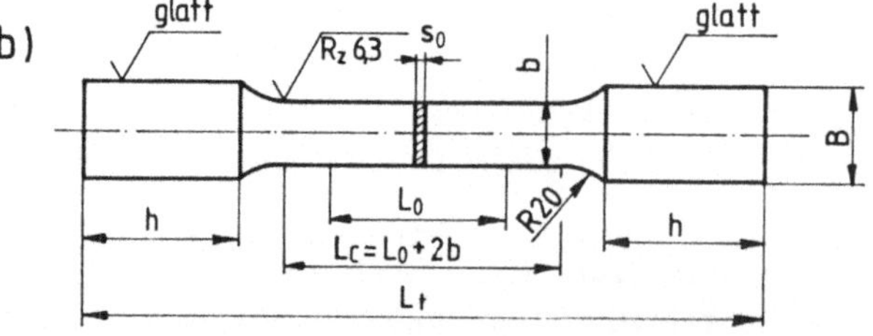

Bild 3.1. a) Nichtproportionale Flachprobe mit Köpfen, Probenbreite b = 20 mm (ISO-Flachprobe); b) Proportionale Flachprobe mit Köpfen

Es ist üblich, beispielsweise die nichtproportionale Flachprobe mit Köpfen, der Breite b = 20 mm und der Anfangsmeßlänge L_0 = 80 mm, als "Flachprobe DIN 50114 20 x 80" zu bezeichnen. Entsprechend wird z.B. die proportionale Flachprobe mit Köpfen, der Probenbreite b = 20 mm und der Anfangsmeßlänge L_0 = 50 mm als "Flachprobe DIN 50114 20 x 50" bezeichnet.

Bei der Festlegung der Anfangsmeßlänge für die proportionalen Flachproben wurde von der Überlegung ausgegangen, vergleichbare Bedingungen wie bei den proportionalen Rundstäben zu schaffen. Bei diesen Proben gilt

$$\frac{L_0}{2r_0} = 5 \text{ bzw. } 10 \tag{3.1}$$

Für Flachproben ist zu setzen

$$A_0 = s_0\, b \tag{3.2}$$

Es folgt

$$\frac{L_0}{\sqrt{s_0 b}} = \frac{5 \cdot 2}{\sqrt{\pi}} \approx 5{,}65 \text{ bzw. } \frac{L_0}{\sqrt{s_0 b}} = \frac{10 \cdot 2}{\sqrt{\pi}} \approx 11{,}3 \tag{3.3}$$

Damit ergeben sich die Faktoren 5,65 bzw. 11,3 in Tab. 3.1 und 3.2.

Nach DIN 50114 soll die Anfangsmeßlänge L_0 keineswegs kleiner als 25 mm sein, wenn die Bruchdehnung bestimmt wird. Hieraus folgen für proportionale Proben die in Tab. 3.1 angegebenen zulässigen Nenndickenbereiche. Dieses Kriterium ist zwar nicht maßgeblich, wenn ausschließlich die Fließkurve $k_f(\varphi)$ bestimmt werden soll; aus Gründen der Vergleichbarkeit sollte es aber doch beachtet werden.

Tabelle 3.1. Abmessungen der proportionalen Flachproben DIN 50 114, vgl. Bild 3.1, in mm

Proben-breite b ± 1	Anfangs-meßlänge L_0	Versuchs-länge L_v	Kopf-breite B ≈	Kopf-höhe h (min.)	Gesamt-länge L_t (min.)
20	$11{,}3 \cdot \sqrt{a \cdot b}$ $5{,}65 \cdot \sqrt{a \cdot b}$	L_0 + 40	30	50	L_0 + 170
12,5	$11{,}3 \cdot \sqrt{a \cdot b}$ $5{,}65 \cdot \sqrt{a \cdot b}$	L_0 + 25	20	35	L_0 + 115

Tabelle 3.2. Anwendungsbereich der Probenformen zur Ermittlung der Bruchdehnung nach DIN 50 114 (Maße in mm)

Proben-breite b ± 1	Anfangs-meßlänge L_o	Formelzeichen für die Bruch-dehnung	Anwendung im Bereich der Nenndicke von	bis unter
20	80	A_L=80	o,20	3
12,5	50	A_L=50	o,20	3
20	$11{,}3 \cdot \sqrt{S_o}$	A_{10}	o,24	3
20	$5{,}65 \cdot \sqrt{S_o}$	A_5	o,98	3
12,5	$11{,}3 \cdot \sqrt{S_o}$	A_{10}	0,35	3
12,5	$5{,}65 \cdot \sqrt{S_o}$	A_5	1,56	3

Da DIN 50114 die Wahl zwischen proportionalen und nichtproportionalen Proben offen läßt, erfolgt die Festlegung des zweckmäßigen Probentyps vielfach aufgrund von Angaben in Gütenormen, wie z.B.:

1. DIN 1614, Teil 1. Flachzeug aus Stahl. Warmgewalztes Band und Blech aus weichen unlegierten Stählen. Gütevorschriften. September 1974; Teil 2. Warmgewalztes Band und Blech. Technische Lieferbedingungen. Weiche unlegierte Stähle zum unmittelbaren Kaltformgeben. Entwurf, November 1984 /3.2/;
2. DIN 1623, Teil 1. Flacherzeugnisse aus Stahl. Kaltgewalztes Band und Blech. Technische Lieferbedingungen. Weiche unlegierte Stähle zum Kaltumformen, Februar 1983 /3.3/; DIN 1623, Teil 2. Flacherzeugnisse aus Stahl. Kaltgewalztes Band und Blech. Technische Lieferbedingungen. Allgemeine Baustähle. Entwurf, August 1984 /3.4/;
3. DIN 1624. Flachzeug aus Stahl. Kaltgewalztes Band in Walzbreiten bis 650 mm aus weichen unlegierten Stählen. Gütevorschriften, Juli 1977 /3.5/;
4. Stahl-Eisen-Werkstoffblatt 092. Warmgewalzte Feinkornbaustähle zum Kaltumformen. Gütevorschriften. Erste Ausg., September 1975 /3.6/;
5. Stahl-Eisen-Werkstoffblatt 093. Kaltgewalztes Feinblech und Band mit gewährleisteter Mindesstreckgrenze zum Kaltumformen. Gütevorschriften. Erste Ausg., September 1975 /3.7/.

In dieser Aufzählung sind die für spezielle Werkstoffe geltenden Werkstoffblätter des VdTüV /4.5/ nicht berücksichtigt.

Aus den Angaben in diesen Gütenormen folgt, daß als Standardprobe für Stahleisenwerkstoffe im Dickenbereich $<$ 3 mm die nichtproportionale Flachprobe DIN 50114 20 x 80 anzusehen ist. Demgegenüber ist bei Stahleisenwerkstoffen mit $\geq$ 3 mm Dicke sowie bei Nichteisenwerkstoffen i. allg. eine proportionale Flachprobe erforderlich.

Im übrigen ist die Anfangsmeßlänge L_0 stets auf volle Millimeter aufzurunden.

Ähnlich wie beim Zugversuch an Rundstäben spielt die Fertigungstoleranz auch beim Flachzugversuch eine große Rolle: die Breite der Flachprobe darf innerhalb der Meßlänge um höchstens 0,5% unterschiedlich sein. Denn Schwankungen des Probenquerschnittes wirken sich empfindlich auf die Gleichmaßdehnung aus /2.16/.

Die Versuchsauswertung beim Flachzugversuch, soweit sie ausschließlich die Ermittlung der Fließkurve zum Ziel hat, erfolgt in Analogie zum Zugversuch an Rundstäben.

In vielen Fällen interessiert nicht so sehr die absolute Höhe der Fließspannung, sondern in erster Linie der relative Verlauf der Fließkurve. Dabei kann für viele Werkstoffe die sog. "Ludwik-Gleichung" vorausgesetzt werden (vgl. Gl. (2.12)):

$$k_f = (\varphi) = C\,\varphi^n \tag{3.4}$$

(in Kapitel 3 wird der Vergleichsumformgrad der Einfachheit halber stets nur mit φ bezeichnet.

Bei Annahme von Gl. (3.4) wäre es im Prinzip möglich, analog zum Zugversuch an Rundstäben /2.11/ den n-Wert aus der Gleichmaßdehnung zu ermitteln. Da aber die Gleichmaßdehnung keine wohldefinierte Meßgröße ist - nach /3.8/ existiert überhaupt keine Gleichmaßdehnung im engeren Sinne - , und da dem n-Wert in der Blechumformung eine größere Bedeutung als in der Massivumformung zukommt, wird eine strengere Vorgehensweise bevorzugt /3.9/, siehe auch /3.10/: der n-Wert wird aus zwei Punkten der gemessenen Kraft-Verlängerungskurve berechnet. Mit (3.4) kann die Beziehung abgeleitet werden

$$n = \frac{\ln\left(\frac{1+\varepsilon_2}{1+\varepsilon_1}\right) + \ln\left(\frac{F_2}{F_1}\right)}{\ln \frac{\ln(1+\varepsilon_2)}{\ln(1+\varepsilon_1)}} \tag{3.5}$$

Hierin bedeuten F_1 und F_2 die bei den Dehnungen ε_1 und ε_2 gemessenen Kraftwerte mit $\varepsilon = \Delta L/L_0$ (in /3.9/ ist eine verallgemeinerte Form von Gl. (3.5) angegeben: es soll der n-Wert als Mittelwert aus mindestens fünf Wertepaaren für Kraft und Verlängerung ermittelt werden).

Für ε werden natürlich Werte unterhalb der Gleichmaßdehnung gewählt. Dabei können auch nahe beieinander liegende Werte gewählt werden, um n in Abhängigkeit vom Umformgrad zu ermitteln: n ist für manche Werkstoffe wie z.B. nichtrostende austenitische Stähle und Kupferlegierungen nicht konstant /2.98,

3.10/ *). Es fragt sich allerdings, ob in solchen Fällen nicht besser die Fließkurve explizit bestimmt werden sollte.

Im allgemeinen Fall kann der n-Wert auch noch richtungsabhängig sein. Hierfür ist in /3.9/ eine Mittelungsvorschrift analog zu Gl. (3.38) unten für den r-Wert angegeben.

Für die Anwendung des Flachzugversuches gilt eine wesentliche Einschränkung, weil der Flachzugversuch nur die Aufnahme von Fließkurven unterhalb der Gleichmaßdehnung gestattet (ein Ausmessen des Einschnürvorganges analog zum Zugversuch an Rundstäben ist mit üblichen Mitteln nicht möglich, zumal die Einschnürung i. allg. nicht senkrecht zur Probenachse verläuft /3.11/). Für die Gleichmaßdehnung ergibt sich mit Hilfe von Gl. (3.4) eine Abschätzung: es gilt

$$\varphi_g \approx n \qquad (3.6)$$

Der Verfestigungsexponent n liegt für die meisten Metalle im Bereich

$$0{,}1 < n < 0{,}5 \qquad (3.7)$$

Daher läßt sich im Flachzugversuch die Fließkurve nur für einen kleinen Teil des Wertebereiches bestimmen, der im Zugversuch an Rundstäben erfaßt wird. Dies reicht nur dann aus, wenn die bei niedrigen Umformgraden ermittelte Fließkurve zu höheren Umformgraden extrapoliert werden darf, also beispielsweise, wenn die Ludwik-Gleichung (3.4) vorausgesetzt werden darf.

Bei Verfahren technischer Blechumformung wie z.B. dem Tiefziehen werden Umformgrade in der Größenordnung $\varphi \approx 1$ erreicht. Daher besteht ein Interesse an einer Bestimmung der Fließkurve bis zu vergleichbaren Umformgraden und somit an einem anderen Prüfverfahren.

Es sei aber zum Flachzugversuch darauf hingewiesen, daß in ihm zugleich mit der Fließkurve auch die Anisotropiekennwerte ermittelt werden können, siehe Abschnitt 3.9; zudem kann im Flachzugversuch mit der Bruchdehnung bzw. Brucheinschnürung auch ein grobes Maß für das Umformvermögen gewonnen werden. Demnach lassen sich durch den Flachzugversuch im Prinzip alle für die Beurteilung des Umformverhaltens benötigten Angaben gewinnen; der hauptsächliche Mangel des Versuches besteht darin, daß er auf den Bereich niedriger Umformgrade beschränkt ist.

---

*) Die Bestimmung des n-Wertes nach /3.9/ ist übrigens auf unlegierte ferritische Stähle mit einer Blechdicke von max. 3 mm bei Umformgraden von 0,1-0,2 beschränkt.

Ergänzend zum Flachzugversuch sei noch angemerkt, daß er unter den hier beschriebenen Prüfverfahren am besten geeignet ist, um die Neigung des Werkstoffes zum Bilden von "Fließfiguren" zu beurteilen. Fließfiguren werden als störend empfunden, wenn an die Oberflächenqualität höhere Ansprüche gestellt werden. Dies gilt vor allem bei Blechwerkstoffen und da besonders bei Aluminiumlegierungen. Gerade bei diesen Werkstoffen können aber sogar zwei Typen von Fließfiguren auftreten /3.12/:

Typ a: diese entstehen z.B. bei AlMg-Legierungen aufgrund der ausgeprägten Streckgrenze und sind bei einachsiger Beanspruchung mit Lüdersbändern identisch.

Typ b: diese entstehen aufgrund des Portevin-Le-Chatelier-Effektes.

In beiden Fällen handelt es sich also um Unstetigkeiten im Verlauf der Spannungs-Dehnungs-Kurve im Bereich niedriger bzw. mittlerer Umformgrade. Diese können mit einem Prüfverfahren zur Aufnahme der Fließkurve umso besser erfaßt werden, je besser dessen Auflösungsvermögen im Bereich niedriger bzw. mittlerer Umformgrade ist. Wegen der großen absoluten Abmessungen der Versuchsproben hat der Flachzugversuch eindeutig ein besseres Auflösungsvermögen als andere Prüfverfahren im Bereich nicht zu hoher Umformgrade. Darüber hinaus bieten die großen Probenabmessungen gute Möglichkeiten, die Ausbildung von Fließfiguren während des Versuches zu beobachten.

3.3 Versuche mit ebener Formänderung

3.3.1 Flachzugversuch mit behinderter Querkontraktion

Beim Flachzugversuch mit behinderter Querkontraktion /3.13/ werden kurze Flachzugproben mit tiefen, breiten Kerben verwendet, vgl. Bild 3.2, so daß in der Probenmitte zwischen den Kerben nur eine geringe Querkontraktion in

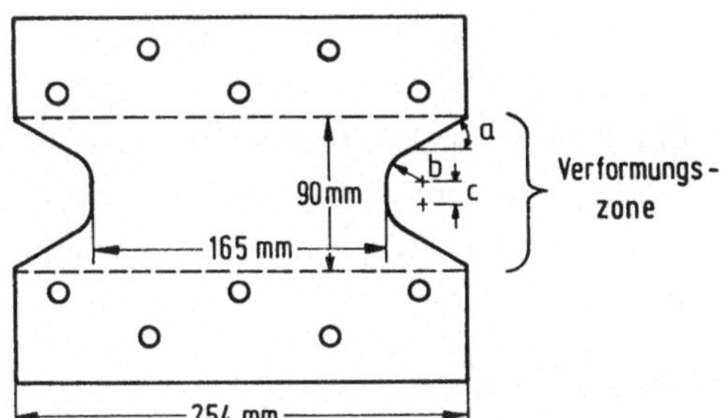

Bild 3.2. Flachzugprobe mit behinderter Querkontraktion zur Erzeugung ebener Formänderung /3.12/. Für die Maße A = 0°; B = C = 12,7 mm ergab sich eine ausgedehnte Zone mit ebener Formänderung. Um aber einen hohen Umformgrad bis zum Bruch zu erhalten, wurde stattdessen gewählt: B = 68,4 mm; C = 0

Blechebenenrichtung erfolgt. Der Wert des Versuches besteht darin, daß er Information über die Anisotropie des Probenmaterials liefert.

3.3.2 Biegeversuch

Dieser Versuch ist durch einen komplizierten, inhomogenen Formänderungs- und Spannungszustand gekennzeichnet. Bei der Auswertung werden i. allg. vereinfachende Annahmen gemacht /1.1/:
- keine Querkräfte;
- einachsiger Spannungszustand in Richtung quer zur Biegeachse;
- lineare Verteilung der Dehnungen über den Querschnitt mit gleichgroßen Dehnungsbeträgen an der Außen- und Innenseite der Probe;
- Zugspannung am äußeren Rand gleich Druckspannung am Innenrand.

Da die im Biegeversuch ermittelte Fließkurve z.T. erheblich niedriger ist als die aus dem Flachzugversuch /3.1/, ist der Biegeversuch für die Aufnahme von Fließkurven wenig geeignet; eher noch kann er als technologisches Prüfverfahren zur Simulation technischer Biegeumformung angesehen werden.

3.3.3 Flachstauchversuch

Der Flachstauchversuch /2.51 bis 2.62, 3.14/ wurde schon in Abschnitt 2.3.6 beschrieben. Hier sei nur noch kurz auf folgendes hingewiesen.

1) Der Flachstauchversuch simuliert die Bedingungen beim Walzen besonders gut. Im Prinzip kann daher die Fließkurve von durch Kaltwalzen bis zu einem bekannten Umformgrad vorverfestigtem Material bestimmt werden. Dabei muß aber nach dem Walzen die Blechdicke noch mindestens 5-7 mm betragen, um die Höhenabnahme der Flachstauchproben einigermaßen genau messen zu können. Zudem kann eine beim Walzen erfolgende Querschnittsverwölbung stören.

2) Im Prinzip ist es möglich, mit Hilfe des Flachstauchversuches Informationen über die plastische Anisotropie des Blechwerkstoffes zu gewinnen. Diese Möglichkeit spielt vorwiegend bei Raumtemperatur eine Rolle; die im Flachstauchversuch vorzugsweise zu prüfenden Grobbleche kommen jedoch hauptsächlich für eine Warmumformung in Betracht, wobei i. allg. die Anisotropie weniger interessiert. Daneben kommen Rundstangen als Probematerial für den Flachstauchversuch in Betracht, sofern diese sich quasiisotrop verhalten (eine rotationssymmetrische Fasertextur des Probematerials könnte im Flachstauchversuch zu schwer überschaubaren Verhältnissen führen).

3.4 Hydraulischer Tiefungsversuch

Neben den beschriebenen Verfahren sind noch andere Versuche zur Aufnahme der Fließkurven an Blechwerkstoffen bekannt. Hierzu gehören das Stauchen von aufgeschichteten dünnen Blechen /3.15/, und das Stauchen hochkant gestellter Blechproben mit seitlicher Abstützung /3.16/. Aber nur der hydraulische Tiefungsversuch (Bulge-Test) /3.17 bis 3.22/ hat bisher eine gewisse Verbreitung gefunden.

Bei diesem Versuch wird eine Blechronde längs ihres Umfanges eingespannt und auf einer Seite einem hydraulischen Druck ausgesetzt, siehe Bild 3.3. Das Blech tieft sich und wird durch reines Streckziehen (zweiachsigen Zug) umgeformt, da die Einspannung ein Nachfließen verhindert. Die Tiefung hat somit eine Blechdickenabnahme zur Folge. Ausführliche Darstellungen des Versuches finden sich in der Literatur. Hier seien nur folgende Gesichtspunkte hervorgehoben.

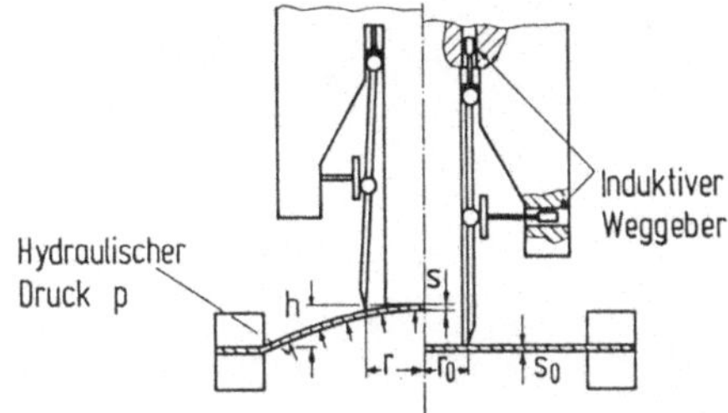

Bild 3.3. Schematische Darstellung des hydraulischen Tiefungsversuches. Neben dem Druck p werden die momentanen Werte r und h des Bezugskreisradius bzw. der Beulhöhe gemessen. Mit r kann die momentane Blechdicke s berechnet werden

- Zur Bestimmung der Fließkurve müssen i. allg. mindestens drei Meßgrößen ermittelt werden /3.20/. Dies bedeutet im Vergleich zu anderen Prüfverfahren einen erhöhten Experimentieraufwand;
- die Fließkurve kann maximal bis größenordnungsmäßig $\varphi_v \approx \ln 2 \approx 0{,}7$ aufgenommen werden /3.21/, also in einem deutlich höheren Wertebereich für den Umformgrad als im Flachzugversuch;
- die Versuchsergebnisse weichen oft stark von denen des Flachzugversuches ab, was teils durch die senkrechte Anisotropie erklärt werden kann /3.19/. Dies kann von Fall zu Fall im Hinblick auf die Simulation der realen Umformbedingungen beim Tiefziehen auch als Vorteil angesehen werden.

3.5 Ebener Torsionsversuch

3.5.1 Prinzip des Versuches

Von Marciniak wurde ein Prüfverfahren vorgestellt, um bei Annahme der analytischen Gleichung (3.4) für die Fließkurve den n-Wert zu bestimmen /3.23 bis

3.25/. Zu diesem Zweck wird eine kreisförmige Platine aus dem zu prüfenden Blech ausgestanzt und entlang dem Rand sowie an der Achse eingespannt, vgl. Bild 3.4. Dann wird ein Drehmoment aufgebracht, so daß die inneren Spannbacken relativ zu den äußeren verdreht werden. Auf diese Weise erfolgt eine Schubverformung des nicht eingespannten Bereiches der Probe, wobei das Blech eben bleibt *). Die Flächen, in denen eine konstante Schubspannung wirkt, sind Kreiszylinder um die Achse der Anordnung. Daher ist die Schubspannung umgekehrt proportional zu r^2, so daß entlang der Kante der inneren Spannbacke die höchsten Werte der Schubspannung und der Schiebung erreicht werden; dort erfolgt auch der Bruch. Der Umformgrad fällt mit zunehmendem Radialabstand steil ab.

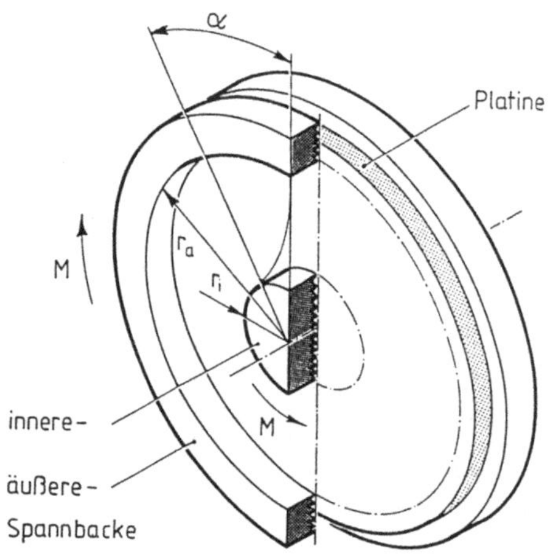

Bild 3.4. Schema des ebenen Torsionsversuches

Zur Ermittlung des n-Wertes im ebenen Torsionsversuch nach dem Verfahren von Marciniak wird vor Versuchsbeginn ein Radiusvektor durch den Mittelpunkt der Probe gezeichnet. Dieser verbiegt sich während des Versuches zu einer Spirale. Mit zwei Punkten der Spirale kann n berechnet werden (im Prinzip kann auch der relative Verlauf einer von Gl. (3.4) abweichenden Fließkurve aus dem Verlauf der Spirale ermittelt werden. Dies würde aber ein Meßverfahren mit extrem hoher Auflösung erfordern; außerdem kann auf diese Weise nicht die absolute Höhe der Fließspannung ermittelt werden).

Solange aber Gl. (3.4) a priori vorausgesetzt werden darf, und somit die Ermittlung der Konstanten C und n in (3.4) zur eindeutigen Beschreibung der

---

*) Zur Abgrenzung gegen die in Abschnitt 3.3 behandelten Versuche mit ebener Formänderung ("plane strain") sei hier darauf hingewiesen, daß der ebene Torsionsversuch durch einen ebenen Formänderungs- und Spannungszustand gekennzeichnet ist ("plane strain" und zugleich "plane stress").

Fließkurve ausreicht, liefert der Zugversuch alle benötigte Information. Da es ein vom VDEh bzw. von der IDDRG empfohlenes Verfahren zur Bestimmung des n-Wertes gibt /3.9, 3.10/, sollten andere Methoden zur Ermittlung von n vermieden werden.

Demnach besteht eine Notwendigkeit für den ebenen Torsionsversuch nur dann, wenn Gl. (3.4) nicht a priori vorausgesetzt werden darf, und wenn die Fließkurve bis zu höheren Umformgraden ermittelt werden soll, als sie im Zugversuch erreicht werden *). Wie erwähnt, weicht für viele Werkstoffe die Fließkurve deutlich vom Verlauf gemäß Gl. (3.4) ab: dies gilt z.B. für nichtrostende austenitische Stähle und für Kupferlegierungen /2.98/. Ganz streng dürfte (3.4) wohl nie gelten. Im folgenden wird daher Gl. (3.4) nur noch als "nullte Näherung" für den Zweck von Abschätzungen verwendet. Ein weiterer Grund für die Anwendung des ebenen Torsionsversuches besteht darin, daß bei ihm die Blechdicke konstant bleibt, wodurch die Verhältnisse beim Tiefziehen simuliert werden.

Wenn (3.4) nicht vorausgesetzt werden darf, liefert die Vorgehensweise von Marciniak keine ausreichende Information über die Fließkurve. In diesem Fall ist es zweckmäßig, analog zum Torsionsversuch an Rundstäben während der Verformung kontinuierlich das Drehmoment als Funktion des Drehwinkels zu messen. Eine hierfür geeignete Versuchseinrichtung ist in /3.26, 3.27/ beschrieben.

Bild 3.5 zeigt die im ebenen Torsionsversuch ermittelte Fließkurve von Al98,7-Blech im Vergleich zu der Fließkurve aus dem Flachzugversuch. Ersichtlich wurde im Torsionsversuch ein etwa 2,5fach größerer Wertebereich für den Um-

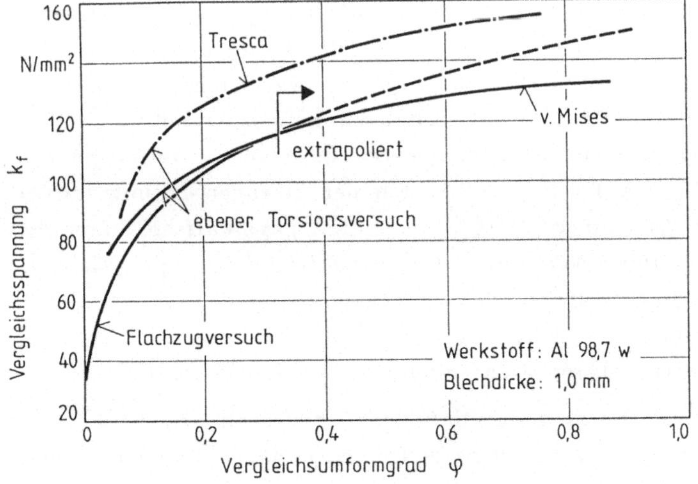

Bild 3.5. Fließkurve von Al 98,7-Blech, aufgenommen im ebenen Torsionsversuch und im Zugversuch /3.26/

formgrad erfaßt. Weitere Versuchsergebnisse sind in /3.27/ angegeben, zusammen mit einer Diskussion möglicher Fehlerquellen.

3.5.2 Versuchsauswertung

Die Berechnung der Fließkurve aus den Meßergebnissen besteht aus zwei Schritten. Im ersten Schritt wird für einen gegebenen Abstand von der Achse aus dem gemessenen Drehmoment M die Schubspannung τ , und aus dem Drehwinkel α die Schiebung γ berechnet. Im zweiten Schritt wird ein Fließkriterium angenommen, um aus der Schubspannung τ die Fließspannung k_f, und aus der Schiebung γ den Vergleichsumformgrad φ zu berechnen.

Für den ersten Schritt wird zunächst das Drehmoment aus der Schubspannung über die einfache Beziehung (es ist $s = s_0$):

$$M = 2\pi\, r^2\, s_0\, \tau\,(r, M), \quad r_i + \frac{s_0}{2} \lessapprox r \lessapprox r_a - \frac{s_0}{2} \tag{3.8}$$

berechnet. Hierbei ist berücksichtigt, daß der reine Schubspannungszustand in der Nähe der Kanten der Spannbacken durch die von diesen ausgeübte Druckspannung gestört ist; es wurde angenommen, daß die gestörte Zone von der Größenordnung der halben Blechdicke s ist.

Schwieriger ist die Berechnung der Schiebung aus dem zwischen den Spannbacken gemessenen Drehwinkel α . Es gilt nämlich

$$\alpha = \int_{r_i}^{r_a} \frac{\gamma(r, \alpha)}{r}\, dr \tag{3.9}$$

Aus dieser Integralgleichung kann die Schiebung mathematisch streng nur für einen singulären Ort berechnet werden, nämlich für die Kante der inneren Spannbacke ($r = r_i$) /3.26/. Das so erhaltene Ergebnis wäre aber physikalisch sinnlos, da - wie erwähnt - für $r = r_i$ der Schubspannungszustand durch die überlagerte Druckspannung gestört ist; zudem wäre das Ergebnis aufgrund der Fortpflanzung von Meßfehlern äußerst unsicher (in der strengen Lösung tritt die Ableitung $dM/d\alpha$ der "Meßkurve" $M(\alpha)$ auf). Eine physikalisch sinnvolle Lösung kann nur unter bewußtem Verzicht auf mathematische Strenge gewonnen werden: es wird ein Näherungsfehler in Kauf genommen, von dem jedoch gezeigt werden kann, daß er meistens vernachlässigbar ist. Das im folgenden kurz dargestellte Lösungsverfahren ist in /3.28/ ausführlicher beschrieben.

Es wird ausgegangen von der Überlegung, daß der Zugversuch alle notwendige Information liefert, wenn Gl. (3.4) vorausgesetzt werden darf. Demnach interessiert der ebene Torsionsversuch hauptsächlich dann, wenn (3.4) nicht a priori angenommen werden kann.

Falls aber (3.4) gilt, ergibt sich mit Hilfe eines Fließkriteriums folgende Beziehung für die Schiebung als Funktion der Schubspannung

$$\gamma_0(\tau) = C^* \tau^{1/n} \tag{3.10}$$

Hierin hängt der Faktor C^* von der Wahl des Fließkriteriums ab, vgl. Abschnitt 3.5.3; der Index 0 soll darauf hinweisen, daß Gl. (3.10) eine "nullte", also grobe Näherung darstellt. Mit Hilfe der Meßergebnisse ist diese Näherung durch eine erste (zweite...) Näherung zu ersetzen.

Mit (3.8), (3.9) folgt aus (3.10)

$$\gamma_0(r, M) = C^* \left\{ \frac{M}{2\pi r^2 s_0} \right\}^{1/n} \tag{3.11}$$

Die sich hieraus ergebenden möglichen Verläufe für die Schiebung als Funktion des Radialabstandes bei gegebenem Drehmoment sind durch Kurven wie in Bild 3.6 gegeben. Diese Kurven schneiden einander in einem relativ engen Bereich für r. Daher liegt es nahe, die Schiebung für einen Radialabstand im Bereich dieser Schnittpunkte zu ermitteln.

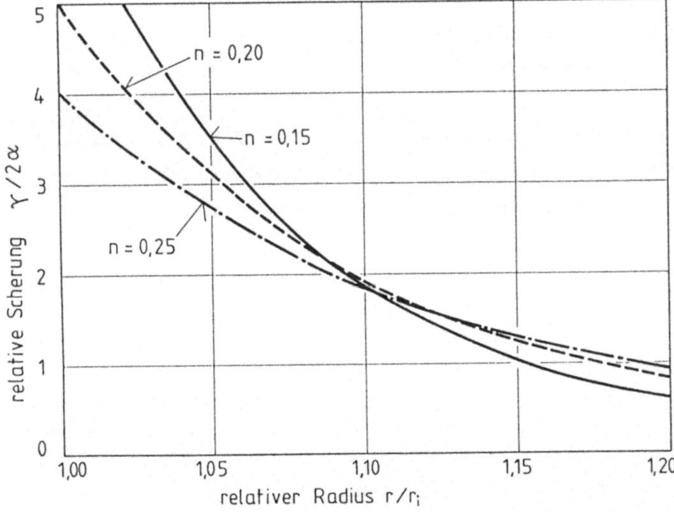

Bild 3.6. Schiebung als Funktion des Radialabstandes für verschiedene Werte des Verfestigungsexponenten bei gegebenem Drehmoment gemäß Gl. (2.11) /3.26/

Für die zu erwartende Kurve für den Drehwinkel als Funktion des Drehmomentes ergibt sich mit der "nullten Näherung" (3.10) die Beziehung

$$\alpha_0(M) = \frac{n}{2} C^* p_0 \left\{ \frac{M}{2\pi r_i^2 s_0} \right\}^{1/n} \tag{3.12}$$

Hierin ist p_0 durch die Gleichung

$$p_k = 1 - \left(\frac{r_i}{r_a}\right)^{k+\frac{2}{n}} \tag{3.13}$$

mit k = 0 definiert; der Fall $k \neq 0$ wird später benötigt *).

Um zu prüfen, ob die wahre Fließkurve der nullten Näherung entspricht, wird die "Meßkurve" α (M) doppeltlogarithmisch aufgetragen. Wenn Gl. (3.12) erfüllt ist, ergibt sich eine Gerade mit der Steigung 1/n.

Wie aber schon erwähnt wurde, interessiert der ebene Torsionsversuch in erster Linie dann, wenn die nullte Näherung nicht gilt. Daher wird jetzt geschrieben

$$\gamma(\tau) = \gamma_0(\tau)[1 + f(\tau)] \tag{3.14}$$

Hierin ist die "Korrekturfunktion" $f(\tau)$ ein Maß für die Abweichung der wahren Fließkurve von der nullten Näherung. Dabei kann für viele Werkstoffe zumindest bei Raumtemperatur angenommen werden, daß gilt

$$|f(\tau)| \ll 1 \text{ für alle } \tau \tag{3.15}$$

Aus diesem Grunde werden die Gln. (3.10) und (3.11) im folgenden noch verschiedentlich für Abschätzungen verwendet.

Um $\gamma(\tau)$ zu bestimmen, müssen nun zuerst die Konstanten D* und n ermittelt werden; danach die "Korrekturfunktion" $f(\tau)$. Zu diesem Zweck wird wie folgt vorgegangen. Einsetzen von Gl. (3.14) in (3.9) liefert mit (3.10), (3.12)

$$\alpha(M) = \alpha_0(M)[1 + \bar{f}(M)] \tag{3.16}$$

Hierin ist abgekürzt

$$\bar{f}(M) = \frac{\int_{r_i}^{r_a} \frac{f(\tau(r,M))}{r^{1+2/n}} dr}{\int_{r_i}^{r_a} \frac{dr}{r^{1+2/n}}} \tag{3.17}$$

Im allgemeinen Fall ist nun die doppeltlogarithmisch aufgetragene Meßkurve $\alpha(M)$ keine Gerade; daher wird jetzt eine Gerade möglichst gut an die Meßkurve angepaßt, vgl. Bild 3.7. Diese Gerade definiert die nullte Näherung $\alpha_0(M)$, die in der nachfolgenden Rechnung verwendet wird, vgl. (3.12), und

---

*) Der Index 0 bei p_0 bezieht sich nicht auf den Grad der Annäherung von α, sondern darauf, daß in Gl. (3.13) k = 0 gesetzt wird.

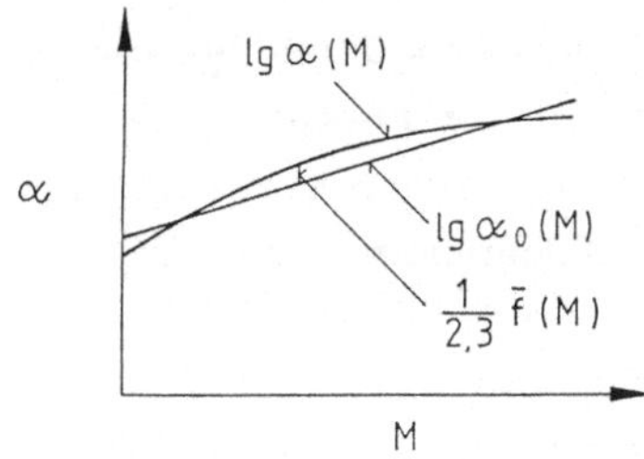

Bild 3.7. Zur Versuchsauswertung (Erläuterung im Text; es ist Gl. (3.18) vorausgesetzt)

aus ihrer Steigung und dem Achsenabschnitt lassen sich n bzw. C^* berechnen. Daher kann nun mit Hilfe von Gl. (3.16) f(M) ermittelt werden.

Im Sonderfall

$$|\bar{f}(M)| \ll 1 \tag{3.18}$$

kann $\bar{f}(M)$ auch graphisch ermittelt werden, siehe Bild 3.7. Wenn (3.18) für alle M erfüllt ist, kann auch (3.15) als erfüllt angenommen werden.

Für die noch ausstehende Berechnung der "Korrekturfunktion" $f(\tau)$ kann nun gezeigt werden, daß ein ausgezeichneter Radialabstand r_n existiert, für den die Lösung am zuverlässigsten ist, vgl. Abschnitt A.2 /3.28/. Dieser Radialabstand wird als "kritischer Radius" bezeichnet. Die Rechnung liefert

$$r_n = r_i \sqrt{1+n} \sqrt{\frac{p_0}{p_2}} \tag{3.19}$$

Für diesen Radialabstand ergibt sich als zweite Näherung für die Schiebung der folgende Ausdruck /3.28/:

$$\gamma_2(r_n, \alpha) = \frac{2\alpha}{n(1+n)^{1/n}} \left\{\frac{p_2}{p_0}\right\}^{\frac{1}{n}} \cdot \frac{1}{p_0} \tag{3.20}$$

In /3.28/ wird gezeigt, daß Gl. (3.20) sogar als "dritte Näherung" aufzufassen ist, wenn

$$r_i/r_a \geqq 0{,}7 \tag{3.21}$$

und die Bedingung (3.15) erfüllt ist (vgl. Anhang A).

Für die Schubspannung im Radialabstand r_n ergibt sich mit (3.8), (3.10)

$$\tau_n = \tau\,(r_n, M) = \frac{M}{2\pi\, s_0\, r_i^2\,(1+n)} \left(\frac{p_2}{p_0}\right) \tag{3.22}$$

Da die Gln. (3.20), (3.22) einfache Proportionalitäten zwischen α und γ bzw. M und τ beschreiben, ist die erhaltene Meßkurve eine lineare Abbildung der zu bestimmenden Fließkurve. Aus diesem Grunde besteht die Versuchsauswertung in einer "Kalibrierung" der Meßgrößen Drehwinkel und Drehmoment. Dies ist ein Merkmal, das den ebenen Torsionsversuch von allen anderen Versuchen zur Aufnahme der Fließkurven von Blechen unterscheidet: nur im Torsionsversuch bleibt die Geometrie während der Verformung unverändert. In allen anderen Versuchen wird infolge einer Veränderung der Probengeometrie mit dem Umformgrad die Fließkurve verzerrt abgebildet, woraus vom Umformgrad abhängige Fehler der ermittelten Fließspannung und des Umformgrades resultieren. Eine gleichbleibende Genauigkeit im gesamten Wertebereich für den Umformgrad setzt eine lineare Abbildung der Fließkurve voraus.

3.5.3 Auswirkung der Wahl des Fließkriteriums

Das Endergebnis des Versuches ist die Fließkurve $k_f(\varphi)$, die aus den Gln. (3.20), (3.22) mit Hilfe eines angenommenen Fließkriteriums erhalten wird, vgl. (2.69) bis (2.71). Es ergibt sich

$$\varphi(\alpha) = \frac{2\alpha}{\beta\, n(1+n)^{1/n}} \frac{1}{p_0} \left(\frac{p_2}{p_0}\right)^{1/n} \tag{3.23}$$

und

$$k_f(M) = \frac{\beta M}{2\pi s_0 r_i^2 (1+n)} \left(\frac{p_2}{p_0}\right) \tag{3.24}$$

Hierin ist mit (3.13)

$$p_0 = 1 - \left(\frac{r_i}{r_a}\right)^{2/n} \tag{3.25}$$

und

$$p_2 = 1 - \left(\frac{r_i}{r_a}\right)^{2+2/n} \tag{3.26}$$

Nun soll die aus der Unsicherheit des Fließkriteriums resultierende Unsicherheit der Lösung diskutiert werden.

Als grobe Abschätzung für die Unsicherheit des Fließkriteriums wird wie in /2.79/ vereinfachend angenommen, daß das wahre Fließkriterium zwischen den Kriterien nach v. Mises und Tresca liegt. Es wird daher formal mit einem mittleren Wert für den Faktor β gerechnet. Für diesen folgt aus (2.71)

$$\bar{\beta} = \frac{\sqrt{3}+2}{2} \approx 1{,}87\,(1 \pm \omega_\beta) \tag{3.27}$$

Hierin ist

$$\omega_\beta \approx \frac{\pm 0{,}14}{\bar{\beta}} \approx \pm 0{,}07 \tag{3.28}$$

die relative Unsicherheit von $\bar{\beta}$. Um zu übersehen, wie sich ω_β auf das Endergebnis auswirkt, wird zunächst die nullte Näherung für die Fließkurve angenommen, so daß die Gln. (3.4) und (3.10) streng gelten. Dann sind nur die zwei Konstanten C und n für die Bestimmung der Fließkurve zu ermitteln.

Wie erwähnt, wird der n-Wert gemäß Bild 3.7 bestimmt, so daß sich die Unsicherheit des Fließkriteriums auf ihn nicht auswirkt.

Für die absolute Höhe der ermittelten Schubspannung ist die Konstante C maßgeblich. Für diese ergibt sich mit (3.4), (3.10), (3.14), (3.27)

$$C \approx \frac{\beta^{1+n}}{C^{*n}} \,(1 \pm \omega_\beta) \tag{3.29}$$

wobei die relative Unsicherheit mit (3.27), (3.28), (3.7) gegeben ist durch

$$\omega_C \approx (1+n)\,\omega_\beta \approx \pm 0{,}1 \tag{3.30}$$

Demnach ist die absolute Höhe der ermittelten Fließspannung mit einer so hohen Unsicherheit behaftet, daß für deren Bestimmung der ebene Torsionsversuch wertlos ist; gegen ω_C sind mit Sicherheit alle Experimentierfehler vernachlässigbar.

Der relative Verlauf der Fließkurve, gegeben durch den n-Wert, wird dagegen im betrachteten Beispiel (nullte Näherung) vom Fließkriterium nicht beeinflußt und somit nur durch die Experimentierfehler verfälscht. Es wurde bereits erwähnt, daß die Fließkurve im ebenen Torsionsversuch linear abgebildet wird, so daß aus den Meßfehlern resultierende Fehler vom Umformgrad unabhängig sind. Die Stärke des ebenen Torsionsversuches liegt demnach in der guten Wiedergabe des relativen Verlaufes der Fließkurve.

Diese Aussage muß aber etwas eingeschränkt werden, wenn der Fall einer von der nullten Näherung abweichenden Fließkurve betrachtet wird (wie erwähnt, der eigentliche Anwendungsfall des ebenen Torsionsversuches). Es wird also Gl. (3.14) angenommen, wofür mit (3.10) geschrieben werden kann

$$\gamma(\tau) = C^* \tau^{1/n} \,[1 + f(\tau)] \tag{3.31}$$

Mit (2.69), (2.70) folgt für die Fließkurve

$$k_f(\varphi) = \frac{C\,\varphi^n}{(1+f)^n} \tag{3.32}$$

worin C durch (3.29) gegeben ist und $f = f(\tau(\varphi))$.

Die aus dem Fließkriterium resultierende Unsicherheit der durch (3.32) gegebenen Fließkurve ist nun nicht mehr allein durch die Unsicherheit des Normierungsfaktors C gegeben, sondern es gilt für die gesamte relative Unsicherheit der Fließspannung /3.28/

$$|\omega_{kf}| \approx |\omega_C| + |\omega_\beta| \, |\frac{df}{d\varphi}| \qquad (3.33)$$

Somit wird bei einer Abweichung der Fließkurve von der nullten Näherung auch ihr relativer Verlauf von der Unsicherheit des Fließkriteriums beeinflußt. Es folgt, daß eine Fließkurve nur dann im ebenen Torsionsversuch hinreichend genau bestimmt werden kann, wenn sich die Konstanten C und n so anpassen lassen, daß die Funktion f der Bedingung (3.15) genügt, oder - noch besser -, wenn

$$|\varphi \frac{df}{d\varphi}| \ll 1 \text{ für alle } \varphi \qquad (3.34)$$

wobei gemäß der Kettenregel $df/d\varphi = f'(\tau)\, d\tau/d\varphi$ mit $f'(\tau) = df/d\tau$ ist.

Dann ist der zweite Summand auf der rechten Seite von (3.33) vernachlässigbar. Da der ebene Torsionsversuch i. allg. nur bei Kaltumformung in Betracht kommt, wird für die meisten Werkstoffe die Abweichung der Fließkurve vom Verlauf gemäß Gl. (3.4) gering sein, so daß sich die Bedingung (3.34) erfüllen läßt.

3.5.4 Anwendungsgrenzen

Aus den bisher durchgeführten Versuchen ergaben sich die in Bild 3.8 am Beispiel des Werkstoffes Al98,7 dargestellten Anwendungsgrenzen für den ebenen Torsionsversuch.

Es sind dies im einzelnen:

1. Die Haftgrenze. Diese folgt aus der Bedingung, daß der eingespannte Teil der Probe keine Bewegung relativ zu den Spannbacken ausführen darf. Diese Bedingung ist vor allem für die innere Spannbacke kritisch. In Bild 3.8 ist die resultierende Grenze durch eine Gerade sehr grob angenähert. Es handelt sich um die "ideelle" Haftgrenze, die unabhängig von der maximalen Axialspannung der Einspannvorrichtung ist *).

*) Die "ideelle" (unvermeidbare) Grenzlinie ergibt sich aus der Bedingung, daß die Fläche $2\pi\, s\, r_i$ klein sein soll im Vergleich zur eingespannten Fläche $\pi\, r_i^2$, damit keine Scherung auf der Fläche $\pi\, r_i^2$ erfolgt. Diese Grenzlinie gilt unabhängig davon, wie hoch die maximale Axialspannung der Einspannvorrichtung ist. Versuche zeigten, daß zusätzlich zur "ideellen" Grenze eine vermeidbare Grenze auftreten kann, wenn die Axialspannung so niedrig ist, daß die Spannbacken nicht richtig fassen. Dann erfolgt ein Abscheren auf den eingespannten Flächen. Diese Grenze kann durch konstruktive Maßnahmen vermieden werden. Sie ist in Bild 3.8 nicht eingezeichnet.

2. Die Grenze durch die Werkzeugbeanspruchung. Aus dem maximalen für die Prüfeinrichtung zulässigen Drehmoment resultiert die in Bild 3.8 eingezeichnete hyperbolische Kurve.

3. Die Grenze durch Faltenbildung. Bei Unterschreiten einer zulässigen minimalen Blechdicke bilden sich im nicht eingespannten Teil der Probe Falten. Bei reiner Scherung besteht in der Platine ein Zug-Druck-Hauptspannungszustand. Die Druckspannungen verursachen ein Ausknicken des Werkstoffes in den ungestützten Zonen der Probe. Die Faltenbildung wird deshalb mit zunehmendem Flächenträgheitsmoment des Querschnittes unterdrückt. Aus diesem Grund ergeben sich minimale Blechdicken für bestimmte Werkstoffe bzw. für eine gegebene Blechdicke maximale Durchmesserwerte der inneren Spannbacke.

Nicht eingezeichnet ist eine untere Grenze für den Radius der inneren Spannbacken, die daraus folgt, daß die radiale Ausdehnung der plastischen Zone groß im Vergleich zur mittleren Korngröße des Werkstoffes sein soll.

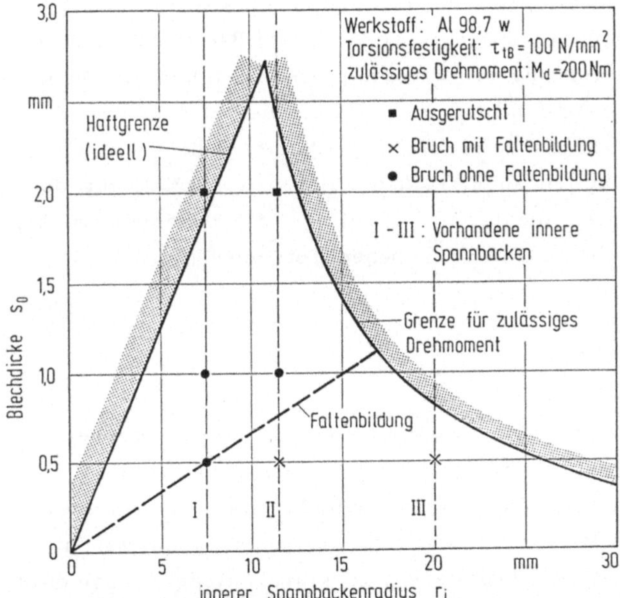

Bild 3.8. Anwendungsgrenzen des ebenen Torsionsversuches /3.27/ (die Grenzen sind allerdings z.T. apparativ bedingt, d.h. sie lassen sich durch eine Veränderung der Prüfeinrichtung teilweise erheblich verschieben)

3.6 Einfluß der Umformungsgeschwindigkeit und der Temperatur

Wie erwähnt, interessiert bei Blechwerkstoffen oft nur die Fließkurve bei Raumtemperatur. Daher ist i. allg. der Einfluß der Umformgeschwindigkeit gering.

Dieser Einfluß kann in erster Näherung beschrieben werden durch Gl. (2.56). Dabei wird angenommen, daß die Umformgeschwindigkeit nur die absolute Höhe der Fließspannung verändert, nicht aber den relativen Verlauf der Fließkurve.

Ein positiver Exponent m (vgl. Abschnitte 2.1.2.3 und 2.5) verzögert den im Zugversuch beobachteten Einschnür- bzw. Bruchbeginn, ein negativer beschleunigt ihn /3.29, 3.30/.

Eine genauere Betrachtung des Geschwindigkeitseinflusses zeigt, daß auch der relative Verlauf der Fließkurve in Abhängigkeit vom Umformgrad schwach von der Umformgeschwindigkeit abhängt /3.31/; in (3.4) müßte formal $n = n(\dot{\varphi})$ geschrieben werden.

Obwohl der Geschwindigkeitseinfluß bei Raumtemperatur oft nur schwach ist, kann er dennoch von Bedeutung sein, da die Aufnahme der Fließkurven im Zugversuch meistens bei einer Umformgeschwindigkeit erfolgt, die um mehrere Zehnerpotenzen unter der bei technischen Umformvorgängen liegt.

Im Zusammenhang mit dem Geschwindigkeitseinfluß muß auch der Einfluß der Temperatur auf die Fließspannung diskutiert werden. In /3.32/ wurde die Erwärmung von Flachzugproben durch die Umformwärme berechnet und mit Meßwerten verglichen. Bei den anderen Verfahren zur Aufnahme der Fließkurven von Blechwerkstoffen besteht zumindest teilweise die Möglichkeit, höhere - also realistischere - Umformgeschwindigkeiten zu erreichen. Dies gilt speziell für den Flachstauchversuch, bei dem auch eine bessere Ableitung der Umformwärme als im Flachzugversuch möglich ist sowie für den ebenen Torsionsversuch.

3.7 Vergleich der Methoden

In Tab. 3.3 wurde versucht, die beschriebenen Methoden zur Aufnahme der Fließkurven von Blechwerkstoffen nach einheitlichen Kriterien zu bewerten; hierzu siehe auch /3.33/. Dabei war eine gewisse Subjektivität umso schwerer zu vermeiden, als einige dieser Methoden noch nicht ausreichend untersucht worden sind. Dennoch können aus der Tabelle einige klare Aussagen abgeleitet werden.

Die hauptsächlichen Mängel des Flachzugversuches sind der nur kleine erfaßbare Wertebereich für den Umformgrad sowie die relativ niedrige Umformgeschwindigkeit. Wenn diese Einschränkungen in Kauf genommen werden können, besteht kein Grund, auf einen anderen Versuch auszuweichen, zumal der Flachzugversuch als einziger Versuch genormt ist und mit üblichen Zugprüfmaschinen durchgeführt werden kann.

Von den anderen Versuchen sind im Hinblick auf einen hohen erreichbaren Umformgrad der Flachstauchversuch und der ebene Torsionsversuch bemerkenswert;

Tabelle 3.3. Bewertungskriterien für Methoden zur Aufnahme der Fließkurven von Blechwerkstoffen

Kriterium	Methode			
	Flachzug-versuch	Flachstauch-versuch	Bulge-Test	Ebene Torsion
Wichtigste Fehlerquelle	Proben-querschnitt	Reibung, Messung der Höhenabnamhe, Fließkriterium	Senkrechte Anisotropie	Einspannung Fließkriterium
Grenzen für die Blechdicke	-	$\gtrapprox$ 5mm	$\lessapprox$ 3mm	$\lessapprox$ 1-2mm
Maximaler Vergleichsumformgrad	$\varphi_g \approx n$	(ca. 1)	ln2	(ca. 1)
Aufwand für Versuch und Auswertung	klein	klein	groß	klein
Spezialmaschine erforderlich?	-	-	ja	ja
$\dot{\varphi}$=konstant leicht möglich?	-	-	-	ja
Wertebereich für $\dot{\varphi}$ beschränkt ?	ja	-	(ja)	-
Gleichzeitige Ermittlung der Anisotropie möglich ?	ja	(?)	(?)	-
Norm besteht?	ja	-	-	-

( ) = grobe Angabe
(?) = unklar

letzterer bietet darüber hinaus als einziger die Möglichkeit, die Umformgeschwindigkeit mühelos konstant zu halten.

Zusammenfassend sei festgestellt, daß es keinen allgemeingültig "besten" Versuch gibt. Je nach den Gegebenheiten, vor allem den verfügbaren experimentellen Einrichtungen, wird von Fall zu Fall zu entscheiden sein.

Natürlich wird die für einen Blechwerkstoff ermittelte Fließkurve von einer Vorverfestigung beeinflußt. Dabei hat insbesondere auch die Richtung der Vorumformung, d.h. der Formänderungsweg, einen Einfluß /3.34/. Dies gilt aber auch für Proben aus massiven Werkstoffen, zumal es schon aus der meistens vorhandenen Anisotropie des Werkstoffes folgt (siehe auch Abschnitte 2.4.3 und 3.9).

Angaben zum Vergleich der Blechprüfverfahren mit denen für massives Probematerial finden sich im nachfolgenden Abschnitt 3.8. In Kapitel 4 wird die allgemeine Problematik der Übertragbarkeit von Versuchsergebnissen auf reale Umformvorgänge diskutiert. In diesem Zusammenhang spielt bei Blechwerkstoffen vor allem die Anisotropie eine Rolle.

3.8 Gegenüberstellung der Prüfverfahren für Bleche mit denen für massives Probematerial

Nun sollen noch die Prüfverfahren für Bleche in ihrer Gesamtheit denen für "massives" Probematerial (d.h. Stabmaterial oder Grobblech) gegenübergestellt bzw. gegen diese abgegrenzt werden.

Eine erste Abgrenzung ergibt sich zunächst aus den in Abschnitt 3.1 aufgezählten Besonderheiten dünner Bleche, die hier nicht wiederholt werden sollen. Es sei nur noch einmal betont, daß zur Blechprüfung im Normalfall auch eine Ermittlung der Anisotropieeigenschaften gehört (dazu siehe auch Abschnitt 3.9), während dies bei massivem Material meistens nicht erforderlich ist.

Die einfachste Abgrenzung ist durch die Abmessungen des Probematerials gegeben: die in Kapitel 2 beschriebenen Prüfverfahren für massives Probematerial kommen unterhalb einer Blechdicke von ca. 5 mm i. allg. nicht und unterhalb 3 mm praktisch nie in Betracht.

Zudem besteht, wie erwähnt, ein wesentlicher Unterschied, der sich aus dem Vergleich der in Kapitel 2 beschriebenen Prüfverfahren für massives Probematerial mit den in Kapitel 3 beschriebenen Methoden für Bleche ergibt.

Bei massivem Material kann im Zugversuch an Rundstäben der Einschnürvorgang ausgenutzt und nach Siebel und Schwaigerer /2.11/ ausgewertet werden, um die Fließkurve etwa bis $\varphi \approx 1$ zu bestimmen. Demgegenüber beschränkt sich die Aussagefähigkeit des Flachzugversuches auf den Bereich unterhalb der Gleichmaßdehnung.

Darüber hinaus ist zur Prüfung von massivem Material auch der Zylinderstauchversuch zur einem hohen Stand entwickelt worden. Dagegen fehlt bis jetzt ein ausgereiftes Prüfverfahren für Bleche im Bereich hoher Umformgrade; vielleicht läßt sich diese Lücke durch die Weiterentwicklung des ebenen Torsionsversuches schließen. Andererseits werden aber in der Massivumformung auch höhere Umformgrade als in der Blechumformung erreicht.

Der unterschiedliche Entwicklungsstand der Prüfverfahren für Bleche und massives Material ist am Stand der Normung, zumindest in den DIN-Normen, nicht klar zu erkennen. Es bestehen bis jetzt sowohl für den Zugversuch an Rundstäben als auch für den Flachzugversuch nur Normen für die Aufnahme der Fließkurve im Bereich unterhalb der Gleichmaßdehnung. Der Stauchversuch ist im Hinblick auf die Aufnahme von Fließkurven in den DIN-Normen noch nicht streng genormt.

Für die Bewertung der verschiedenen Prüfverfahren im Hinblick auf die praktische Anwendung der ermittelten Fließkurven ist noch ein wichtiger Gesichtspunkt zu berücksichtigen: die Übertragbarkeit der Ergebnisse vom Versuch auf das jeweils interessierende Umformverfahren. Dieser Fragenkomplex beinhaltet einerseits die Unsicherheit der Meßergebnisse, andererseits das Problem der Probennahme (einschließlich der Beanspruchungsrichtung) sowie Fragen der Ähnlichkeitsmechanik und des Größeneinflusses; hierzu siehe Kapitel 4.

3.9 Richtungsabhängigkeit

3.9.1 Überblick

Im allgemeinen Fall sind die Eigenschaften eines Werkstoffes - dies gilt auch für das plastische Verhalten - richtungsabhängig. Im folgenden wird mit dem Wort "Anisotropie" die Richtungsabhängigkeit des plastischen Verhaltens*) ganz allgemein im weiteren Sinne bezeichnet (im engeren Sinn bezeichnen die "senkrechte" und "ebene" Anisotropie definierte Kennwerte von Blechwerkstoffen, siehe Abschnitt 3.9.2).

Die Anisotropie beinhaltet einerseits eine Richtungsabhängigkeit der Fließkurve; andererseits ist bei gegebener einachsiger Beanspruchung (z.B. im Zugversuch) die Querverformung in verschiedenen zur Beanspruchungsrichtung senkrechten Richtungen unterschiedlich groß.

Die Bedeutung der Anisotropie für die Praxis besteht darin, daß der Werkstofffluß und die Verfahrensgrenzen bei der Umformung sowie die Eigenschaften des Werkstückes nach der Umformung (Eigenspannungen, Maßhaltigkeit, mechanische Kennwerte) von der Anisotropie beeinflußt werden.

---

*) In der Metallkunde wird unterschieden zwischen plastischer und elastischer Anisotropie. Der Zusatz "plastisch" kann aber hier weggelassen werden, da er sich im Rahmen der Umformtechnik von selbst versteht. Darüber hinaus kann bei der plastischen Anisotropie noch unterschieden werden zwischen geometrischer Anisotropie, d.h. anisotropem Verhalten im geometrischen Raum, und Anisotropie im Spannungsraum /3.35/, worauf aber hier nicht eingegangen wird.

Als Ursachen für ein richtungsabhängiges Werkstoffverhalten kommen im wesentlichen zwei Erscheinungen in Betracht.

1. Vor allem die Kristallanisotropie: in einem metallischen Einkristall sind aufgrund von zwischenatomaren Kräften in allen Richtungen mit gleichartigen Atomabständen die Eigenschaften gleich. Dagegen unterscheiden sich Eigenschaften in Richtungen, die sich in den Atomabständen unterscheiden. Dabei sind Metalle mit hexagonalem Gitter viel stärker anisotrop als kubische.

Die Anisotropie eines Einkristalles wirkt sich im Vielkristall nur dann aus, wenn die Kristallite eine Vorzugsorientierung haben. Unter der Orientierung eines Kristalles oder Kristallites wird dabei nicht die Orientierung der äußeren Gestalt verstanden, sondern die der Kristallachsen, d.h. des Gitters. Die Orientierung eines Kristallites wird bei Blechen üblicherweise beschrieben durch Angabe derjenigen Netzebene, die mit der Walzebene zusammenfällt, und der kristallographischen Richtung, die parallel zur Walzrichtung zeigt.

Die Eigenschaften eines Vielkristalles sind höchstens in gleichem Maße anisotrop wie die des Einkristalles (und zwar dann, wenn alle Kristallite gleich orientiert sind).

2. Die Gefügeanisotropie, die darin besteht, daß die Korngrenzen und/oder die Zweitphasen eine Vorzugsorientierung haben; dies beinhaltet eine Korngrößen- sowie eine Kornformverteilung. Für letztere wird auch das Wort "Orientierungskorrelation" gebraucht.

Im folgenden wird nur die unter 1. genannte Kristallanisotropie betrachtet. Diese ist in der Tat die wichtigste Ursache für ein richtungsabhängiges Werkstoffverhalten. Die Gesamtheit der Orientierungen eines Vielkristalles wird als Textur bezeichnet (das Wort "Textur" wurde ursprünglich für jede beliebige Orientierungsverteilung, d.h. auch für die regellose, gebraucht; heute wird damit i. allg. nur eine Orientierungsverteilung mit ausgeprägten Vorzugsorientierungen bezeichnet).

Weissenberg /3.36/ stellte unter Berücksichtigung der Symmetrieelemente eine Systematik der möglichen Orientierungsverteilungen in der Reihenfolge zunehmender Ordnung auf:

1. Völlig regellose Orientierungsverteilung (auch "graue" oder "texturlose" Verteilung genannt). In diesem Fall wird der Vielkristall als "quasiisotrop" bezeichnet. In der Praxis kommt dieser Fall nur selten vor.

2. Fasertexturen. In diesem Fall gibt es eine ausgezeichnete Richtung im Werkstück, z.B. die Achse im Draht oder Rundmaterial. In Bezug auf diese Achse besteht Rotationssymmetrie.

3. Blechtexturen. Es besteht "orthorhombische Symmetrie", d.h. beim Blech sind vorn und hinten (in Walzrichtung) gleichwertig, ferner die Querrichtungen links

und rechts senkrecht zur Walzrichtung sowie die zwei Richtungen senkrecht zur Blechebene.

4. Völlig gleichartige Orientierung aller Kristallite ("scharfe Textur"). Dieser Fall kommt in der Praxis wie auch der Fall 1. kaum vor. Daher interessieren in der Umformtechnik im wesentlichen die Fälle 2. und 3. Der Fall 2. - Fasertexturen - tritt nur bei den in Kapitel 2 beschriebenen Prüfverfahren für "massives" Material auf, der Fall 3. - Blechtexturen - dagegen sowohl in Kapitel 2 (wenn das zu prüfende Material aus Grobblech besteht) wie in Kapitel 3 (Feinblech).

In der Umformtechnik hat die Anisotropie bei der Blechumformung meistens eine größere praktische Bedeutung als bei der Massivumformung; daher steht der Fall der Blechtextur in der folgenden Betrachtung im Vordergrund.

Wird ein isotroper Körper mehrachsig beansprucht, so genügt für die Berechnung des Umformverhaltens die Kenntnis der Fließkurve in Verbindung mit einem Fließkriterium, das Isotropie voraussetzt.

Verhält sich dagegen ein Körper anisotrop, so muß die Fließortkurve, d.h. der geometrische Ort für den Fließbeginn im Spannungsraum, bekannt sein /3.37/.

Im folgenden werden nur inkompressible Stoffe betrachtet. Für diese läßt sich ohne Beschränkung der Allgemeinheit die Fließbedingung als Fließortkurve in der $\sigma_1 - \sigma_2$-Ebene darstellen. Die Fließortkurve ist der geometrische Ort für alle $\sigma_1 - \sigma_2$-Kombinationen, bei denen plastisches Fließen eintritt (σ_1; σ_2 = Hauptspannungen). Diese Kurve ist geschlossen, konvex und im allgemeinen Fall nicht durch eine analytische Funktion zu beschreiben. Zur experimentellen Bestimmung von Fließortkurven ist es notwendig, den Fließbeginn für zweiachsige Spannungszustände zu bestimmen. Die wichtigsten Verfahren zur Ermittlung von Fließortkurven sind im folgenden kurz zusammengestellt /3.37, 3.38/.

1. Eine vollständige Bestimmung der Fließortkurve ist möglich durch Messungen an dünnwandigen rohrförmigen Proben unter Innen- bzw. Außendruck, die gleichzeitig auf Zug bzw. Druck in Achsrichtung beansprucht werden. Dieses Verfahren mit der größten Informationsdichte ist zugleich auch das aufwendigste.

2. Im Prinzip kann die Fließortkurve auch aus der kristallographischen Textur (Orientierungsverteilungsfunktion "ODF") berechnet werden /3.39, 3.40/, d.h. aus der Häufigkeitsverteilung der Orientierung der Kristallite während der Umformung ("Verformungstextur"). Im allgemeinen Fall ist die Verformungstextur während eines Umformvorganges veränderlich (aus diesem Grunde und auch wegen der Verfestigung des Werkstoffes verändert sich während der Umformung

auch die Fließortkurve). Für Texturbestimmungen wird meistens die Anisotropie der Beugung von Röntgenstrahlen genutzt.

In eine so ermittelte Fließortkurve gehen neben der Unsicherheit der röntgenographischen Texturbestimmung (die sowohl im Experiment als auch im mathematischen Auswertungsverfahren begründet ist) auch die Annahmen ein, welche der Berechnung der Fließortkurve aus der Orientierungsverteilungsfunktion zugrunde gelegt werden. Daher ist die Methode nicht nur aufwendig, sondern auch mit einer erheblichen Unsicherheit behaftet. Da sie aber eine Möglichkeit bietet, die Fließortkurve von der Struktur des Werkstoffes her zu deuten - und somit möglicherweise auch gezielt zu beeinflussen - ist anzunehmen, daß die Methode in Zukunft an Bedeutung gewinnt. Angaben über Verformungstexturen finden sich z.B. in /3.41, 3.43/.

3. Mit wesentlich geringerem Aufwand sind ebene Formänderungsversuche durchführbar. Entsprechend kleiner ist ihr Informationsgehalt, da sie nur die Tangenten an die Fließortkurve liefern. Die ebenen Formänderungszustände können z.B. im Flachstauchversuch /3.44/, vgl. Abschnitt 2.2.6, im Flachzugversuch mit behinderter Querkontraktion /3.13, 3.44/, vgl. Abschnitt 4.3, oder auch im Streifenziehversuch realisiert werden. Die aus den Versuchen erhaltene Aussage über die Fließortkurve wird z.T. von der Reibung beeinflußt.

4. Ebenfalls einfach, aber auch nicht sehr informativ, sind Messungen der Knoop-Härte /3.45/.

5. Dem zu untersuchenden Material können Proben für den Zug- oder Stauchversuch mit unterschiedlicher Orientierung entnommen werden. Mit diesen Proben werden Versuche wie bei der Aufnahme der Fließkurven von isotropem Material durchgeführt, und anschließend aus den Meßergebnissen eine Aussage über die Fließortkurve abgeleitet. Für den Fall von massivem Stabmaterial ist diese Vorgehensweise in /3.46/ beschrieben worden, vgl. Bild 3.9.

In der industriellen Praxis hat sich bisher lediglich die Bestimmung des r-Wertes von Blechwerkstoffen im Flachzugversuch allgemein durchgesetzt.

3.9.2 Bestimmung des r-Wertes von Blechwerkstoffen

Bei Blechen hängt die Fließkurve vielfach nur schwach von der Richtung ab; im Gegensatz zum r-Wert /3.47/.

Unter vereinfachenden Annahmen läßt sich die Fließortkurve von Blechwerkstoffen durch eine Ellipse in der $\sigma_1 - \sigma_2$-Ebene beschreiben /3.48/:

$$\sigma_1^2 - \frac{2r_0}{1+r_0}\sigma_1\sigma_2 + \frac{r_0(1+r_{90})}{r_{90}(1+r_0)}\sigma_2^2 = k_f^2 \qquad (3.35)$$

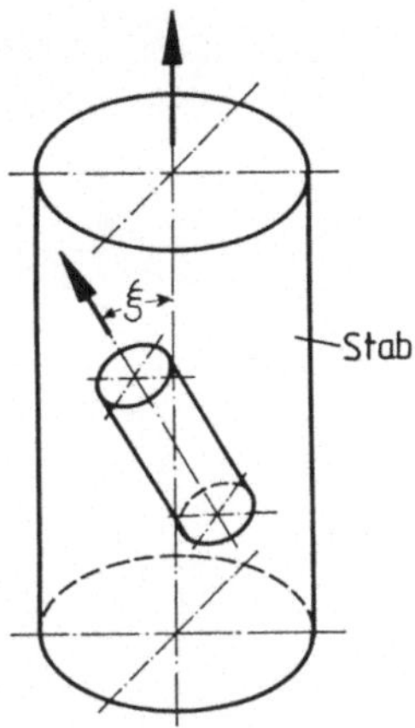

Bild 3.9. Probenahme aus Stabmaterial. Es wurden Proben unter den Winkeln ξ = 0°; 22,5°; 45°; 67,5° und 90° zur Stabachse entnommen /3.46/

Hierin bedeutet

$$r = \frac{\varphi_b}{\varphi_s} \tag{3.36}$$

das Verhältnis der Umformgrade in Breiten- und in Blechdickenrichtung beim Flachzugversuch; die Indizes 0 bzw. 90 bezeichnen den Winkel der Probenachse zur Walzrichtung. Der r-Wert wird auch als "senkrechte Anisotropie" bezeichnet. Gemäß Gl. (3.35) genügt zur Bestimmung einer als elliptisch angenommenen Fließortkurve die Ermittlung von r_0 und r_{90}. Es ist aber im Hinblick auf die Gefahr der "Zipfelbildung" üblich, zusätzlich zu r_0 und r_{90} noch r_{45} zu bestimmen (Diagonalrichtung). Dann wird aus den Meßdaten die "mittlere senkrechte Anisotropie" gebildet:

$$\bar{r} = \frac{1}{4} [r_0 + 2 r_{45} + r_{90}] \tag{3.37}$$

Im Sonderfall $r_0 = r_{90}$ vereinfacht sich Gl. (3.35) zu

$$\sigma_1^2 - \frac{2r}{1+r} \sigma_1 \sigma_2 + \sigma_2^2 = k_f^2 \tag{3.38}$$

Zur Veranschaulichung dient Bild 3.10.

Im Fall regelloser ("grauer") Verteilung gilt (vgl. Gl. (3.36), (3.37))

$$r_0 = r_{45} = r_{90} = \bar{r} = 1 \tag{3.39}$$

Beim Tiefziehen soll entsprechend der Definition des Tiefziehens die Blechdicke konstant bleiben. Dies wird unabhängig von geometrischen Zwangsbedingungen

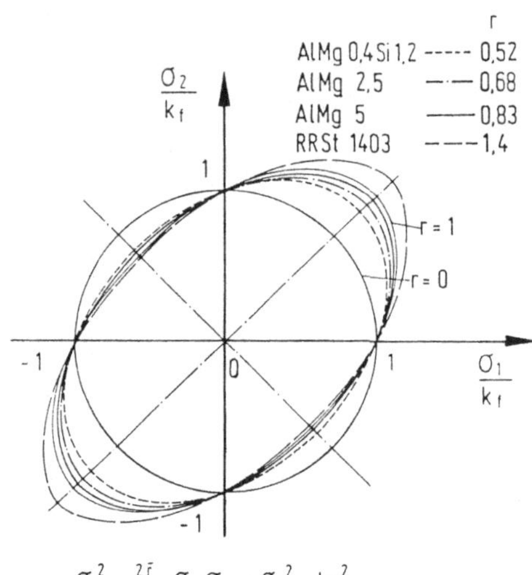

Bild 3.10. Fließortkurven von Aluminium-Legierungen im Vergleich zu Stahlblech /3.47/ (Annahme: $r_0 = r_{90}$)

umso leichter erreicht, je größer $\bar{r}$ ist. Ein großer Wert für r bedeutet zugleich: es wird eine geringere Ziehkraft benötigt, während die übertragbare Ziehkraft erhöht ist. "Gute Tiefzieheignung" ist gegeben für $\bar{r} > 1{,}25$.

Da im allgemeinen Fall der r-Wert vom Winkel zur Walzrichtung abhängt, wird als "ebene Anisotropie" (oder "Flächenanisotropie") definiert:

$$\Delta r = 2\,[\bar{r} - r_{45}] \tag{3.40}$$

Dieses Δr bestimmt die Zipfelbildung beim Tiefziehen kreiszylindrischer Näpfe ($\Delta r > 0$: Zipfel in 0°- und 90°-Richtung, $\Delta r < 0$: Zipfel in den zwei Diagonalrichtungen). Die Zipfelbildung erfordert einen zusätzlichen Arbeitsgang, der mit Materialverlust verbunden ist. Die Erfahrung zeigt, daß in manchen Fällen $|\Delta r|$ relativ groß ist, obwohl zugleich der n-Wert, d.h. die Fließkurve, nur schwach vom Winkel zur Walzrichtung abhängt.

Bei der experimentellen Bestimmung der Anisotropie-Kennwerte ist folgendes zu beachten. Im allgemeinen hängt der r-Wert vom Umformgrad ab, siehe z.B. /3.55/. Es ist deshalb zweckmäßig, einen bestimmten Umformgrad einheitlich festzulegen, für welchen der r-Wert bestimmt werden soll.

Auch die Form der Flachzugproben hat Einfluß auf den ermittelten r-Wert /3.49/.

Da es bis jetzt für die r-Wert-Bestimmung keine DIN-Norm gibt, ist das Stahl-Eisen-Prüfblatt 1126 /3.50/ bzw. eine Empfehlung der IDDRG /3.51/ als maßgeblich anzusehen *). Es werden rechteckförmige Streifenproben mit 20 mm Breite verwendet, auf denen (bei einer Gesamtlänge von ≤ 250 mm) die Anfangslänge L_0 = 50 mm (oder 20 mm) angerissen ist. Da aber in vielen Fällen zusammen mit dem r-Wert auch die mechanischen Kennwerte im Flachzugversuch ermittelt werden sollen - oft sogar die Fließkurve -, ist es zweckmäßig, statt der Streifenprobe die nichtproportionale Flachprobe DIN 50114 20 x 80 zur Ermittlung des r-Wertes zu verwenden.

Die Proben werden gedehnt bis $\Delta l/L_0 = 0{,}2$; dann wird die Verformung unterbrochen, und die Querkontraktion der Probe (in Richtung der Blechebene) gemessen. Diese Messung soll bei Proben mit L_0 = 50 mm an drei Stellen innerhalb der Meßlänge durchgeführt werden. Aus der Querkontraktion wird der Umformgrad φ_b für den Zähler in Gl. (3.36) berechnet; mit Hilfe der gemessenen Längenzunahme ergibt sich über die Volumenkonstanz auch der Umformgrad φ_s in Blechdickenrichtung, d.h. der Nenner von (3.36). Als Ergebnisse der Versuche werden vielfach nur die mittlere senkrechte Anisotropie r und die ebene Anisotropie Δr gemäß Gl. (3.37) bzw. (3.40) angegeben, und es wird auf eine explizite Darstellung der Fließortkurve verzichtet.

Ergänzende Angaben zur r-Wert-Bestimmung, insbesondere zur Ermittlung des r-Wertes und des Verfestigungsexponenten n im gleichen Versuch, finden sich in /3.9, 3.31, 3.51, 3.52/. In den letzten Jahren wurde gelegentlich der r-Wert über Resonanzfrequenzen bestimmt /3.53/: aus der gemessenen Resonanzfrequenz wird der E-Modul in Abhängigkeit von der Richtung ermittelt; dieser hängt über eine empirische Beziehung mit dem r-Wert zusammen.

Weitere Angaben über die Auswirkung des r-Wertes auf das Tiefziehverhalten finden sich in /3.54 bis 3.56/.

3.10 Literatur zu Kapitel 3

/3.1/ Il'Inskii, A.I.; Lyakh, G.E.: Mechanical methods of testing, Ind. Lab. 45 (1979), 1719-1720.

/3.2/ DIN 1614, Teil 1: Flachzeug aus Stahl. Warmgewalztes Band und Blech aus weichen unlegierten Stählen. Gütevorschriften. September 1974; Teil 2: Warmgewalztes Band und Blech. Technische Lieferbedingungen. Weiche unlegierte Stähle zum unmittelbaren Kaltformgeben. Entwurf, November 1984.

/3.3/ DIN 1623, Teil 1: Flacherzeugnisse aus Stahl. Kaltgewalztes Band und Blech. Technische Lieferbedingungen. Weiche unlegierte Stähle zum Kaltumformen, Februar 1983.

*) Das Stahl-Eisen-Prüfblatt 1126 /3.50/ gilt nur für Bleche aus ferritischem Stahl mit maximal 3 mm Dicke.

/3.4/ DIN 1623, Teil 2: Flacherzeugnisse aus Stahl. Kaltgewalztes Band und Blech. Technische Lieferbedingungen. Allgemeine Baustähle. Entwurf, August 1984.

/3.5/ DIN 1624. Flachzeug aus Stahl: Kaltgewalztes Band in Walzbreiten bis 650 mm aus weichen unlegierten Stählen. Gütevorschriften, Juli 1977.

/3.6/ Stahl-Eisen-Werkstoffblatt 092: Warmgewalzte Feinkornbaustähle zum Kaltumformen. Gütevorschriften. 1. Ausg. September 1975.

/3.7/ Stahl-Eisen-Werkstoffblatt 093: Kaltgewalztes Feinblech und Band mit gewährleisteter Mindeststreckgrenze zum Kaltumformen. Gütevorschriften. 1. Ausg., September 1975.

/3.8/ Liebig, H.-P. et al.: Beurteilung der Umformeignung von Blechwerkstoffen aus Ergebnissen von Zugversuchen ohne Dehnungsmessung, Stahl und Eisen 105 (1985), 1319-1324.

/3.9/ Stahl-Eisen-Prüfblatt 1125: Ermittlung des Verfestigungsexponenten (n-Wert) von Feinblechen im Zugversuch, 1. Ausg., November 1984.

/3.10/ Dripke, M.; Wörner, H.P.: Senkrechte Anisotropie und Verfestigungsexponent n, Bänder Bleche Rohre 20 (1979), 286-291.

/3.11/ Gillis, P.D.: Tensile deformation of a flat sheet, Int. J. Mech. Sci. 21 (1979), 109-117.

/3.12/ Pink, E.; Grinberg, A.: Praktische Aspekte des Portevin-Le-Chatellier-Effektes (I), Aluminium 60 (1984), 687-691.

/3.13/ Wagoner, R.H.: Measurement and analysis of plane-strain work hardening, Metall. Trans. 11A (1980), 165-175.

/3.14/ Wada, T.; Dean, J.S.: A new energy method analysis of plastic distortion in plane strain compression, Int. J. Mach. Tool Des. Res. 25 (1985), 199-207.

/3.15/ Pawelski, O.: Über das Stauchen von Hohlzylindern und seine Eignung zur Bestimmung der Formänderungsfestigkeit dünner Bleche, Arch. Eisenhüttenwes. 38 (1967), 437-442.

/3.16/ Chait, R.; Curli, C.H.: Evaluating engineering alloys in compression, in: Recent developments in mechanical testing, STP 608, Philadelphia, PA: ASTM 1976.

/3.17/ Hill, R.: A theory of plastic bulging of a metal diagram by lateral pressure, Phil. Mag. Ser. 7, 41 (1950), 1133-1142.

/3.18/ Panknin, W.: Die Bestimmung der Fließkurve und der Dehnungsfähigkeit von Blechen durch den hydraulischen Tiefungsversuch, Ind.-Anz. 88 (1964), 915-918.

/3.19/ Gologranc, F.: Beitrag zur Ermittlung von Fließkurven im kontinuierlichen Tiefungsversuch. Berichte aus dem Institut für Umformtechnik, Universität Stuttgart, Nr. 31, Essen: Girardet 1975.

/3.20/ Sawada, T.: Error estimates during stress-strain diagram measured with hydraulic bulge test, Dept. of Mech. Eng., Tokyo Univ. of Agriculture and Technology, Priv. Rep. 1981.

/3.21/ Schott, K.: Plastische Verformung und Stabilität beim hydraulischen Tiefungsversuch, Diss. TU Braunschweig 1973.

/3.22/ Fazli Isahi, M.: Effects of anisotropy and diaphragm size on biaxial stress-strain curves for sheet metals, J. Strain Anal. 16 (1981), 53-57.

/3.23/ Marciniak, Z.; Kolodziejski, J.: Assessment of sheet metal failure sensitivity by method of torsioning the rings, Proc. 7th Biennual Congr. IDDRG, Amsterdam 1972, 61-64.

/3.24/ Marciniak, Z. et al.: Die Bestimmung einiger plastischer Eigenschaften von Blechen mit Hilfe der Torsionsmethode (pol.), Obrobka Plastyczna Poznan 12 (1973), 61-65.

/3.25/ Kastner, P.: Vorschlag für eine schnelle technologische Methode zur Bestimmung von Fließkurven an Blechen und Bändern, Blech Rohre Profile 26 (1979), 303-308.

/3.26/ Tekkaya, A.E.; Pöhlandt, K.: Determining stress-strain curves of sheet metal in the plane torsion test, Annals of the CIRP 31/1 (1982), 171-174.

/3.27/ Pöhlandt, K.; Tekkaya, A.E.: Aufnahme der Fließkurven dünner Bleche im ebenen Torsionsversuch, Arch. Eisenhüttenwes. 53 (1982), 421-426.

/3.28/ Bauer, M.; Pöhlandt, K.: Fundamentals of the plane torsion test for determining flow curves of thin sheet, Materialprüfung 28 (1986), demnächst.

/3.29/ Hart, E.W.: Theory of the tensile test, Acta Metall. 15 (1967), 351-355.

/3.30/ Kleemola, H.-J.; Ranta-Eskola, A.J.: Effect of strain-rate and deformation temperature on the strain-hardening of sheet-steel and brass in uniaxial tension, Sheet Metal Ind. 56 (1979), 1046-1057.

/3.31/ Kluge, S.: Einfluß der Umformgeschwindigkeit auf die mit der Tiefziehbarkeit korrelierenden Kenngrößen, Umformtechnik (Zwickau) 12 (1978), 11-20.

/3.32/ Korhonen, A.S.; Kleemola, H.-J.: Effect of strain-rate and deformation heating in tensile testing, Metall. Trans. 9A (1978), 979-986.

/3.33/ Tekkaya, A.E.; Pöhlandt, K.; Dannenmann, E.: Methoden zur Bestimmung der Fließkurven von Blechwerkstoffen. Ein Überblick, Blech Rohre Profile 29 (1982), 354-359 und 414-417.

/3.34/ Ranta-Eskola, A.J.: Effect of loading path on stress-strain relationships of sheet steel and brass, Metals Technol. 7 (1980), 45-49.

/3.35/ Boehler, J.P.: A general concept of isotropic and anisotropic hardening, in: Boehler, J.P. und Sawczuk, A.: Applications of Tensor Functions in Solid Mechanics, CISM, Udine/Italien, Juli 1984.

/3.36/ Weissenberg, K.: Ann. Phys. Lpz. 69 (1922), 409-435. Siehe auch Gonell, H.W.: Handbuch der physikalischen technischen Mechanik IV, 2. Hälfte, 272-285, Leipzig 1931.

/3.37/ Reissner, J.: Fließkurven und Fließortkurven, in: (Hrsg.) Lange, K.: Umformtechnik - Handbuch für Industrie und Wissenschaft, Bd. 1, Grundlagen, 2. Aufl., Berlin/Heidelberg/New York/Tokyo: Springer 1982.

/3.38/ Reissner, J.: Bedeutung der Fließkurve in der Blechumformung, Blech Rohre Profile, 28 (1981), 106-110.

/3.39/ Althoff, J.; Wincierz, P.: The influence of texture on the yield loci of copper and aluminium, Z. Metallkde. 63 (1973), 623-633.

/3.40/ Viana, C.S. et al.: The use of texture data to predict the yield locus of metal sheets, Int. J. Mech. Sci. 21 (1979), 355-371.

/3.41/ (Hrsg.) Grewen, J.; Wassermann, G.: Texturen in Forschung und Praxis, Proc. Symp. Clausthal 2-5/10/1968, Berlin/Heidelberg/ New York: Springer 1969.

/3.42/ Grewen, J.: Entstehung von Verformungstexturen, in (Hrsg.) Stüwe, H.-P.: Mechanische Anisotropie, Wien/New York: Springer 1974, 73-103.

/3.43/ (Ed.) Gottstein, G.; Lücke, K.: Textures of Materials, 5th Int. Conf. Aachen, March 28-31, 1978, Berlin/Heidelberg/New York: Springer 1978 (2 Bde.).

/3.44/ Wagoner, R.H.: Comparison of plane-strain and tensile work hardening in two sheet alloys, Metall. Trans. 12A (1981), 877-882.

/3.45/ Wheeler, R.G.; Ireland, D.R.: Multiaxial plastic flow of zircaloy-2 determined from hardness data, Electrochem. Technol. 4 (1966), 313-317.

/3.46/ Schröder, G.: Über die Anisotropie des plastischen Verhaltens stranggepreßter Stäber aus hexagonalen Metallen, Berichte aus dem Institut für Umformtechnik, Universität Stuttgart, Nr. 26, Essen: Girardet 1974.

/3.47/ Blaich, M.: Beitrag zum Ziehen von Blechteilen aus Aluminiumlegierungen, Berichte aus dem Institut für Umformtechnik, Universität Stuttgart, Nr. 61, Berlin/Heidelberg/New York: Springer 1981.

/3.48/ Arthey, R.P.; Hutchinson, W.B.: Variation of plastic strain ratio with strain level in steels, Metall. Trans. 12A (1981), 1817-1822.

/3.49/ Liphardt, M.; Vlad, C.M.: Einfluß von Probenform und -Vorbereitung auf die r-Wert-Bestimmung, Materialprüf. 18 (1976), 465-467.

/3.50/ Stahl-Eisen-Prüfblatt 1126: Ermittlung der senkrechten Anisotropie (r-Wert) von Feinblechen im Zugversuch, 1. Ausg., November 1984.

/3.51/ Schmidt, W.: Die senkrechte Anisotropie von Feinblechen, Blech Rohre Profile 25 (1978), 271-275.

/3.52/ Bischoff, W.: Anisotropy of deep drawing sheet, Blech Rohre Profile 28 (1981), 302-307.

/3.53/ Engart, B.: A drawability tester for steel users and producers, Metal Progr. 127 (1985), 47-48.

/3.54/ Hasek, V.: Einfluß der plastischen Anisotropie beim Ziehen von großen Blechteilen, Ind.-Anz. 95 (1973), 545-546 (HGF 74/13).

/3.55/ Anschütz, R.-W.: Ermittlung der Zipfelgröße, nutzbarer Teilehöhe und des Rondendurchmessers in Abhängigkeit von der Werkstoffanisotropie, Umformtechnik (Zwickau) 14 (1980) 5, 21-29.

/3.56/ Reissner, J. et al.: Neue Erkenntnisse auf dem Gebiet der Blechumformung bei nichtrostenden austenitischen Stählen, Tech. Mitt. Krupp, Forsch.-Ber. 40 (1982), 19-26.

4 Zur Übertragbarkeit der Ergebnisse

4.1 Problemstellung

Die Ermittlung der Fließkurven dient vor allem dazu, den Kraft- und Arbeitsbedarf bei Umformverfahren zu berechnen sowie die zu erwartende Verfestigung bei einer Kaltumformung abzuschätzen /4.1, 4.2/. Voraussetzung hierfür ist, daß die Versuchsbedingungen bei der Aufnahme der Fließkurve den Bedingungen bei der technischen Umformung möglichst genau entsprechen. Dies gilt einerseits für Versuchsparameter wie Umformgeschwindigkeit, Temperatur, Spannungszustand; andererseits ist auch zu fordern, daß die Versuchsproben möglichst repräsentativ für das umzuformende Halbzeug bzw. Werkstück sind.

Die sich hieraus im einzelnen ergebenden Fragen werden in den folgenden Abschnitten diskutiert.

4.2 Unsicherheit experimentell bestimmter Fließkurven

4.2.1 Meßfehler und angenommenes Fließkriterium

Die Experimentierfehler bei den verschiedenen Methoden zur Aufnahme von Fließkurven sind in den vorhergehenden Kapiteln beschrieben worden und sollen nicht nochmals aufgezählt werden. Es sei aber noch folgendes zur Unsicherheit des Fließkriteriums angemerkt.

1) Schon bei Annahme eines isotropen Werkstoffverhaltens gilt die folgende Überlegung: da die Unsicherheit des Fließkriteriums bei jedem Versuch mit mehrachsiger Beanspruchung in die berechnete Fließkurve eingeht, scheint unter diesem Gesichtspunkt ein einachsiger Versuch (Zugversuch oder Rastegaev-Stauchversuch) am zweckmäßigsten zu sein. Andererseits ist aber die Beanspruchung bei technischen Umformverfahren nicht einachsig. Ein Versuch mit mehrachsiger Beanspruchung ist deshalb den einachsigen Versuchen vorzuziehen, sofern die Beanspruchung das interessierende Umformverfahren simulieren soll.

In diesem Zusammenhang ist aber zu beachten, daß bei mehrachsiger Beanspruchung i. allg. die Probe eine räumlich inhomogene Formänderung erfährt. Dabei wird der Begriff des Vergleichsumformgrades, sofern über das Probenvolumen gemittelt wird, problematisch /4.3/.

2) Im Hinblick auf die Werkstoffanisotropie ist die Forderung nach einer Simulation der realen Umformbedingungen durch das Prüfverfahren doppelt wichtig. Wie erwähnt, spielt die Anisotropie vor allem bei der Blechumformung eine wichtige Rolle. Deshalb ist hier z.B. im Hinblick auf das Tiefziehen bzw. Streckziehen eine Simulation durch den hydraulischen Tiefungsversuch ernsthaft in Erwägung zu ziehen. Dieser Versuch hat allerdings die in Abschnitt 3.4 erwähnten Schwierigkeiten.

4.2.2 Zur Probenahme

4.2.2.1 Lage und Anzahl der Proben

Die für einen gegebenen Werkstoff experimentell ermittelten Fließkurven streuen von Versuch zu Versuch nicht nur infolge von Meßfehlern, sondern auch infolge von Schwankungen der chemischen Zusammensetzung und des Gefügezustandes von Probe zu Probe.

Nach Angaben in /2.98/ beträgt bei der Aufnahme der Fließkurven von Stahl bei Raumtemperatur die Streuung der Versuchsergebnisse aufgrund des Prüfvorganges etwa 6%; zugleich besteht aber eine Streuung von etwa 8% aufgrund von Schwankungen der Werkstoffeigenschaften. Bei erhöhten Temperaturen ist die Streuung noch größer. In /2.65/ werden für Kaltumformung engere Streubereiche angegeben.

Um die Streuung möglichst klein zu halten, sind die folgenden Forderungen zu erfüllen:

a) Entnahme der Versuchsproben für einen einheitlichen Versuch an gleichwertigen Orten im Grundmaterial;
b) gleichartige Orientierung der Proben in Bezug auf die Abmessungen des Grundmaterials (s.a. Abschnitt 3.9.2);
c) Entnahme einer hinreichenden Anzahl gleichartiger Proben für gleichartige Versuche;
d) passend gewählte Abmessungen der Proben.

Im folgenden werden zunächst die Bedingungen a) und c) diskutiert, danach in Abschnitt 4.2.2.2 die Bedingung d).

Zu a) - Ort der Probenahme - : diese Forderung dürfte bei der Prüfung von dünnen Blechen relativ unkritisch sein, da hier bei praktisch allen Prüfverfahren über die gesamte Blechdicke gemittelt wird. Dagegen können aus Grobblech im Prinzip Rundstäbe für den Zug- oder Stauchversuch entnommen werden, deren Durchmesser kleiner als die Blechdicke ist. Auch bei Stabmaterial kann der Ort der Probennahme von Bedeutung sein, wenn der Durchmesser der Probe kleiner als der Stabdurchmesser ist. Im allgemeinen Fall muß damit gerechnet werden, daß im Stabmaterial die Zusammensetzung des Werkstoffes (infolge von Seigerungen), ferner die Textur /3.42/, Korngröße und Kornform über den Querschnitt veränderlich sind.

Grundsätzlich ist derjenige Ort für die Probennahme am zweckmäßigsten, der mit den Bedingungen bei dem interessierenden Umformverfahren am besten übereinstimmt; entsprechendes gilt auch für die Probengröße, siehe Abschnitt 4.2.2.2.

Zu c) - Anzahl der Proben - finden sich in den DIN-Normen über den Zugversuch /1.6 bis 1.8/ keine expliziten Angaben. Nach DIN 50106 /2.17/ sollen zur Bestimmung der mechanischen Kennwerte im Druckversuch mindestens drei Proben verwendet werden, desgleichen nach dem Stahl-Eisen-Prüfblatt 1123 /2.19/. Im übrigen folgt auch sinngemäß aus DIN 1605 /4.4/, daß mindestens drei gleichartige Proben zu verwenden sind.

Die Zahl der Proben darf nicht isoliert gesehen werden vom Probenvolumen: bei größerem Probenvolumen wird über ein größeres Werkstoffvolumen gemittelt. In jedem Fall dürften aber drei Proben die untere Grenze darstellen. Zur Häufigkeit der Probenahme, d.h. zur Zahl der Proben in Abhängigkeit von der Liefermenge, finden sich wichtige Angaben in /1.50/ sowie für spezielle Werkstofe in den Werkstoffblättern des VdTüV /4.5/.

Abschließend sei betont, daß Angaben über Fließkurven, wenn sie in der Praxis verwendet werden sollen, stets neben Informationen über das Prüfverfahren auch solche über Lage, Orientierung, Anzahl und Größe der Proben enthalten sollen.

4.2.2.2 Größeneinfluß

Die absolute Größe der Proben zur Aufnahme von Fließkurven in einem beliebigen Versuch ist zunächst einmal eingeschränkt durch die begrenzte Kraft bzw. das begrenzte Drehmoment, welche von der Prüfeinrichtung aufgebracht werden können, sowie durch deren Steifigkeit und durch die Meßbereiche der verfügbaren Registriergeräte. Zu dieser trivialen Einschränkung kommen weitere hinzu durch die Forderung, daß mit Hilfe der im Experiment bestimmten Fließkurve der Kraft- und Arbeitsbedarf für technische Umformverfahren berechnet werden soll. Hieraus ergibt sich die Forderung, daß die Abmessungen der Versuchsprobe denen des umzuformenden Halbzeugs bzw. Werkstückes möglichst nahe kommen sollen. Diese Forderung ist aber nicht immer zu erfüllen. Daher ist der Versuch zur Aufnahme der Fließkurve als "Modell" aufzufassen, durch welches die "Hauptausführung", d.h. der Umformvorgang, simuliert wird. Die Untersuchung der hierfür geforderten Bedingungen im allgemeinen Fall ist Gegenstand der Ähnlichkeitsmechanik /4.6 bis 4.8/.

Zunächst ist die Bedingung geometrischer Ähnlichkeit zu beachten. Da es Hunderte von Umformverfahren gibt, ist es i. allg. nicht üblich, bei der Aufnahme der Fließkurve einen Versuch mit geometrischer Ähnlichkeit durchzuführen. Vielmehr wird mit Hilfe eines Fließkriteriums auf Vergleichsumformgrad und Fließspannung umgerechnet.

Die anderen Bedingungen der Ähnlichkeitsmechanik sind in Tab. 4.1 zusammengestellt. Die wichtigsten unter diesen Bedingungen wurden schon bei der Diskussion der verschiedenen Prüfverfahren im vorhergehenden Text erwähnt, vgl. Abschnitte 2.5 und 2.7 sowie 3.7 und 3.8.

Eine ausführliche Behandlung der in Tab. 4.1 angegebenen Kriterien überschreitet den Rahmen der vorliegenden Arbeit; hierzu siehe /4.6/. Es sei aber darauf hingewiesen, daß gemäß Tab. 4.1 die Bedingungen "thermischer Ähnlichkeit", speziell im Hinblick auf die Wärmeleitung, besonders schwer zu erfüllen sind.

Demnach sind Versuche bei Raumtemperatur und mäßiger Umformgeschwindigkeit grundsätzlich weniger problematisch als solche bei erhöhten Temperaturen und Umformgeschwindigkeiten.

Tabelle 4.1. Kriterien der Ähnlichkeit und ihre Erfüllung /4.6/:
Fall a) Zeitmaßstab gleich Eins, Temperaturmaßstab gleich Eins;
Fall b) Zeitmaßstab gleich Längenmaßstab, Temperaturmaßstab gleich Eins.
In beiden Fällen ist vorausgesetzt, daß der Kraftmaßstab gleich dem Quadrat des Längenmaßstabes ist, so daß sich gleiche Spannungen ergeben

Art der Ähnlichkeit		Fall a	Fall b
am Werkstück	plastostatisch	x	(x)
	elastostatisch (G)	x	x
	elastostatisch (E)	x	x
	dynamisch		x
	Wärmeleitung		
	Wärmestrahlung		x
	Temperaturerhöhung durch Umformung	x	x
an Werkzeug u. Maschine	elastostatisch (G)	x	x
	elastostatisch (E)	x	x
	dynamisch		x
	Schwerkräfte		

x = erfüllt

Der Einfluß der Schwerkraft auf das Werkstück kann i. allg. vernachlässigt werden, weil meistens die Umformkräfte groß gegen die Schwerkräfte sind; dagegen ist der Einfluß der Schwerkraft am Werkzeug u.U. wesentlich, wie z.B. beim Fallhammer.

Die dynamische Ähnlichkeit am Werkstück spielt nur dann eine Rolle, wenn Trägheitskräfte wesentlich sind, d.h. bei Hochgeschwindigkeitsumformung, vgl. Abschnitt 2.6.2.

Über die Bedingungen der Ähnlichkeitsmechanik hinaus sind noch folgende Einflüsse zu beachten bzw. es ist darauf zu korrigieren:

1. Es existiert in vielen Fällen ein metallurgischer Größeneinfluß /4.9/;

2. die Gleichheit der Reibungszahl in Modell und Hauptausführung ist nicht immer erfüllt.

Die meisten experimentell gewonnenen Literaturangaben über den Größeneinfluß beziehen sich auf den Zugversuch an Rundstäben. Insbesondere ist der Einfluß der Probengröße auf die mechanischen Kennwerte oft beschrieben worden, siehe z.B. /2.132, 4.10/. Nach /4.10/ werden von der Probengröße unabhängige Festigkeitskennwerte ermittelt; dagegen fällt die Brucheinschnürung mit steigender Probengröße ab.

Über den Einfluß der Probengröße auf die im Zugversuch ermittelte Fließspannung finden sich Hinweise in /4.11, 4.12/. Beispielsweise kann das Verhältnis der Probengröße zur mittleren Korngröße des Werkstoffes von Bedeutung sein (metallurgischer Größeneinfluß).

In /4.6/ wurden Zugproben mit unterschiedlichem Durchmesser aus Stabmaterial mit verschiedenem Ausgangsdurchmesser entnommen, vgl. Bild 4.1. Es ergab sich für Ma8 und Ck15 praktisch kein Größeneinfluß; dagegen ergaben bei Ck35 große Zugproben eine um etwa 7% niedrigere Fließspannung, vgl. Bild 4.2. Bei den kleinen Versuchsproben bestand außerdem die Möglichkeit, Unterschiede der Werkstoffeigenschaften zwischen Achse und Randzone des Stabmaterials zu erfassen; solche Unterschiede waren aber in der Streuung der Meßergebnisse nicht festzustellen.

Für den Flachzugversuch finden sich Angaben über den Größeneinfluß in /4.13/.

Für den Zylinderstauchversuch findet sich eine Diskussion aller genannten Forderungen im Hinblick auf einen Größeneinfluß bei der Fließkurvenaufnahme, ergänzt durch einige Versuche, in /4.8/, vgl. Tab. 4.2. Im Rahmen der Fehlergrenzen wurde weder für konventionelle Schmierung noch für Haftreibung bei den Versuchen ein Größeneinfluß beobachtet. Dieses Ergebnis kann nach Ansicht der Verfasser zu größeren Abmessungen hin extrapoliert werden, zu kleineren aber nur soweit diese noch groß gegen die Gefügestrukturen sind.

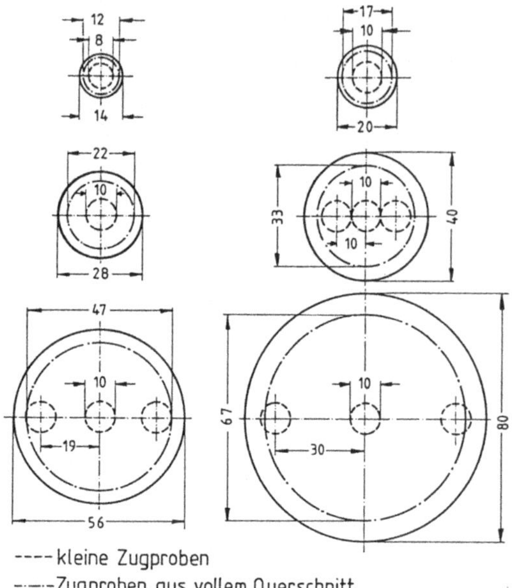

Bild 4.1. Größe und Lage des Querschnittes der Zugproben im Stabquerschnitt des Probematerials /4.6/

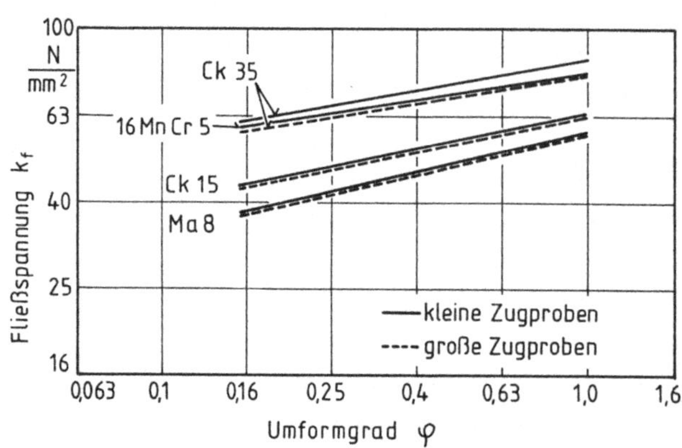

Bild 4.2. Fließkurven der Versuchswerkstoffe (vgl. Bild 4.1) /4.6/

Abweichend von den Angaben in /4.8/ wurde in /2.37, 2.45/ ein Größeneinfluß beim Zylinderstauchversuch beobachtet. Als mögliche Ursache wurde in /2.37/ angegeben, daß durch Abfließen des Schmierstoffes am Rand der Stirnfläche eine ringförmige Zone mit metallischem Kontakt zur Stauchbahn entsteht. Das Verhältnis dieser Fläche zur gesamten Stirnfläche ist größenabhängig.

Ein weiterer Größeneinfluß ergibt sich daraus, daß die in der Probe gespeicherte elastische Energie größenabhängig ist /4.14/.

Tabelle 4.2. Verwendete Werkstoffe und Probenabmessungen für Zylinderstauchversuche zum Größeneinfluß /4.7/

Werkstoff	$\frac{h_o}{mm}$	$\frac{r_o}{mm}$	Größenmaßstab	Volumenmaßstab
RSt37-1	10,5	7	1	1
	30	20	2,85	23
	43,5	29	4,14	71
Al99,5	14,25	9,5	1	1
	31,5	21	2,21	11
	57	38	4	64
E-Cu99,9	10,5	7	1	1
	21	14	2	8
	42	27	3,86	57

Die derzeit gültigen Normen und Richtlinien zum Zug- und Stauchversuch (DIN 50125 /1.6/, DIN 50145 /1.7/, DIN 50114 /1.8/, Stahl-Eisen-Prüfblatt 1123 /2.19/) lassen in Bezug auf die Probengröße noch einen erheblichen Spielraum.

4.3 Abschätzung von Fließkurven ohne experimentelle Bestimmung

Ohne ins Detail zu gehen, sei der Vollständigkeit halber darauf hingewiesen, daß im Prinzip für einen Werkstoff bekannter Zusammensetzung und bekannten Gefügezustandes die Fließkurve ungefähr vorhergesagt werden kann. Hierfür werden im allgemeinen Fall folgende Angaben benötigt.

1. Die Fließkurve eines ungefähr vergleichbaren Werkstoffes muß bekannt sein. Angaben über Fließkurven bei Raumtemperatur können z.B. aus /2.13, 2.98, 4.15, 4.16/ entnommen werden, und entsprechende Angaben für erhöhte Temperaturen aus /2.24, 4.17, 4.18/.

2. Im allgemeinen Fall wird eine im Schrifttum angegebene Fließkurve nicht exakt für die chemische Zusammensetzung und den Gefügezustand des jeweils interessierenden Werkstoffes gelten. Dann ist auf Abweichungen zu korrigieren. Angaben über den Einfluß der Legierungselemente und des Gefügezustandes auf die Fließkurve sind z.B. in /2.98, 2.105/ zusammengestellt. Nach Wagenbach und Jonck kann aufgrund der chemischen Analyse und mechanisch technologischer Kennwerte bei zahlreichen unlegierten und legierten Stählen die Fließkurve in Näherung berechnet werden /4.19, 4.20/. Voraussetzung für die Anwen-

dung dieses Verfahrens ist mindestens die Kenntnis der Analyse sowie der Zugfestigkeit bzw. Brinell-Härte des unverfestigten Stahles.

Eine auf solche Weise erhaltene Fließkurve wird i. allg. nicht sehr genau gelten, zumal schon innerhalb eines Erzeugnisses Zusammensetzungs- und Gefügeunterschiede auftreten können.

4.4 Literatur zu Kapitel 4

/4.1/ Hinkfoth, R.; König, H.D.: Berechnung der Formänderungsfestigkeit k_f bei der Warmformgebung mit Hilfe von Koeffizienten, Neue Hütte 12 (1967), 212-214.

/4.2/ Sieche, G.; Rindelhart, O.: Praxisnahe Ermittlung der Umformkraft und Umformarbeit, Fertigungstechnik und Betrieb 30 (1980), 229-233.

/4.3/ Herbertz, R.; Wiegels, H.: Zur Definition eines Vergleichsumformgrades bei inhomogener plastischer Umformung, Arch. Eisenhüttenwes. 51 (1980), 143-145.

/4.4/ DIN 1605, Blatt 1: Mechanische Prüfung der Metalle. Allgemeines und Abnahme, Februar 1936.

/4.5/ VdTüV-Werkstoffblatt 100/1: Verzeichnis der VdTüV-Werkstoffblätter, geordnet nach Werkstoffblattnummern, Sept. 1984.

/4.6/ Pawelski, O.: Beitrag zur Ähnlichkeitstheorie der Umformtechnik, Arch. Eisenhüttenwes. 35 (1964), 27-36.

/4.7/ Kast, D.: Modellgesetzmäßigkeiten beim Rückwärtsfließpressen geometrisch ähnlicher Näpfe, Berichte aus dem Institut für Umformtechnik, Universität Stuttgart, Nr. 13, Essen: Girardet 1969.

/4.8/ Herbertz, R.; et al.: Zum Einfluß der absoluten Probengröße bei der Ermittlung von Fließkurven in Zylinderstauchversuchen, Draht 32 (1981), 493-495.

/4.9/ Berns, H.: Metallurgisch bedingter Größeneinfluß in Stählen, Ind.-Anz. 102 (1980), 93, 28-31.

/4.10/ Dorn, L.; Niebuhr, G.: Vergleich der Kennwerte von Mikrozugproben und genormten Zugproben, Materialprüf. 21 (1979), 225-228.

/4.11/ Miyazaki, S.; et al.: Effect of specimen size on the flow stress of rod specimens of polycrystalline Cu-Al alloy, Scripta Metall. 13 (1979), 447-449.

/4.12/ Goh, T.N.; Shang, H.M.: Effects of shape and size of tensile specimens on the stress-strain relationship of sheet metal, J. Mech. Work. Technol. 7 (1982), 23-37.

/4.13/ Stepanov, D.R.; Khachatryan, S.R.: Choosing the dimensions of flat specimens for tensile tests of metals, Ind. Lab. 37 (1971), 1246-1247.

/4.14/ Tomenko, Yu.S.; et al.: Effect of specimen shape and size on the mechanical characteristics of St3sp steel, Ind. Lab. 45 (1979), 461-464.

/4.15/ VDI-Arbeitsblatt 3200 bis 3202: Fließkurven metallischer Werkstoffe, Oktober 1978.

/4.16/ Dahl, W.; Rees, H.: Die Spannungs-Dehnungs-Kurve von Stahl, Düsseldorf: Stahleisen 1967.

/4.17/ (Hrsg.) Deutsche Gesellschaft für Metallkunde (DGM): Atlas der Warmformgebungseigenschaften von Nichteisenmetallen, Bd. 1: Aluminiumwerstoffe; Bd. 2: Kupferwerkstoffe, Oberursel: DGM 1978.

/4.18/ Neuberger, F.; et al.: Klassifikation gebräuchlicher Schmiedewerkstoffe durch Stauchversuche, Masch.-B.-Tech. 7 (1958), 249-254.

/4.19/ Leykamm, H.: Berechnung der Fließkurve von Fließpreßstählen und der Festigkeit, Bruchdehnung und Brucheinschnürung kaltumgeformter Werkstücke aus der Werkstoffanalyse nach Wagenbach, Draht 29 (1978), 648-651.

/4.20/ Jonck, R.; et al.: Einfluß der Legierungselemente auf das Kaltumformverhalten, ZwF 69 (1974), 419-424.

5 Bestimmung der Grenzen der Umformung

Verwendete Symbole

A_k	Kerbzugdehnung (Bruchdehnung einer gekerbten Flachzugprobe
a	Probenhöhe im Ausbreitversuch (Bild 5.10)
b	Probenbreite im Ausbreitversuch (Bild 5.10)
b_1	Probenbreite nach dem Ausbreitversuch (Bild 5.10)
ϑ	Azimutwinkel (Zylinderstauchprobe)
η	Spannungsverhältnis im Tiefungsversuch
φ_1	Umformgrad in Längsrichtung beim Flachzug- oder Tiefungsversuch
φ_2	Umformgrad in Querrichtung beim Flachzug- oder Tiefungsversuch
φ_G	Grenzformänderung
l	Bezugslänge im Ausbreitversuch (Bild 5.10)
l_1	Bezugslänge nach dem Ausbreitversuch (Bild 5.10)
ρ	Kerbradius einer Kerbzugprobe (Bild 5.3); r_i = Biegeradius
σ_1	Spannung in Längsrichtung beim Tiefungsversuch
σ_2	Spannung in Querrichtung beim Tiefungsversuch
t	Kerbtiefe einer Kerbzugprobe (Bild 5.3)
T	Kennwert nach Engelhardt
z	Axialkoordinate (Zylinderstauchprobe)

5.1 Begriffe

Während zum Kraft- und Arbeitsbedarf für die meisten Umformverfahren umfangreiche Untersuchungen vorliegen, und sich für deren Ermittlung einheitliche Methoden herausgebildet haben, gibt es hinsichtlich der Umformgrenze bisher nur wenige und teilweise widersprüchliche Aussagen.

Grundsätzlich können bei einer Umformung folgende Versagensarten auftreten /5.1/:
- Rißbildung am Werkstück, z.B. Bodenreißer beim Tiefziehen;
- ungewollte Deformationen am Werkstück, z.B. Faltenbildung;
- werkzeugbedingtes Versagen, z.B. Bruch oder Verschleiß.

Zur genaueren Analyse der Versagensarten und -bedingungen in den ersten beiden Fällen ist es notwendig, den Versagensort am Werkstück zu berücksichtigen. Dabei ist zu unterscheiden zwischen der Umformzone, die sich beabsichtigt im plastischen Zustand befindet, und der Kraftübertragungszone, dem Werkstückbereich, der im betrachteten Augenblick nicht umgeformt werden soll, aber zur Übertragung von Umformkräften dient (eine Kraftübertragungszone existiert allerdings nur bei mittelbarer Krafteinleitung).

Unter Berücksichtigung der Versagensart und des Ortes des Versagens lassen sich die in Tabelle 5.1 angegebenen vier Versagensfälle unterscheiden.

Tabelle 5.1. Versagensfälle bei Umformverfahren (UZ = Umformzone, KÜZ = Kraftübertragungszone) /5.1/

Versagensfall	Beispiel	Versagensursache
1) Bruch in der UZ	Rißbildung beim Stauchen	Erschöpfung des Umformvermögens
2) Ungewollte Deformation in der UZ	Ausknicken beim Stauchen Einschnüren beim Zugumformen	Instabilität in der UZ
3) Ungewollte Deformation oder Bruch in der KÜZ	Ausknicken beim Verjüngen Bodenreißer beim Tiefziehen	Instabilität (unzureichende Festigkeit) in der KÜZ
4) Werkzeugbedingtes Versagen	Stempelbruch kein Greifen beim Walzen	unzureichendes Krafteinleitungsvermögen

Die Versagensursachen seien im folgenden noch kurz erläutert /5.1/:

- Versagen durch Erschöpfung des Umformvermögens (1):

Dieses tritt ein, wenn der beim betrachteten Vorgang erreichte Vergleichsumformgrad größer ist als das verfügbare Umformvermögen des Werkstoffes, d.h. der beim Bruch erreichte Vergleichsumformgrad φ_B /5.2/.

- Versagensarten (2) bis (4):

Tritt Versagen nicht durch Erschöpfung des Umformvermögens ein, sondern durch eine der Versagensursachen (2) bis (4) in Tabelle 5.1, so ist der realisierbare Umformgrad grundsätzlich kleiner als das Umformvermögen. Für diesen Fall wurde neben dem Umformvermögen als zusätzliche Kenngröße die Grenzformänderung φ_G eingeführt. Diese gibt den bei einem bestimmten Umformvorgang und Werkstoff in einer Umformstufe erreichbaren Umformgrad an. Die Versagensfälle sind im einzelnen die folgenden:

(2) Instabilität in der Umformzone führt zu ungewollten Deformationen, wobei prinzipiell zwei Erscheinungen auftreten können, nämlich Ausknicken in der Umformzone oder Einschnürung am Werkstück. Letztere entsteht bei Zugumformverfahren. Nach den heutigen Erkenntnissen über den Einschnürbeginn ist zwischen diffuser und lokaler Einschnürung zu unterscheiden. Diffuse Einschnürung beginnt, wenn der Umformgrad die Gleichmaßdehnung φ_g des Werkstoffes erreicht, die für meisten Werkstoffe etwa gleich dem Verfestigungsexponenten n ist. Lokale Einschnürung beginnt bei einem Umformgrad von maximal 2n. Somit liegt die Umformgrenze bei Verfahren der Zugumformung im Bereich $n \leq \varphi \leq 2n$. Hierbei ist auch noch ein Einfluß der Anisotropie zu beachten (vgl. Abschnitt 5.3).

(3) Bei der Instabilität in der Kraftübertragungszone sind wiederum zwei Fälle zu unterscheiden, nämlich Abreißen bei Einleitung des Umformvorganges durch Zugspannungen (diese Erscheinung ist typisch für Zugdruckumformverfahren und führt z.B. zum Bodenreißer beim Tiefziehen) und Ausknicken bzw. Aufstauchen bei Einleitung des Umformvorganges durch Druckspannungen (diese Erscheinung tritt besonders beim Verjüngen auf).

Für beide Fälle kann die Grenzformänderung durch Gleichsetzen der übertragbaren Kraft mit der erforderlichen Umformkraft berechnet werden.

(4) Der Fall eines unzureichenden Krafteinleitungsvermögens der Werkzeuge wird hier nicht näher betrachtet.

Im Zusammenhang mit dem Versagensfall (1) interessiert die Frage, wie das Umformvermögen experimentell bestimmt werden kann. Die Bestimmung bereitet Schwierigkeiten, da das Umformvermögen von verschiedenen Einflußgrößen abhängt. Diese lassen sich in zwei Gruppen einteilen:

1. Die Geometrie des Systems im weiteren Sinne, d.h. nicht nur Gestalt und absolute Größe des Werkstückes, sondern auch die Art der Krafteinleitung, d.h.

die Wechselwirkung zwischen Werkstück und Werkzeug, Formänderungsgradienten sowie der hydrostatische Spannungsanteil. Zur Geometrie im weiteren Sinne sind auch Oberflächeneinflüsse zu rechnen, sofern sie nicht als Werkstoffeigenschaften angesehen werden, ferner räumliche Gradienten der Umformgeschwindigkeit und der Temperatur.

2. Die Kinetik des Vorganges im weiteren Sinne, d.h. die mittlere Umformgeschwindigkeit und deren zeitliche Veränderung. Hiervon läßt sich der Einfluß der mittleren Temperatur und deren zeitlicher Änderung nicht trennen.

Um eine echte Werkstoffkenngröße für das Umformvermögen zu ermitteln, muß von den genannten Einflußfaktoren abstrahiert werden, bzw. es müssen einheitliche Bedingungen für diese Faktoren geschaffen werden.

Für die Ausschaltung von Geometrieeinflüssen kommt im Prinzip die Bestimmung des im Zug- oder Stauchversuch erreichbaren Umformgrades in Betracht. Aber auch hierbei ist die Bedingung eines einachsigen homogenen Spannungszustandes oft nicht streng erfüllt, da z.B. im Zugversuch die Probe vor dem Bruch einschnürt.

Selbst wenn es aber gelingen würde, bis zum Bruchbeginn einen streng einachsigen Spannungszustand zu erhalten, wäre der so ermittelte Umformgrad φ noch abhängig von der mittleren Normalspannung, der Umformgeschwindigkeit und der Temperatur. Es ist also nötig, das Umformvermögen in Abhängigkeit von diesen drei unabhängigen Variablen zu ermitteln. Grundsätzlich gilt, daß das Umformvermögen mit wachsender Temperatur zu- und mit wachsender Umformgeschwindigkeit abnimmt.

Die Abhängigkeit von der hydrostatischen Spannung ist in Bild 5.1 dargestellt. Es zeigte sich, daß das Umformvermögen nicht nur von der mittleren Normalspannung σ_m , sondern auch von der Größe der mittleren Hauptspannung σ_2 abhängt.

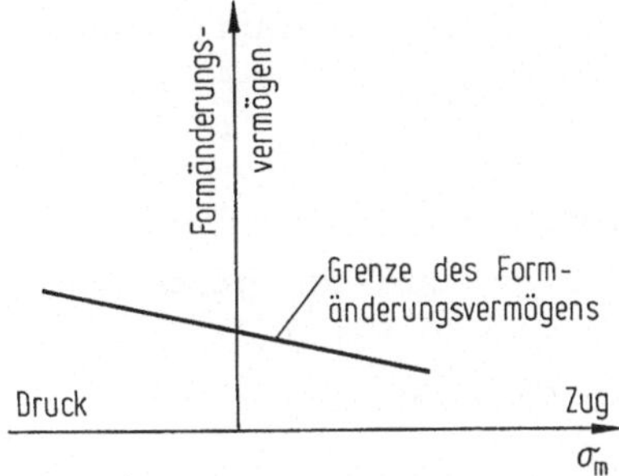

Bild 5.1. Abhängigkeit des Umformvermögens von der mittleren Normalspannung (schematisch) /1.12/

Im allgemeinen Fall ist zudem ein richtungsabhängiges Werkstoffverhalten zu berücksichtigen, siehe z.B. /5.3/. Die Versuchsproben zur Ermittlung des Umformvermögens sind dann in verschiedenen Richtungen aus dem Werkstoff zu entnehmen.

5.2 Der Begriff „Zähigkeit" oder „Duktilität"

5.2.1 Überblick

In vielen Fällen ist eine strenge Bestimmung des Umformvermögens gar nicht erforderlich. Es kommt vielmehr darauf an, die Bedingungen bei realen Umformvorgängen zu simulieren.

Im konkreten Einzelfall lassen sich diese Bedingungen nur im jeweiligen Umformversuch streng realisieren. Um dies zu umgehen, werden Modellversuche durchgeführt, mit denen pauschale Aussagen über die Eignung eines Werkstoffes für Umformvorgänge gewonnen werden.

Zu diesen Modellversuchen zählen auch die drei Grundversuche, die üblicherweise zur Aufnahme von Fließkurven dienen, d.h. Zug-, Stauch- und Torsionsversuch, je nach Erfordernis bei Raumtemperatur oder bei erhöhten Temperaturen. Das einfachste relative Maß für die Umformeignung ist die Brucheinschnürung Z /5.4/. Diese kann z.B. als Maß für die Beurteilung der Schmiedbarkeit eines Werkstoffes verwendet werden, vgl. Bild 5.2. Wie in /5.5/ gezeigt wurde, kann auch anhand der Brucheinschnürung ausgesagt werden, ob ein Blechwerkstoff eine scharfkantige 180°-Biegung erträgt: dies ist der Fall für $Z \geq 1/2$. Vermutlich besteht ein allgemeinerer Zusammenhang zwischen der Brucheinschnürung und dem zulässigen kleinsten Biegeradius auch im Wertebereich $Z < 1/2$.

Es ist üblich, Werkstoffe mit hohem Umformvermögen als "duktil" oder "zäh" zu bezeichnen. So wird der Begriff "Duktilität" z.B. in /5.6/ für den Vergleichsumformgrad beim Bruch im Torsionsversuch verwendet, und in /5.7/ entsprechend für den Stauchversuch. Hohe Duktilität ist in der Umformtechnik grundsätzlich erwünscht oder sogar notwendig.

Die Begriffe "Duktilität" und "Zähigkeit" sind aber nicht streng definiert und werden auch noch in einem anderen Sinne gebraucht: von einem "duktilen Bruch" wird gesprochen, wenn vor bzw. während des Bruches ein großer Arbeitsbetrag pro Volumen aufgewendet wurde. In diesem Fall hat die Maßzahl für die Duktilität die Dimension Arbeit/Volumen, im Gegensatz zum dimensionslosen Umformvermögen.

In der Praxis wird als Maß für die Zähigkeit oft auch die im Kerbschlagbiegeversuch vor und während des Bruches insgesamt aufgewendete Arbeit ge-

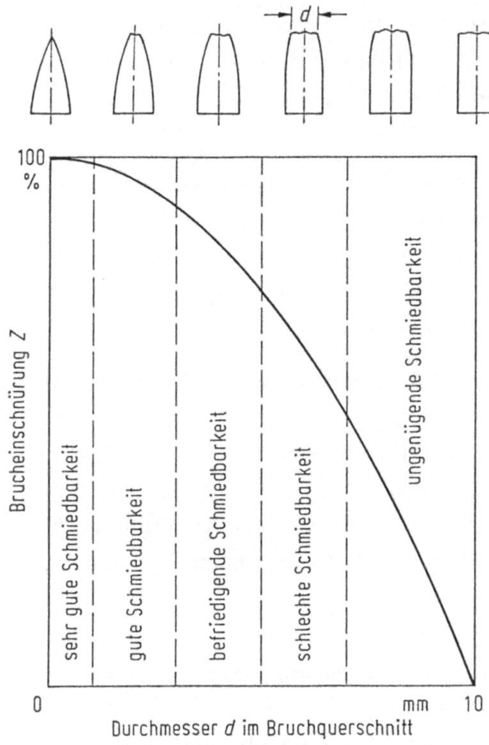

Bild 5.2. Brucheinschnürung beim Warmzugversuch als Vergleichswert für die Schmiedbarkeit (d_0 = 10 mm) /5.7/

braucht. Die experimentelle Bestimmung der Kerbschlagarbeit gemäß DIN 50115 /1.32/ ist sehr einfach. Der Versuch gestattet es, die Übergangstemperatur spröde-duktil zu ermitteln und ermöglicht insofern auf einfache Weise eine grobe Aussage über die Sprödbruchneigung bei tiefen Temperaturen und die resultierende Bauteilgefährdung, wie sie z.B. bei Anhängerkupplungen auftreten kann. Im übrigen ist die Aussagefähigkeit des Versuches umstritten. Seltener als der Kerbschlagbiegeversuch wird der Verdrehversuch eingesetzt /5.8, 2.105/. Auch in diesem Versuch wird die während der Verformung und des Bruches aufgewendete Gesamtarbeit ermittelt.

5.2.2 Zugversuch an gekerbten Blechproben (Kerbzugversuch)

Die Bruchdehnung und die Brucheinschnürung reichen in den wenigsten Fällen aus, um das Umformvermögen des Bleches realistisch zu beurteilen, da der Flachzugversuch die mehrachsige Beanspruchung des Werkstoffes bei realen Umformverfahren nicht simuliert.

Hinzu kommt, daß der Ort des Bruches beim Flachzugversuch manchmal außerhalb der Meßlänge liegt. Dies ist besonders häufig der Fall bei amerikanischen

Proben mit 25,4 mm Meßlänge; aber es tritt auch bei Proportionalproben nach DIN 50 125 /1.6/ in einer merklichen Zahl von Fällen auf und äußert sich darin, daß von der Meßlänge abhängige Werte für die Bruchdehnung ermittelt werden /5.9/.

Um Spannungs- und Dehnungsbedingungen von Umformvorgängen bei einfacher Versuchsdurchführung zu simulieren und die Werkstoffanisotropie besser zu kennzeichnen, ist daher anstelle des Zugversuches an ungekerbten Proben der Kerbzugversuch empfohlen worden /5.10 bis 5.18/. Dabei tritt an die Stelle der Bruchdehnung die Kerbzugdehnung (Kerbbruchdehnung).

Im Vergleich zu anderen für die Blechumformung wesentlichen Kenngrößen hat die Kerbzugdehnung auch folgende Vorteile:
- sie zeigt ein richtungsabhängiges Werkstoffverhalten empfindlich an /5.16 bis 5.18/;
- sie korreliert mit der Streckzieheignung /5.10, 5.16, 5.18/, der Eignung für Biegeumformung /5.10, 5.11, 5.16, 5.19/ und nach /5.16/ auch mit der Tiefzieheignung;
- ihre Anwendung ist nicht an eine Mindestblechdicke gebunden /5.14, 5.18/;
- ihre Bestimmung übertrifft an Einfachheit die Bestimmung aller anderen Werkstoffkenngrößen mit Ausnahme der Kerbschlagarbeit;
- sie läßt Rückschlüsse auf die Textur und auch auf Zweitphasen zu /5.14, 5.16, 5.18/;
- die Probenherstellung ist einfacher als die Herstellung von Flachzugproben nach DIN 50114 /1.8/ mit Einspannköpfen.

Sonne et al. /5.18/ beobachteten einen Zusammenhang zwischen der Kerbzugdehnung und der Kerbschlagarbeit-Hochlage, jeweils quer zur Walzrichtung gemessen: beide Kenngrößen nehmen mit steigender Festigkeit ab und reagieren empfindlich und gleichsinnig auf die Menge und Ausbildung von Zweitphasen wie z.B. Sulfiden.

Es wird auf die besondere Aussagekraft der Kerzugsdehnungs-Differenz ΔA_k (Längs- minus Querwert) hingewiesen: deren Werte sind nahezu dicken- und festigkeitsunabhängig. Dies wird darauf zurückgeführt, daß sich Blechdicken- und Festigkeitseinfluß bei den Längs- und Querwerten in gleicher Weise auswirken, die Einschlußorientierung jedoch nicht. Somit bleibt letztere bei der Differenzbildung als Einflußgröße übrig /5.18/.

Nach /5.20/ ist eine gute Kaltumformbarkeit durch eine hohe Kerbzugdehnung und eine geringe Differenz ΔA_k gekennzeichnet.

In den meisten bisher bekannten Arbeiten über den Kerbzugversuch wurde der Einfluß der Kerbgeometrie auf die Aussagekraft des Versuches nicht weiter diskutiert. Die japanischen Autoren verwendeten i. allg. 25 mm breite Flachzugproben mit Einspannköpfen (JIS-Norm Z 2201, Nr. 5) mit 2 mm tiefen ISO-V-

Kerben. Sonne et al. /5.18/ verwendeten ähnliche Proben, jedoch ohne Einspannköpfe.

Zum Geometrieeinfluß ist folgende Überlegung plausibel: für zu tiefe Kerben ist die Kerbwirkung so stark, daß sie die Wirkung von Mikrokerben im Werkstoff verdeckt, und die Kerbzugdehnung wird so klein, daß sie nur ungenau ermittelt werden kann. Demgegenüber werden bei zu schwachen Kerben die Bedingungen bei ungekerbten Proben angenähert, und somit in Näherung die Bruchdehnung gemessen. Diese streut aber nach aller Erfahrung erheblich. Aus diesen Gründen wird es schon im Hinblick auf den Meßfehler der Kerbzugdehnung eine optimale Kerbtiefe geben, für welche der Meßfehler ein Minimum annimmt.

In /5.22/ wurde der Geometrieeinfluß systematisch untersucht. Die verwendeten Proben hatten wie in /5.17, 5.18/ eine Breite von 25 mm und eine Anfangsmeßlänge von 50 mm, vgl. Bild 5.3 (nach /5.18/ hat das Fehlen von Einspannköpfen keinen Einfluß auf das Ergebnis). Es wurden die Kerbtiefe t, die Blechdicke s_0 und bei Proben mit Rundkerbe zusätzlich der Kerbradius ρ variiert. Die Kerbformen waren denen von Kerbschlagbiegeproben nach DIN 50115 /1.32/ angeglichen. Es wurden die V-Kerbe sowie Rund- bzw. U-Kerben (Bild 5.3) mit unterschiedlichen Kerbradien und Kerbtiefen untersucht.

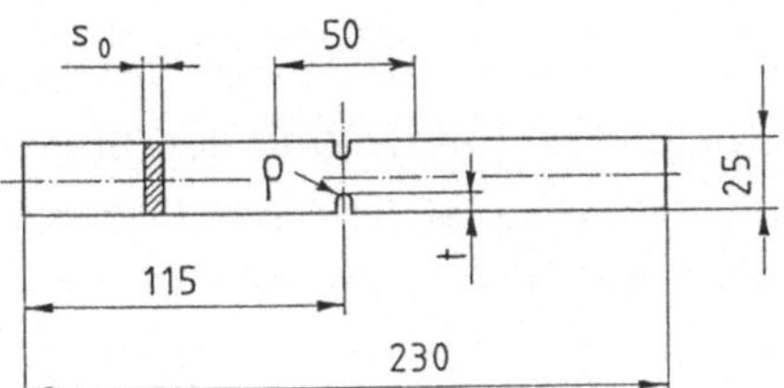

Bild 5.3. Kerbzugproben mit Rund- bzw. V-Kerbe /5.22/

Die optimale Kerbgeometrie wurde im Hinblick auf die Empfindlichkeit bestimmt, mit der eine Richtungsabhängigkeit der Kerzugdehnung bei minimalem Fehler nachgewiesen wurde. Als werkstoffunabhängige optimale Kerbform wird die Rundkerbe (Bild 5.3) mit ρ = 1 mm Kerbradius und t = 1,5 mm Kerbtiefe empfohlen. Zwischen der Kerbzugdehnung bei optimierter Kerbform und jener bei den bisher meist üblichen Proben mit 2 mm tiefen ISO-V-Kerben wurde ein proportionaler Zusammenhang festgestellt.

Am Beispiel des Biegens konnte die Aussagefähigkeit des Kerbzugversuches über die Umformbarkeit von Stählen und Nichteisenwerkstoffen gezeigt werden. Durch Variation des Werkstoffes ergibt sich bei konstanter Blechdicke ein linearer Zusammenhang zwischen Rückfederungsverhältnis und Kerbzugdehnung, allerdings mit einem relativ breiten Streubereich, siehe Bild 5.4a. Unter Beibehal-

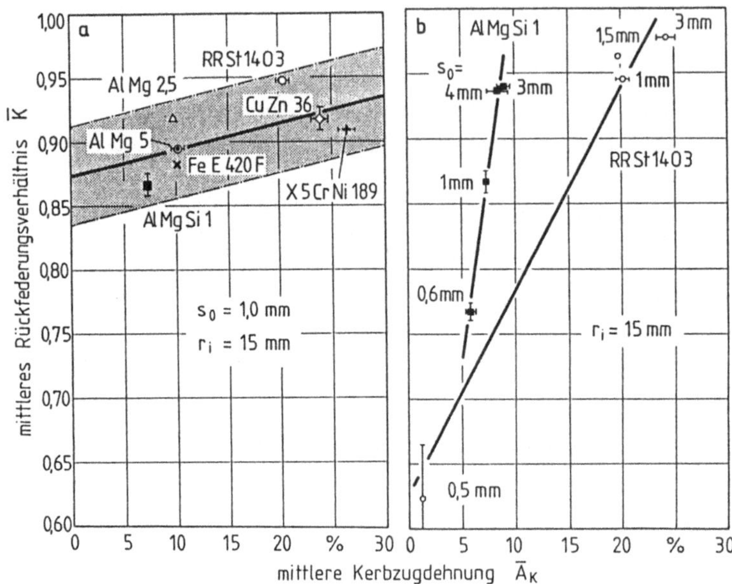

Bild 5.4. Zusammenhang zwischen mittlerer Kerbzugdehnung und mittlerem Rückfederungsverhältnis /5.22/: a) Variation des Werkstoffes bei konstanter Blechdicke; b) Variation der Blechdicke für AlMgSi 1

tung des Werkstoffes ergibt sich bei einer Variation der Blechdicke ebenfalls eine lineare Abhängigkeit (Bild 5.4b).

Mit Hilfe des Kerbzugversuches ist es auch möglich, den linken Teil der Grenzformänderungskurve zu ermitteln, wobei die Richtungsabhängigkeit der Grenzformänderung erfaßt werden kann, s.u. Dazu wird lediglich eine gewöhnliche Zugprüfmaschine benötigt, während bei anderen Verfahren spezielle Werkzeuge erforderlich sind. Variiert wird die Kerbgeometrie; das örtliche Verhältnis der Umformgrade φ_1 und φ_2 wird mit Hilfe von Liniennetzen bestimmt, siehe z.B. /5.23/.

5.3 Grenzformänderung

5.3.1 Allgemeines

Wie erwähnt, hängt die in Abschnitt 5.1 definierte Grenzformänderung nicht nur vom hydrostatischen Druck, der Umformgeschwindigkeit und der Temperatur ab, sondern auch von den durch das Fertigungsverfahren und das System Werkstück-Werkzeug bedingten Gegebenheiten.

Im allgemeinen kann die Grenzformänderung höchstens gleich dem Umformvermögen des Werkstoffes sein:

$$\varphi_G \leq \varphi_B \qquad (5.1)$$

In realen Fällen ist sie meist kleiner.

Sofern die Grenzformänderung für ein gegebenes Umformverfahren und bei gegebenen Bedingungen bestimmt werden soll, ist eine verfahrensbezogene (nachahmende) Prüfmethode *) anzuwenden. Beispiele dafür sind in Abschnitt 5.4 zusammengestellt. Im Prinzip gibt es zu jedem Umformverfahren ein nachahmendes Prüfverfahren.

Durch die Aufnahme von Grenzformänderungskurven wird versucht, die Eignung eines Werkstoffes für eine Anzahl verschiedener Umformverfahren bzw. -bedingungen zusammenzufassen. Diese Vorgehensweise hat sich vor allem im Bereich der Blechumformung durchgesetzt.

5.3.2 Grenzformänderung in der Massivumformung

Zur Aufnahme von Grenzformänderungskurven im Bereich der Massivumformung dienen beispielsweise Zylinderstauchversuche an Proben mit aufgedrucktem Liniennetz. Dabei wird der Formänderungszustand auf der Mantelfläche der Probe ermittelt, bei welchem Rißbildung einsetzt /5.24, 5.25/. Die Umformbedingungen lassen sich über den Schlankheitsgrad der Proben sowie über die Reibbedingungen variieren. Auf diese Weise wird eine Grenzformänderungskurve in der φ_z, φ_ϑ -Ebene bestimmt, siehe Bild 5.5.

Da bei vielen für die Umformtechnik wichtigen Werkstoffen ein duktiler Bruch erfolgt, werden bis zum Bruchbeginn oft sehr hohe Prüfkräfte benötigt. Aus diesen und aus anderen Gründen wurden einige Abwandlungen des Versuches vorgeschlagen, siehe z.B. /5.26, 5.27/.

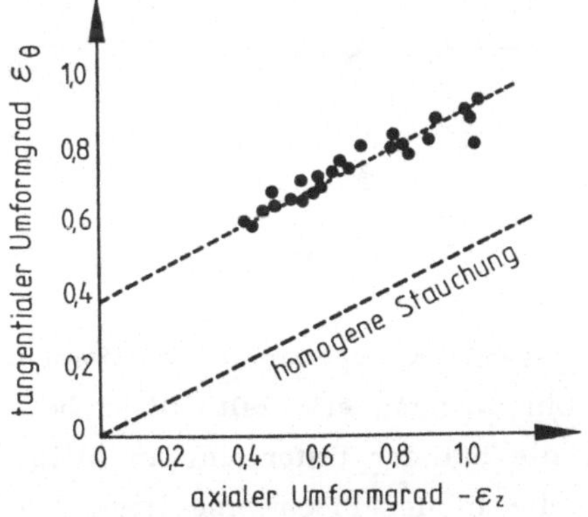

Bild 5.5. Tangentialer Umformgrad in Abhängigkeit vom axialen Umformgrad auf der Mantelfläche beim Bruch einer Zylinderstauchprobe (z = Axialkoordinate, ϑ = Azimutwinkel; Meßwerte nach Kobayashi und Thomason) /5.24/

*) Manchmal wird auch der Ausdruck "technologisches Prüfverfahren" gebraucht; dieser wird aber ebenfalls auf Versuche angewandt, in denen die Eignung eines Werkstoffes für nicht umformende Fertigungsverfahren oder Gebrauchseigenschaften gefertigter Werkstücke untersucht werden.

5.3.3 Grenzformänderung in der Blechumformung

5.3.3.1 Vorbemerkung

In der Blechumformung ist die Grenzformänderungskurve gegeben durch die Wertepaare der Umformgrade φ_1 und φ_1 in der Blechebene, vgl. Bild 5.6, bei denen Werkstoffversagen eintritt (Einschnürung oder Bruch) /5.28 bis 5.34/.

Zur Bestimmung der Grenzformänderungskurve kommen im Prinzip zahlreiche Versuche in Betracht, von denen der schon in Abschnitt 5.2.2 beschriebene Kerbzugversuch, vor allem aber der Tiefungsversuch mit unterschiedlichen Platinenformen am besten geeignet erscheinen.

Beim Kerbzugversuch werden durch Variation der Kerbgeometrie verschiedene Punkte der Grenzformänderungskurve ermittelt, wobei sich allerdings nur der linke Teil der Kurve ($\varphi_2 < 0$ in Bild 5.6) erfassen läßt.

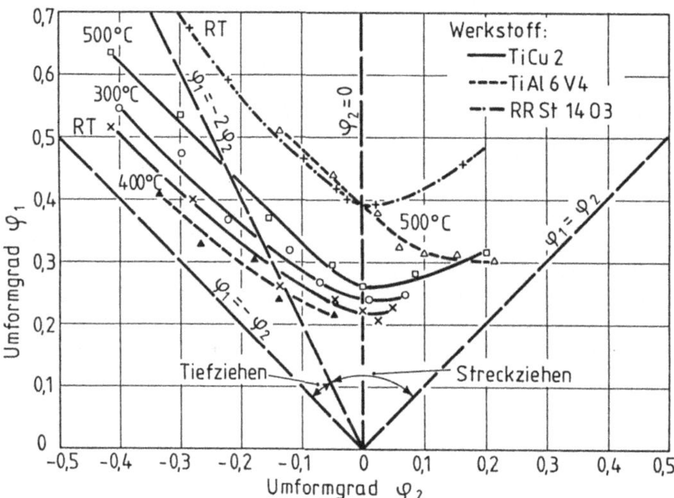

Bild 5.6. Mit verschiedenen Methoden ermittelte Grenzformänderungskurven /5.32/

Durch Tiefungsversuche läßt sich dagegen der gesamte Kurvenverlauf bestimmen. In jedem Fall werden φ_1 und φ_2 mit Hilfe von Liniennetzen ermittelt. Diese bestehen meistens aus einem System von Kreisen, die bei der Umformung in Ellipsen umgewandelt werden, deren Achsrichtungen die in der Blechebene liegenden Hauptdehnungsrichtungen angeben (dies gilt, wenn die Hauptdehnungsrichtungen während des Versuches unverändert bleiben; andernfalls können sich die Kreise zu unregelmäßigen Kurven verzerren).

5.3.3.2 Tiefungsversuche mit streifenförmigen Platinen

Bei diesem Verfahren werden streifenförmige Platinen von unterschiedlicher Breite mit einem halbkugelförmigen Stempel bis zum Bruch gezogen, vgl. Bild 5.7

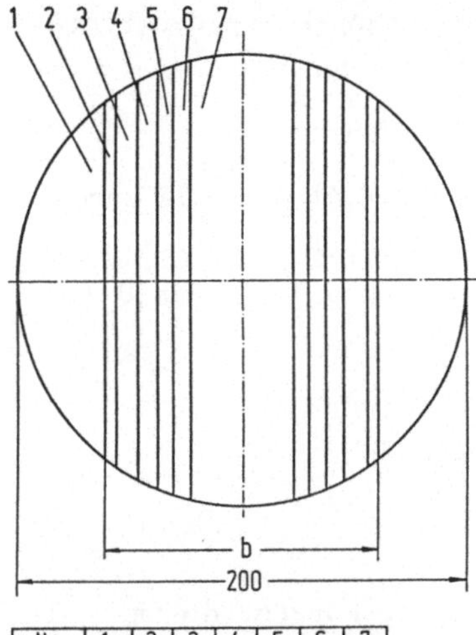

Nr.	1	2	3	4	5	6	7
b[mm]	200	120	110	90	75	60	75

Bild 5.7. Streifenförmige Platinen /5.31/

/5.31/. Die unterschiedliche Breite der Platinen hat unterschiedliche Formänderungsverteilungen zur Folge. Im allgemeinen werden etwa sechs unterschiedliche Platinen getieft, sowie eine kreisförmige für den Fall $\varphi_1 = \varphi_2$.

Dieses Verfahren ist die am häufigsten angewandte Methode zur Ermittlung von Grenzformänderungskurven und wurde auch von der Internationalen Tiefziehgruppe (IDDRG) empfohlen. Das Verfahren hat den Nachteil, daß beim Ziehen von schmaleren Platinen diese außerhalb der Stempelform oder - je nach Platinenbreite und Blechdicke - im Ziehradius der Matrize brechen.

Aus diesem Grunde wurden in /5.32/ kreisförmige, auf zwei Seiten ausgeschnittene Platinen empfohlen, vgl. Bild 5.8.

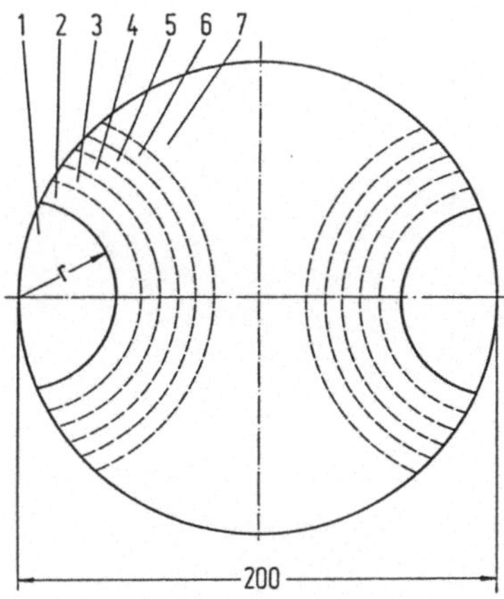

Nr.	1	2	3	4	5	6	7
r [mm]	0	40	50	57,5	65	72,5	80

Bild 5.8. Kreisförmige, an den Seiten ausgeschnittene Platinen /5.32/

Grundsätzlich ist bei einer Ermittlung der Grenzformänderungskurve der Formänderungsweg in der φ_1 ,φ_2-Ebene nicht beliebig, vgl. Abschnitt 5.3.5.

5.3.3.3 Kreisförmige, an den Seiten ausgeschnittene Platinen

Die Platinen (Bild 5.8) werden mit einem halbkugelförmigen Stempel bis zum Bruch gezogen. Unterschiedliche Breite und Ausschnittradien der Platinen bewirken wieder verschiedene Spannungszustände, die verschiedene Werte der Umformgrade φ_1 und φ_2 mit sich bringen.

Die Bruchstelle liegt bei den Platinen nach jedem Ziehen innerhalb der Stempelform. Am Ziehradius dagegen wird kein Riß beobachtet.

5.3.4 Vergleich der Methoden

Bild 5.6 ermöglicht einen Vergleich der Grenzformänderungskurven, die mit unterschiedlichen Verfahren bestimmt wurden. Die Untersuchungen in /5.32/ wurden mit Tiefziehblech RRSt 1403 von 1 mm Dicke durchgeführt. Auf die Proben wurde ein Meßraster mit 4,5 mm großen Kreisen aufgebracht. Zum Ausmessen der Liniennetze wurden je nach Krümmung der auszumessenden Stelle ein Maßstab mit Meßlupe, ein Projektionsmikroskop oder Folienabdrücke verwendet. Die so gewonnenen Grenzformänderungsschaubilder weichen für die verschiedenen Versuche stark voneinander ab. Nach Angaben in /5.32/ ergeben die Methoden 1 und 2, d.h. die sich nur durch die Probenform unterscheidenden Tiefungsversuche, die zuverlässigsten Resultate.

Eine Vorstellung vom Werkstoffeinfluß auf die Grenzformänderungskurve vermittelt Bild 5.9. Die in dem Bild dargestellten Kurven wurden ausnahmslos mit kreisförmigen, an den Seiten ausgeschnittenen Platinen ermittelt.

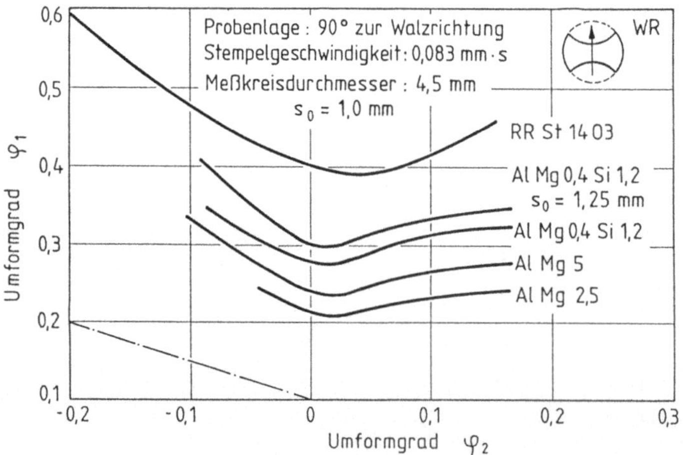

Bild 5.9. Grenzformänderungskurven für verschiedene Werkstoffe /5.33/

5.3.5 Beurteilung des Grenzformänderungsschaubildes

Zur Beurteilung und Anwendung des Grenzformänderungsschaubildes sollten sämtliche Einflußgrößen bekannt sein, welche die Grenzformänderungen im realen Ziehteil (und somit auch im Schaubild) beeinflussen. Dies sind u.a. die Meßgenauigkeit beim Ausmessen des Liniennetzes, die Blechdicke, der Schmierstoff, die Umformgeschwindigkeit, die Anisotropie und der n-Wert des Blechwerkstoffes.

Außerdem gilt das Grenzformänderungsschaubild nur unter der Voraussetzung eines proportionalen Formänderungsverhaltens, bei dem das Spannungsverhältnis

$$\mu = \frac{\sigma_2}{\sigma_1} \approx \frac{2\varphi_2 + \varphi_1}{2\varphi_1 + \varphi_2} \tag{5.2}$$

konstant ist, und die in einer Umformung erreichbaren Umformgrade von den Spannungszuständen abhängig sind.

Auch die Umformgeschichte, d.h. der Formänderungsweg hat einen wesentlichen Einfluß auf die Grenzformänderungskurve (die Umformgeschichte ist die Verteilung der Umformung und ihrer Veränderungen während des Umformvorganges) /5.30, 5.34/. Der Formänderungsweg soll eine Gerade in der φ_1,φ_2 -Ebene sein. Die Grenzformänderungskurve verschiebt sich zu höheren Umformgraden, wenn der Formänderungsweg rechtsgekrümmt verläuft (d.h. bei anfänglichem Tiefziehen mit nachfolgendem Streckziehen). Dies läßt sich allerdings bei realen Umformvorgängen nicht ohne weiteres realisieren und ausnutzen.

Bei der Formänderungsanalyse mit Hilfe von Grenzformänderungsschaubildern und Meßrasterverfahren muß deshalb geklärt werden, welche Formänderungsgeschichte ein Werkstoffelement an einer betrachteten Stelle hinter sich hat. Dies kann durch stufenweises Umformen mit jeweiligem Ausmessen der Formänderungen an der interessierenden Stelle geschehen.

In der Praxis der Blechumformung werden Formänderungen an realen Ziehteilen mit Hilfe von Liniennetzen ermittelt und mit der Grenzformänderungskurve verglichen. Zwischen den Bereichen des Grenzformänderungsschaubildes "gut" und "Versagen" liegt strenggenommen ein endlicher Bereich kritischer Formänderungen von beginnender Einschnürung bis zu ersten Anrissen. Führen örtliche Formänderungen am Ziehteil zu Formänderungen, die oberhalb des kritischen Dehnungsbereiches im Grenzformänderungsschaubild liegen, so versagt der Werkstoff. Eine Formänderungsanalyse an Blechumformteilen kann auch ohne Kenntnis des Grenzformänderungsschaubildes schon von Nutzen sein. Wichtige Hinweise zur Aussagefähigkeit des Grenzformänderungsschaubildes und eine kritische Beurteilung finden sich in /5.28/.

5.4 Verfahrensbezogene Prüfmethoden

5.4.1 Vorbemerkung

Die folgende Darstellung erhebt keinen Anspruch auf Vollständigkeit, da im Prinzip zu jedem Umformverfahren ein nachahmendes (verfahrensbezogenes) Prüfverfahren denkbar ist. Zugleich werden bei vielen Umformverfahren auch "allgemeine", d.h. nicht verfahrensbezogene Prüfmethoden zur Beurteilung herangezogen, die im folgenden Text z.T. miterwähnt sind. Ein offenkundiger Nachteil der nachahmenden Prüfverfahren ist die mangelnde Verallgemeinerungsfähigkeit der Ergebnisse.

5.4.2 Prüfmethoden für Verfahren der Massivumformung

Als Beispiele seien die Verfahren zur Ermittlung der Kaltstauchbarkeit ("upsettability") genannt. Bei diesen werden Versuche mit längsgekerbten Zylinderstauchproben durchgeführt, bei denen aufgrund der Kerbwirkung der Ort der Rißentstehung von vornherein feststeht /5.35, 5.36/. Als Ergebnis wird die relative Höhenabnahme beim Rißbeginn angegeben *), wobei die experimentelle Bestimmung des Rißbeginns in /5.35/ und /5.36/ unterschiedlich festgelegt ist.

Im weiteren Sinne gehören zu den Versuchen zur Beurteilung der Stauchbarkeit auch die in Abschnitt 5.3.2 erwähnten Zylinderstauchversuche mit aufgedrucktem Liniennetz; diese stellen zugleich auch Versuche zur Erfassung der Schmiedbarkeit dar.

Im übrigen wird auch die bis zum Bruchbeginn erreichbare Höhenabnahme im Zylinderstauchversuch an Proben mit und ohne Kerbe als Maß für die Schmiedbarkeit gewertet, wobei entsprechend den Umformbedingungen in der Praxis vielfach die Versuche bei erhöhten Temperaturen und hohen Umformgeschwindigkeiten durchgeführt werden. Nähere Angaben zu derartigen Stauchversuchen - die übrigens auch Oberflächenfehler sichtbar machen können - finden sich z.B. in /1.48, 1.49, 5.37/.

Außerdem wird zur Erfassung der Warmschmiedbarkeit der Ausbreitversuch angewandt /5.37/. Hierbei wird in rotwarmem Zustand eine quaderförmige Probe von etwa 400 mm Länge und einem Breiten/Höhen-Verhältnis b/a = 3 (Bild 5.10) mit der abgerundeten Finne des Handhammers oder mit dem Dampfhammer ausgebreitet. Im allgemeinen lautet die Forderung, daß die Breite auf $b_1 = 1{,}5\ b$ vergrößert werden soll, ohne daß es zu Rissen kommt. Risse bei geringer Ausschmiedung weisen auf Rotbrüchigkeit hin.

*) Demgegenüber wird in DIN 50 106 /2.17/ als "Bruchstauchung" die relative Höhenabnahme beim Bruchbeginn in einer ungekerbten Zylinderstauchprobe definiert; diese Norm ist aber nicht auf die Bedürfnisse der Umformtechnik zugeschnitten.

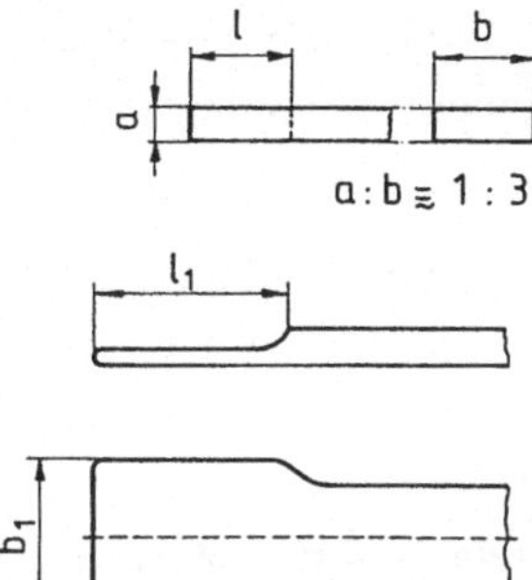

Bild 5.10. Schema des Ausbreitversuches

Es kann von b_1 = 1,5 b abgewichen und weiter verlangt werden, das Ausbreiten solange fortzusetzen, bis sich die ersten Risse zeigen. Zur Beurteilung wird dann ein Gütemaßstab herangezogen, der die erreichte Längung und Breitung prozentual zum Ausdruck bringt:

$$\text{Längung} = \frac{l_1 - l}{l} \cdot 100\,\% \; ; \quad \text{Breitung} = \frac{b_1 - b}{b} \cdot 100\,\% \tag{5.3}$$

Zur Prüfung auf Rotbrüchigkeit dient auch der Warmfaltversuch: bei etwa 950°C werden runde oder quadratische Proben gefaltet, die auf der Zugspannungsseite eingekerbt sind /5.37/ *). Nach dem Versuch wird der Zunder entfernt, und die Oberfläche auf Risse untersucht. Für die Probestäbe und die Ausführung des Versuches sind einige Angaben in DIN 50111 /5.32/ enthalten.

Wie schon erwähnt, werden auch nicht nachahmende Versuche zur Beurteilung der Schmiedbarkeit eingesetzt, wie Zugversuche mit Messung der Brucheinschnürung, s. Bild 5.2. Als nicht nachahmender Versuch wird auch die Bestimmung des Umformvermögens φ_B im Torsionsversuch eingesetzt.

Für die Prüfung von Drähten gibt es neben dem erwähnten Verwindeversuch nach DIN 51212 /2.71/ zahlreiche nachahmende und allgemeine Prüfverfahren, die in /5.38/ zusammengestellt sind.

Zur Prüfung der Kaltumformbarkeit von Rohmaterial mit extrem großem Durchmesser (> 60 mm) besteht neben der Entnahme von Proben mit kleinerem Durchmesser auch die Möglichkeit einer Prüfung des gesamten Querschnittes durch die "Topfprobe" nach Burgdorf /1.50/.

5.4.3 Prüfmethoden für Verfahren der Blechumformung

5.4.3.1 Allgemeines

Bei den Blechherstellern werden Tiefziehbleche i. allg. aufgrund des Zugversuches und/oder der Erichsen-Tiefung klassifiziert. Hinzu kommt u. U. (oder

---

*) Eine etwas abweichende Beschreibung der Rotbruchprüfung findet sich in /1.49/.

geht voraus) der Verwindeversuch an quadratischen Probestäben, die aus dem Blech entnommen werden. Hierbei führen Fehlstellen wie Einschlüsse oder schlecht verschweißte Gasblasen zu Rissen /2.83, 5.37/.

Dem Blechverarbeiter bleibt es überlassen, die für ihn zweckmäßige Qualität auszuwählen. Hierzu stehen zahlreiche Prüfverfahren zur Verfügung, über deren Aussagewert allerdings unterschiedliche Meinungen bestehen. Die im folgenden betrachteten nachahmenden Prüfverfahren können zum Beurteilen der Umformeignung von Blechen nur mit Vorbehalt herangezogen werden, da sie die Merkmale der betrieblichen Umformung, die sich meist aus Tiefzieh-, Streckzieh- und Biegeanteilen zusammensetzt, nur bedingt aufweisen. Oft erlauben erst mehrere Prüfverfahren zusammen eine Beurteilung, wobei auch die Streckzieheignung anhand des n-Wertes und die Tiefzieheignung anhand des r-Wertes - die beide im Flachzugversuch ermittelt werden /3.9, 3.10, 3.50, 3.51/ - zu beurteilen ist. Der folgende Text lehnt sich an /5.39/ an.

5.4.3.2 Streckzieh-Prüfverfahren

Der Tiefungsversuch nach Erichsen (DIN 50101 /5.40/ und DIN 50102 /5.41/) besteht im Ausbeulen einer fest eingespannten Blechprobe bis zum Bruch. Die Erichsen-Tiefung ist die Tiefe, bis zu welcher der Stempel bis zum Auftreten von Rissen eindringen kann. In DIN 1623 /3.4/ und DIN 1624 /3.5/ sind Mindest-Tiefungswerte für Bleche und Bänder aus unlegiertem Stahl in Abhängigkeit von der Blechdicke bzw. Banddicke genormt.

Die Erichsen-Tiefung wird unter zweiachsigem Zugspannungszustand ermittelt; daher ist sie ein Maß für die Streckziehbarkeit. Dementsprechend besteht i. allg. eine deutliche Abhängigkeit des Tiefungswertes vom Verfestigungsexponenten n.

Ein eindeutiger Zusammenhang zwischen dem Tiefungswert und dem Grenzziehverhältnis beim Tiefziehen besteht nicht (ein guter Tiefungswert ist zwar eine notwendige Voraussetzung für gute Tiefziehbarkeit, aber kein hinreichender Beweis).

Da das Ausbeulen der Probe auf Kosten der Blechdicke erfolgt, übt diese einen großen Einfluß auf die erreichbare Tiefung aus. Deshalb sind neben Änderungen in den Schmierverhältnissen vor allem Unterschiede in der Blechdicke als mögliche Fehlerquellen anzusehen. Die sich hieraus ergebenden Streuungen können so groß wie die Unterschiede zwischen einzelnen Blechqualitäten sein /5.42, 5.43/.

Bei dem Streckziehprüfverfahren nach Güth /5.44/ wird ein Probestreifen U-förmig gebogen und mit dem offenen Ende in die untere Spannbacke einer Prüfmaschine eingespannt. In die so gebildete Schleife wird eine Vorrichtung, die in der oberen Spannbacke befestigt ist, eingehakt, s. Bild 5.11. Der Blechstrei-

Bild 5.11. Streckziehprüfung nach Güth /1.25/

fen wird bis zum Auftreten von Querrissen gedehnt. Die Breite des Anrisses ist ein Maß für die Streckzieheignung /1.24, 5.42/.

In dem schon in Abschnitt 3.4 im Zusammenhang mit der Aufnahme von Fließkurven beschriebenen hydraulischen Tiefungsversuch wird ähnlich wie beim Erichsen-Tiefungsversuch hauptsächlich das Streckziehverhalten von dünnen Blechen untersucht. Eine fest eingespannte Blechprobe wird mit Drucköl bis zum Auftreten von Rissen ausgebeult (Bild 3.3). Aufgrund des Fehlens der Reibung sind jedoch die Versuchsergebnisse nicht auf normale Umformvorgänge übertragbar. Dagegen kann die Eignung von Blechen für das Tiefziehen mit kraftgebundenem Wirkmedium anhand des Versuches gut beurteilt werden /5.44/. Auch andere bei Tiefziehblechen wichtige technologische Eigenschaften und Fehler, wie Fließfiguren, Dopplungen, Lunker und Porosität, werden mit Hilfe dieses Versuches ermittelt.

Im Tiefzieh-Aufweit-Versuch /5.42/ wird aus einer in der Mitte gelochten, fest eingespannten Blechronde ein zylindrisches Näpfchen gezogen. Hierbei weitet das Loch in der Mitte auf. Beim Auftreten von Rissen am Lochrand wird als Maß für die Umformbarkeit des Bleches das Verhältnis des Lochdurchmessers nach dem Versuch zum Anfangswert ermittelt. Infolge des vorliegenden Spannungs- und Formänderungszustandes ist dieses Prüfverfahren nur für Bleche geeignet, die in vergleichbaren Umformverfahren wie Kragenziehen oder Karosserieziehen mit sog. Entlastungslöchern im Blechzuschnitt verarbeitet werden /5.45/.

An Leichtmetallblechen und -bändern wird der Keilzugversuch durchgeführt /1.25, 5.37/. Er hat seine Brauchbarkeit vor allem bei aushärtbaren AlCuMg-Legierungen bewiesen. Diese Legierungen haben ein kritisches Verformungsgebiet im Bereich niedriger Umformgrade. Dies äußert sich beim Streckziehen oder Tiefziehen durch das Auftreten von Grobkörnern vor allem dann, wenn mehrere zwischenzeitige Wärmebehandlungen nötig sind, um das Bauteil fertigzustellen. Der Versuch wird an Proben nach Bild 5.12 durchgeführt. Das Probeblech wird 15 min lang bei 500°C geglüht, in Wasser von 20°C abgeschreckt und zerrissen. Der Bruch liegt an der Einspannstelle des schmalen Endes. Der Probestreifen hat hierbei eine Reckung erfahren, die sich ungleichmäßig über die Länge verteilt. Der gereckte Probestreifen wird wiederum 15 min lang bei 500°C geglüht, in Wasser abgeschreckt und zerrissen. Tritt bei dieser erneuten Reckung grobkörniges Gefüge auf, so ist der Werkstoff ungeeignet zum Tiefziehen. Der Versuch kann ggf. ein drittes oder viertes Mal wiederholt werden, ohne daß Grobgefüge auftreten darf. Zum besseren Sichtbarmachen des Rekristallisationskorns wird empfohlen, den Probestreifen vor der zweiten Zugbeanspruchung zu beizen /5.37/.

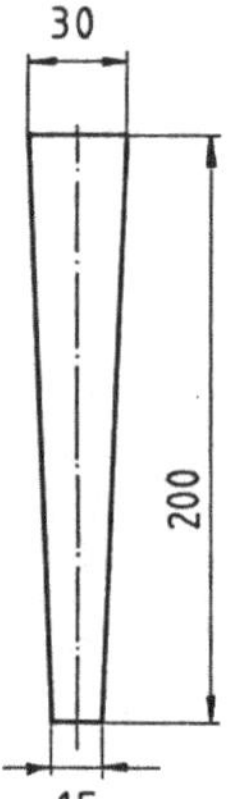

Bild 5.12. Probestreifen für den Keilzugversuch an Leichtmetallblechen

5.4.3.3 Tiefzieh-Prüfverfahren

Im Keilzug nach Sachs (nicht zu verwechseln mit dem vorstehend beschriebenen Keilzugversuch an Leichtmetallblechen!) wird der ebene Zug-Druck-Spannungszustand im Flansch beim Tiefziehen eines zylindrischen Napfes simuliert /5.45/. Ein keilförmiger Blechstreifen wird bei konstanter Niederhalterkraft durch eine ebenfalls keilförmige Werkzeugöffnung gezogen, Bild 5.13. Als Kennwert wird das Verhältnis von maximaler ziehbarer Breite b_{max} zur Breite b_0 der Probe ermittelt. Zudem wird manchmal auch die Ziehkraft gemessen. Die Breite b_{max} wird in der Weise ermittelt, daß unter Beibehaltung des Keilwinkels die Breite b durch Verlängern der Probe solange vergrößert wird, bis diese beim Ziehen abreißt.

Da die Probenform einen großen Einfluß auf das Versuchsergebnis hat, ist sie für die Vergleichbarkeit der Ergebnisse von entscheidender Bedeutung /5.43/.

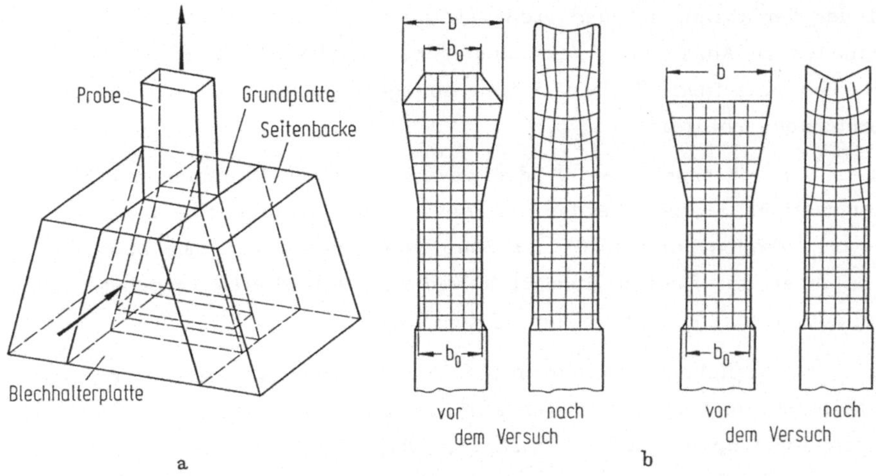

Bild 5.13. Keilzug-Prüfverfahren (nach Sachs): a) Werkzeug für das Keilzug-Prüfverfahren; b) Einfluß der Probenform auf die Formänderungen

Zwar wird bei dieser Prüfung der Spannungszustand beim Tiefziehen (radiale Zugspannungen) gut nachgeahmt, jedoch werden die Ergebnisse durch die Reibung an den Keilrändern stark beeinflußt. Daher werden im Vergleich zum Näpfchen-Tiefziehversuch - s. u. - kleinere Ziehverhältnisse erreicht /5.42/. Aus diesem Grunde können die im Keilzugversuch gewonnenen Ergebnisse nur eingeschränkt zum Beurteilen der Tiefziehfähigkeit herangezogen werden.

Für die Näpfchen-Tiefziehprüfung nach Swift wurde von der Internationalen Tiefziehgruppe (IDDRG) eine Richtlinie herausgegeben /5.46/. Aus Blechronden mit stufenweise vergrößertem Durchmesser werden bei gleichbleibendem Stempeldurchmesser zylindrische Näpfchen mit flachem Boden gezogen, bis die Grenze der Ziehfähigkeit des Bleches durch einen gerade noch nicht eingetretenen Bodenreißer erreicht ist, vgl. Bild 5.14. Kennwert ist das auf diese Weise ermittelte Grenzziehverhältnis $ß_{max}$.

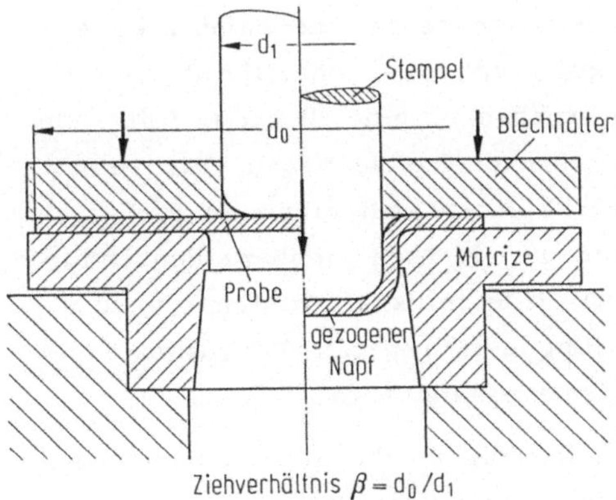

Bild 5.14. Näpfchen-Tiefziehprüfung (nach Swift)

Ein Nachteil des Verfahrens ist der große Aufwand, da das Grenzziehverhältnis nur durch eine ganze Anzahl von Versuchen genau ermittelt werden kann. Auch bestehen zwischen einzelnen Blechqualitäten nur geringe Unterschiede in der Größe des Grenzziehverhältnisses /5.47/.

Differenziertere Versuchsergebnisse werden gewonnen, wenn Näpfchen mit halbkugelförmigem Stempel gezogen werden. Da aber dann bereichsweise Streckziehspannungen vorherrschen, und somit der Spannungszustand von dem beim Tiefziehen von Näpfchen mit flachem Stempel abweicht, stellt dieses Vorgehen eher eine Prüfung auf Streckziehbarkeit dar /5.46, 5.47/.

Die Ergebnisse der Näpfchen-Tiefziehprüfung lassen sich wegen des großen Einflusses der Reibung nicht ohne weiteres auf das Tiefziehen von Blechen mit Großwerkzeugen übertragen /5.46 bis 5.48/: im Näpfchen-Tiefziehversuch werden i. allg. größere Grenzziehverhältnisse als bei betrieblicher Umformung erreicht, da infolge von Reibungseinflüssen das Grenzziehverhältnis mit größer werdendem Verhältnis Stempeldurchmesser zu Blechdicke abnimmt.

Der Nachteil der Näpfchen-Tiefziehprüfung nach Swift - zu geringe Unterschiede zwischen Versuchsergebnissen bei unterschiedlichen Blechqualitäten - kann nach Beisswänger durch zusätzliche Prüfung der Bleche im Weiterzug-Versuch ausgeglichen werden /5.42, 5.43, 5.45/.

Nach Fukui /5.49/ wird eine Blechronde niederhalterlos in eine konische Matrize mit einem zylindrischen Stempel bis zum eintretenden Riß eingezogen. Die Abmessungen der Ronden und Werkzeuge sind in Abhängigkeit von der Blechdicke festgelegt. Mit Hilfe dieses einfachen Prüfverfahrens können jedoch kaum signifikante Unterschiede der Tiefziehtauglichkeit verschiedener Blechqualitäten festgestellt werden /5.42/. Wird anstelle des flachen Ziehstempels ein halbkugelförmiger Stempel verwendet, so kann auf die gleiche Weise die Streckzieh- und Tiefzieheignung geprüft werden.

Die Ermittlung des Grenzziehverhältnisses nach Schmidt-Kapfenberg nutzt die Tatsache aus, daß bei gegebenem Ziehstempeldurchmesser eine nahezu lineare Abhängigkeit zwischen der maximalen Ziehkraft und dem Logarithmus des Rondendurchmessers besteht. Die sich hieraus ergebende, eine Blechqualität kennzeichnende Gerade läßt sich durch zwei Versuchspunkte festlegen. Wird dazu noch die Bodenreißkraft durch Ziehen eines Näpfchens mit einem zu großen Ziehverhältnis ermittelt, so kann der größte gerade noch ziehbare Rondendurchmesser als Schnittpunkt der Geraden mit der Bodenreißkraft bestimmt werden (Bild 5.15). Damit ist eine schnelle Ermittlung des Grenzziehverhältnisses möglich. Die Methode setzt aber eine genaue Kraftmessung voraus /5.42/.

Untersuchungen dieses Verfahrens ergaben, daß für Bleche aus nichtrostenden Edelstählen der Schnittpunkt (Bild 5.15) nicht eindeutig bestimmt werden kann /5.50/.

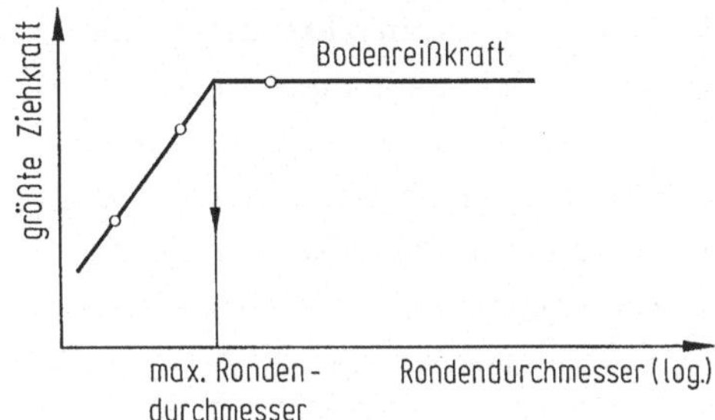

Bild 5.15. Ermittlung des größtmöglichen Rondendurchmessers zur Bestimmung des Grenzziehverhältnisses nach Schmidt-Kapfenberg

5.4.3.4 Biegeprüfung

Das Biegen ist der häufigste Umformvorgang in der Blechumformung. Beim Biegen längs einer Geraden ohne zusätzliche axiale Zug- oder Druckbeanspruchung entsteht an der Außenfaser infolge Dehnung eine Zugspannung, und an der Innenfaser infolge Stauchung eine Druckspannung; Versagensfall ist das Einreißen an der Außenfaser. Der Bruch tritt jedoch erst bei einer größeren Dehnung auf, als der im Zugversuch ermittelten Bruchdehnung entspricht, da infolge der ungleichmäßigen Spannungs- und Dehnungsverteilung über den Querschnitt die äußeren Fasern durch die darunterliegenden gestützt werden.

Störend bei der Verarbeitung sind eine ausgeprägte Streckgrenze, die zu schlechtem Runden des Bleches führt, und ein niedriges Verhältnis von Streckgrenze zu Zugfestigkeit. Letzteres führt durch einen zu geringen plastischen Anteil an der Biegung zu unerwünschten großen Rückfederungen nach dem Umformen /5.44/.

Zur Prüfung der Biegeeignung wird von den allgemeinen Prüfverfahren der Zugversuch eingesetzt. Wie schon in Abschnitt 5.2.1 erwähnt, lassen sich aus der Brucheinschnürung Rückschlüsse auf die Biegeeignung ziehen.

Zu den spezifischen Prüfverfahren für die Biegefähigkeit gehört der Faltversuch sowie für Bleche unter 3 mm Dicke der Hin- und Herbiegeversuch.

Im Faltversuch nach DIN 50111 /5.51/ wird die Probe auf zwei Rollen im vorgeschriebenen Abstand aufgelegt und dann mit einem in seinen Abmessungen vorgeschriebenen Dorn durchgebogen. Soll ein größerer Biegewinkel als mit dieser Anordnung aufgebracht werden, so wird die vorgebogene Probe zwischen zwei Platinen vollends zusammengebogen.

Als Maß für die Biegefähigkeit wird derjenige Biegewinkel bei gegebenem Biegeradius gewertet, bis zu dem die Probe ohne Risse auf der Zugseite gebogen werden kann.

Im Hin- und Herbiegeversuch nach DIN 50153 /5.52/ wird zunächst die Probe um 90° nach der einen Seite und dann zurück in die Ausgangslage gebogen. Dieser Vorgang wird nach der anderen Seite wiederholt und solange in beiden Richtungen fortgesetzt, bis sich Risse zeigen oder der Bruch eintritt. Als Maß für die Biegefähigkeit wird die Anzahl der Biegungen um 90° und zurück bis zum Versagen ermittelt. Diese Zahl wird u.a. beeinflußt von der Probenbreite und dem Winkel zur Walzrichtung des Bleches, unter dem die Probe entnommen wurde.

Die üblichen Biegeprüfmethoden für Probestreifen aus Blech oder Band sind zwar geeignet für die Beurteilung der Blechqualität, ihre Vergleichbarkeit hängt aber von der Konstruktion der Prüfgeräte /1.24/ und von der Art der Versuchsdurchführung ab. Zum Erzielen reproduzierbarer Ergebnisse sollte deshalb die Prüfung der Probestreifen mit einem einzigen sowohl für die einfache Falt-Prüfung als auch für die Hin- und Herbiege-Prüfung geeigneten Prüfgerät erfolgen.

5.4.3.5 Gesenkbiegeversuch und Alterungsprüfung

Für Stahlbleche höherer Festigkeit ist neben dem Zug-, Falt-, Tiefungsversuch usw. der Gesenkbiegeversuch von Bedeutung *).

Die Probestreifen sollen nach /5.37/ eine Breite von 40 mm und eine Länge von 100 mm haben. Die Vorrichtung besteht aus einem 60°-Prisma als Druckstempel und aus der entsprechenden Gegenform, in die der Prüfstreifen hineingedrückt wird. Die Beanspruchung hängt ab von der Abrundung der Biegekante des Prismas, für die je nach Stahlgüte, Wärmebehandlung und Blechdicke Rundungsradien von 0,4...16 mm abgestuft festgelegt wurden. Die Prismen können leicht ausgewechselt werden, wobei die Gegenform stets die gleiche bleibt. Es können Bleche im Dickenbereich von 0,2 bis 5 mm geprüft werden. Das Blech gilt als gut, wenn sich auf der zugbeanspruchten Seite der Biegekante keine Risse zeigen.

Im Anschluß an das Gesenkbiegen ist eine Prüfung auf Alterung möglich. Alterung tritt vor allem bei Stahlblechen mit höheren Phosphor- oder Schwefelgehalten auf, ferner z.T. bei Messingblechen sowie bei aushärtbaren Aluminiumlegierungen; sie kann bei mehrstufigen Umformverfahren stören, wie auch bei den in Abschnitt 2.7.2.2 erwähnten "Stufenversuchen" zur Aufnahme von Fließkurven.

Ein im Gesenk gebogener und dabei rißfrei gebliebener Prüfstreifen wird durch eine schlagartige Beanspruchung wieder gerade gerichtet, s. Bild 5.16. Die Prüfung gibt auf einfache Weise Aufschluß darüber, ob ein kaltumgeformtes

---

*) Manchmal auch als "Abkantversuch" bezeichnet; dieser Ausdruck entspricht aber nicht dem Sprachgebrauch der DIN-Normen.

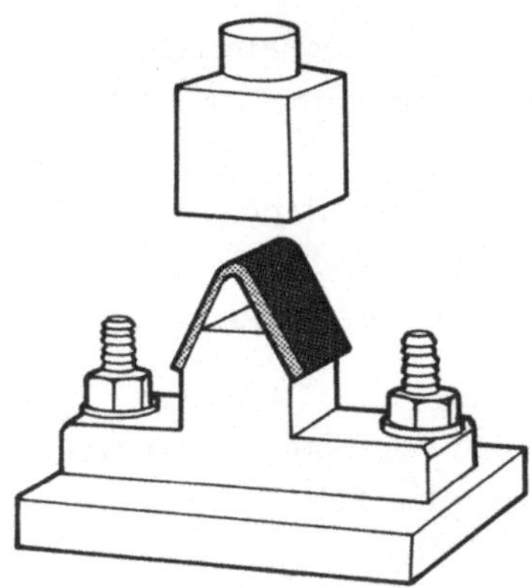

Bild 5.16. Biegeprobe nach Bollenrath zur Feststellung der Alterungssprödigkeit von Stahlblechen /5.37/

Blech zur Alterung neigt. Dabei ist hier mit Alterung entweder eine Versprödung des kaltverformten Werkstoffes nach längerer Lagerung bei Raumtemperatur gemeint, oder aber eine "künstliche Alterung", bei welcher der Werkstoff kurzzeitig auf etwa 200 bis 250°C erwärmt wird.

Zur Herstellung des Probestreifens wird für das Gesenkbiegen eine solche Belastung bzw. eine solche Abrundung der Biegekante gewählt, daß das sofort daran anschließende Wiederausrichten ohne Bruch der Probe erfolgt. Ein nach dieser Erprobung hergestellter und im Gesenk gebogener Prüfstreifen wird zwei Stunden lang auf 250°C gehalten und auf diese Weise künstlich gealtert. Sofort nach dem Erkalten wird das schlagartige Ausrichten auf der Friktionspresse vorgenommen. Der Werkstoff gilt als alterungsbeständig, wenn der Probestreifen die Prüfung besteht, ohne zu brechen.

Angaben über weitere Alterungs-Prüfmethoden finden sich in /1.24, 1.25/.

5.4.3.6 Kombination verschiedener nachahmender Prüfmethoden

Mit keinem der bekannten Prüfverfahren allein kann eine befriedigende Lösung des Problems der Blechprüfung erreicht werden. Diese Erkenntnis führte zu Bemühungen, durch Kombination verschiedener Prüfmethoden eine bessere Beurteilung der Umformeignung von Blechen zu ermöglichen.

Als einziges dieser kombinierten Prüfverfahren hat die Tiefzieh- und Abreißprüfung nach Engelhardt praktische Bedeutung erlangt. Die Prüfung besteht aus der Bestimmung eines Kennwertes T als Maß für die Sicherheit, die bei einem bestimmten Napfzug noch bis zum Auftreten eines Bodenreißers vorhanden ist /5.54/:

$$T = 1 - \frac{F_{Z\,max}}{F_{Br}} \tag{5.4}$$

Hierin ist F_{Br} die Bodenreißkraft und F_{Zmax} die maximale Tiefziehkraft.

Mit einem flachen Ziehstempel wird hierzu eine Ronde des Probematerials so weit zu einem Näpfchen umgeformt, bis das Ziehkraftmaximum überschritten ist. Dann wird das Näpfchen am noch vorhandenen restlichen Flansch fest eingespannt, wodurch beim weiteren Eindringen des Stempels der Napfboden abgerissen wird. Der Versuchsablauf kann mit Hilfe eines mitgezeichneten Kraft-Weg-Schaubildes verfolgt werden (Bild 5.17). Die angegebenen Versuchsbedingungen müssen genau eingehalten werden.

Zur Klassifizierung verschiedener Blechqualitäten dienen sog. Standardkurven, die Mindestwerte des Kennwertes T in Abhängigkeit von der Blechdicke angeben /5.42/.

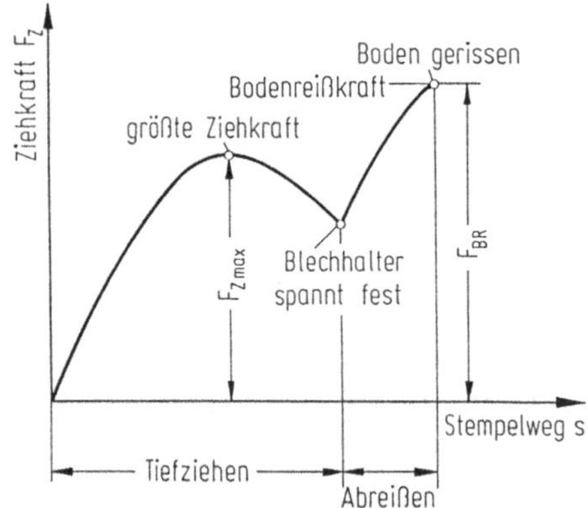

Bild 5.17. Kraft-Weg-Verlauf bei der kombinierten Tiefzieh- und Abreißprüfung nach Engelhardt /5.54/

5.5 Literatur zu Kapitel 5

/5.1/ Frobin, R.: Verfahrens- und werkstoffseitige Grenzbedingungen bei Umformvorgängen, Fertig.-tech. u. Betr. 33 (1983), 11-14.

/5.2/ Jahnke, H.; Retzke, R.; Weber, W.: Umformen und Schneiden, 2. Aufl., Berlin: Verlag Technik 1972.

/5.3/ Ertürk, T.: Anisotropy of bulk forming limits in hot-rolled steel bars, Metall. Trans. 12 A (1981), 743-748.

/5.4/ Stahl-Eisen-Lieferbedingungen 096: Blech, Band und Breitflachstahl mit verbesserten Eigenschaften für Beanspruchungen senkrecht zur Erzeugnisoberfläche, 1. Ausg., Mai 1974.

/5.5/ Schaub, W.: Untersuchungen über das Versagen von Blechen beim scharfkantigen 180°-Biegen, Bänder Bleche Rohre 20 (1979), 458-461.

/5.6/ Hammad, F.H. et al.: Factors affecting ductility of aluminium during torsional-tensile deformation, Aluminium 55 (1979), 457-461.

/5.7/ Spretnak, J.W.: Forgeability, Inst. for Forging Die Design, Forging Industry Assoc., Cleveland/Ohio 1980.

/5.8/ Popescu-Castellin, N.D.: Verfahren und Vorrichtung zur Untersuchung des Verhaltens der Metalle bei dynamischer Torsionsbeanspruchung, Materialprüf. 15 (1973), 307-311.

/5.9/ Beelich, K.H.: Formeln und Tabellen für Werkstoffversuche, Darmstadt: Fikentscher 1976.

/5.10/ Yamaguchi, T.; Taniguchi, H.: Studies on formability of hot-rolled steel sheets (jap.), Nippon Kokan Tech. Rep. 45 (1969), 23-30.

/5.11/ Tenmyo, G. et al.: NKHF-high strength steels for cold forming, Nippon Kokan Tech. Rep. Overseas 11 (1970), 29-37.

/5.12/ Hamilton, R.T.; Gordon Parr, J.:An evaluation of carbon steel sheet by notch tension and r and n data, Sheet Met. Ind. 47 (1970), 621-624 u. 641.

/5.13/ Brozzo, P.; De Luca, B.: On the interpretation of the formability limits of metal sheets and their evaluation by means of elementary tests, Trans. Iron Steel Inst. Jpn. 11 (1971), Suppl. II (Proc. Int. Conf. Sci. Tech. Iron Steel, Tokyo 1970), 966-968.

/5.14/ Meyer, L. et al.: Metallkundliche und technologische Grundlagen für die Entwicklung und Erzeugung perlitarmer Baustähle, Thyssen Forsch. 3 (1971), 8-43.

/5.15/ Gonda, H. et al.: NKHF series high strength steels for cold forming, Nippon Kokan Tech. Rep. Overseas 16 (1973), 9-23.

/5.16/ Matsudo, K. et al.: Relation between press-formability and notched tensile elongation of steel sheets, Nippon Kokan Tech. Rep. Overseas 18 (1974), 1-14.

/5.17/ Matsudo, K. et al.: Prediction of punched surface stretch flangeability of steel sheets, in: Sheet Metal Forming and Formability, Proc. 10th Biennual Congr. IDDRG, Warwick/England, 18.-20.4.1978, 325-344.

/5.18/ Sonne, H.M. et al.: Kerbzugversuch und Streckbiegeversuch - Prüfverfahren zur Kennzeichnung der Kaltumformbarkeit warm- und kaltgewalzter Flachprodukte, Arch. Eisenhüttenwes. 50 (1979), 503-508.

/5.19/ Takahashi, M. et al.: Development of formable ultra high strength cold rolled steel sheet, Proc. 12th Biennual Congr. IDDRG, S. Margherita Ligure 1982, Pt. 1, 131-140.

/5.20/ Straßburger, Chr. et al.: Die Feinschneidbarkeit von Warmbändern aus höherfesten mikrolegierten und sulfidkontrollierten Feinkornbaustählen, Thyssen Tech. Ber. 14 (1982), 146-153.

/5.21/ Weist, Chr.: Kerbzugdehnung und Formänderungsvermögen von Blechwerkstoffen, Berichte aus dem Institut für Umformtechnik, Univ. Stuttgart, Berlin/Heidelberg/New York/Tokyo: Springer (demnächst).

/5.22/ Weist, Chr.: Kerbzugversuch und anisotropes Formänderungsvermögen von Blechwerkstoffen, Blech Rohre Profile 32 (1985), 137-142.

/5.23/ Wagoner, R.H.; Wang, N.-M.: An experimental and analytical investigation of in-plane deformation of 2036-T4 aluminum sheet, Int. J. Mech. Sci. 21 (1979), 255-264.

/5.24/ Kuhn, H. et al.: A fracture criterion for cold forming, Trans. ASME, J. Eng. Mater. Technol. 95 (1973), 213-216.

/5.25/ Darvas, Z.: The forming limit and the fracture mode in cold upsetting, Mater. Sci. Eng. 70 (1985), 101-110.

/5.26/ Sowerby, R. et al.: Materials testing for cold forging, Trans. ASME, J. Eng. Mater. Technol. 106 (1984), 101-106.

/5.27/ Erman, E. et al.: Novel test specimen for workability testing, in: Compression Testing of Homogeneous Materials and Composites, Symp. Williamsburg, Va., 10.-11.3.1982, Philadelphia/PA: ASTM 1983, 279-290.

/5.28/ Lange, K. et al.: Werkstoffkenngrößen als Kriterien für die Grenzen der Blechumformung, Materialprüf. 25 (1983), 113-116.

/5.29/ Ferron, G.; Mliha-Touati, M.: Determination of the forming limits in planar-isotropic and temperature-sensitive sheet metals, Int. J. Mech. Sci. 27 (1985), 121-124.

/5.30/ Müschenborn, W.; Sonne, H.M.: Einfluß des Formänderungsweges auf die Grenzformänderungen des Feinblechs, Arch. Eisenhüttenwes. 16 (1975), 597-602.

/5.31/ Veerman, C.Chr.: Determination of appearing and admissible strains in cold-reduced sheets, Sheet Metal Ind. 48 (1971), 678-680.

/5.32/ Hasek, V.: Anwendung von Grenzformänderungsschaubildern, Ind.-Anz. 99 (1977), 343-347.

/5.33/ Blaich, M.: Beitrag zum Ziehen von Blechteilen aus Aluminiumlegierungen, Berichte aus dem Institut für Umformtechnik, Univ. Stuttgart, Nr. 61, Berlin/Heidelberg/New York: Springer 1981.

/5.34/ Rasmussen, S.N.: Einfluß der Umformgeschichte auf das Grenzformänderungsschaubild, Seminar "Neuere Entwicklungen in der Blechbearbeitung", Stuttgart, 19.-20.6.1984, Forschungsgesellschaft Umformtechnik, Stuttgart 1984.

/5.35/ Dannenmann, E.; Blaich, M.: Verfahren zur Prüfung der Kaltstauchbarkeit, Draht 28 (1978), 702-706.

/5.36/ Tozawa, Y.: Recommended method in Japan for testing cold upsettability, 12th ICFG Plenary Meeting, Stuttgart, 5.-6.9.1979.

/5.37/ Lehmann, H.: Werkstoffprüfung Bd. 1, Metalle, München/Wien: Oldenbourg 1968.

/5.38/ (Hrsg.) Bundesverband Deutscher Stahlhandel: BDS-Fachbuch 10: Draht, 2. Aufl., Bochum: Bundesverband Deutscher Stahlhandel 1972.

/5.39/ Schelosky, H.: Verfahren zum Prüfen der Umformeignung von Blechen, in: (Hrsg.) Lange, K.: Lehrbuch der Umformtechnik, Bd. 3: Blechumformung, Berlin/Heidelberg/New York: Springer 1975.

/5.40/ DIN 50 101, Teil 1: Tiefungsversuch an Blechen und Bändern mit einer Breite von 90 mm (nach Erichsen), Dickenbereich 0,2 bis 2 mm, September 1979; Teil 2: Tiefungsversuch an Blechen und Bändern mit einer Breite von 90 mm (nach Erichsen), Dickenbereich über 2 mm bis 3 mm, September 1979.

/5.41/ DIN 50 102: Tiefungsversuch an schmalen Bändern (nach Erichsen), Breitenbereich 30 mm bis unter 90 mm, September 1979.

/5.42/ Adler, G.; Noack, P.: Verfahren und Möglichkeiten zum Abschätzen der Tiefziehtauglichkeit von Blechen, Ind.-Anz. 87 (1965), 2002-2009.

/5.43/ Beisswänger, H.: Das Näpfchenziehprüfverfahren zur Bestimmung der Tiefzieheigenschaften von Blechen und Bändern, in: (Hrsg.) Siebel, E.; Beisswänger, H.: Tiefziehen, München: Hanser 1955.

/5.44/ Ebertshäuser, H.: Technologie der Blechverarbeitung, Düsseldorf: Triltsch 1967.

/5.45/ Wilhelm, H.: Zugdruckumformen von Blechen, in: (Hrsg.) Lange, K.: Lehrbuch der Umformtechnik, Bd. 3: Blechumformung, Berlin/Heidelberg/New York: Springer 1975.

/5.46/ Ziegler, W.: Die Näpfchenprüfung nach Swift, Ind.-Anz. 91 (1969), 2250-2252.

/5.47/ Panknin, W.: Die Grundlagen des Tiefziehens im Anschlag unter besonderer Berücksichtigung der Tiefziehprüfung, Bänder Bleche Rohre 2 (1961), 133-143, 201-211 u. 264-271.

/5.48/ Panknin, W.; Eychmüller, W.: Untersuchungen über die Übertragbarkeit von Ergebnissen des Näpfchenversuchs auf Großwerkzeuge beim Tiefziehen zylindrischer runder Teile, Mitt. Forsch.-Ges. Blechverarb. 6 (1955), 205-209.

/5.49/ Krisch, A.: Der konische Tiefziehversuch nach S. Fukui, Stahl und Eisen 83 (1963), 1128-1130.

/5.50/ Küppers, W.; Schmitz, K.: Ermittlung des Grenzziehverhältnisses mit Hilfe von Ziehkraft und Abreißkraft bei nichtrostenden Feinblechen, Blech Rohre Profile 18 (1971), 356-359.

/5.51/ DIN 50 111: Prüfung metallischer Werkstoffe. Technologischer Biegeversuch (Faltversuch), Entwurf, November 1984.

/5.52/ DIN 50 153: Prüfung metallischer Werkstoffe. Hin- und Herbiegeversuch an Blechen, Bändern oder Streifen mit einer Dicke unter 3 mm, August 1979.

/5.53/ DIN 51 211: Prüfung metallischer Werkstoffe. Hin- und Herbiegeversuch an Drähten, September 1978.

/5.54/ Engelhardt, W.: Entwicklung und erste Beurteilung eines neuen Verfahrens zur Beurteilung der Tiefziehfähigkeit, Diss. TU Dresden 1961.

6 Werkstoff und Werkstück nach der Umformung

Verwendete Symbole

K_c "Spezifische" Schnittkraft

T_R Rohteiltemperatur

r_Z Ziehkantenradius

6.1 Überblick

Der Unterschied zwischen Bild 6.1 und der Darstellung der Eigenschaften vor der Umformung in Bild 1.2 ergibt sich einerseits daraus, daß nach einer - abgeschlossenen ! - Umformung die Umformeignung nicht mehr interessiert (daher haben z.B. die Zähigkeitskennwerte nicht die gleiche Bedeutung wie vor der Umformung). Eher ist noch die Eignung des umgeformten Werkstoffes für andere nachfolgende Fertigungsverfahren von Bedeutung. Dieses Thema wird in Abschnitt 6.2 am Beispiel der spanenden Bearbeitung behandelt.

Andererseits gilt, wenn nach der Umformung ein gebrauchsfertiges Werkstück vorliegt, so daß keine weiteren Fertigungsschritte folgen (es ist hier in erster Linie an die Stückgutfertigung gedacht), das folgende.

1. Das Werkstück ist i. allg. inhomogen umgeformt, woraus sich mit entsprechenden Formänderungsgradienten zugleich Eigenspannungen 1. Art ergeben (sofern nicht oberhalb der Reskristallisationstemperatur umgeformt wurde). Nur in Ausnahmefällen liegt eine annähernd homogene Formänderung vor, so daß

Eignung für nachfolgende Fertigungsverfahren

Zerspanbarkeit
"Spezifische" Schnittkraft K_c
Spanform
Werkzeugverschleiß
Rauheit der spanend bearbeiteten Oberfläche

Schweißbarkeit

Eignung für Wärme- und Oberflächenbehandlung

Gebrauchseigenschaften

Stoffeigenschaften (ortsabhängig)
Härte HV; HB; HRC
Umformgrad φ
Streckgrenze R_p; $R_{p0,2}$
E-Modul (in Abhängigkeit von der Richtung)
Gefüge (Textur, Zweitphasen)
Eigenspannungen 2. u. 3. Art

Eigenspannungen 1. Art

Größe

Gestalt
Maßhaltigkeit

Formänderungsgradienten

Oberflächeneigenschaften
Rauheit R_a; R_p; R_t, R_z
Randschichteigenschaften

Funktionseigenschaften
Wöhlerkurve
Betriebsfestigkeit
Korrosionsbeständigkeit

Bild 6.1. Werkstoff- bzw. Werkstückeigenschaften nach der Umformung

von echten Werkstoffeigenschaften frei von Geometrieeinflüssen gesprochen werden kann. Dieser in der Praxis in völliger Strenge nie gegebene Fall, der aber von grundsätzlichem Interesse ist, wird in Abschnitt 6.3 betrachtet.

2. Zur Beschreibung des Werkstückes mit Hilfe von Stoffeigenschaften finden sich einige Angaben in Abschnitt 6.4.2.

3. Im allgemeinen Fall einer inhomogenen Umformung interessieren Versuche zur Bestimmung von Eigenspannungen 1. Art. Diesem Thema ist der Abschnitt 6.4.3 gewidmet.

Allgemein besteht bei einer inhomogenen Formänderungsverteilung das Problem der endlichen räumlichen Auflösung der Meßverfahren. Diese Aussage muß allerdings relativiert werden: das Problem der räumlichen Auflösung besteht vorwiegend dann, wenn das Werkstück durch Stoffeigenschaften beschrieben werden soll, analog zum unverformten Werkstoff. Diese Beschreibung des Werkstückes ist aber nicht ganz angemessen: denn es werden dabei Begriffe wie z.B. die Streckgrenze, die für einen Werkstoff - im Prinzip unabhängig von Geometrieeinflüssen - definiert sind, auf einen Gegenstand angewandt, der erst durch seine Geometrie wesentlich zu dem wird, was er ist.

4. Daher ist die Beschreibung des Werkstückes durch Stoffeigenschaften zu ergänzen durch die Angabe solcher Eigenschaften, die das Werkstück als Ganzes charakterisieren (hierbei besteht naturgemäß kein Problem durch eine Forderung nach guter räumlicher Auflösung).

Eigenschaften, die das Werkstück als Ganzes charakterisieren, sind z.B. Größe, Gestalt und Maßhaltigkeit, ferner Oberflächen- und Randschichteigenschaften, vor allem aber die Eignung für die spezielle vorgesehene Funktion des Werkstückes, das in diesem Zusammenhang zweckmäßiger als Bauteil bezeichnet wird: denn es ist jetzt als Teil eines Systems (d.h. der Maschine, des Aggregates etc.), in dem es eine Funktion hat, zu betrachten. Diese Thematik überschreitet allerdings den Rahmen des vorliegenden Buches.

6.2 Weiterverarbeitungseigenschaften

Im Prinzip ist eine spanende Bearbeitung weiter nichts als ein Umformvorgang mit nachfolgender Werkstofftrennung. Es ist aber in keiner Weise ausreichend, die Zerspanbarkeit anhand der Umformeignung zu beurteilen, zumal sich in der Praxis beide Eigenschaften meist gegenläufig verhalten: ein gut zerspanbarer Werkstoff ist meist schlecht umformbar und umgekehrt.

Zur experimentellen Erfassung der Zerspanbarkeit werden die Stahl-Eisen-Prüfblätter des VDEh zugrundegelegt. Hierin sind Versuche genannt, in denen quantitative Meßgrößen zur Beurteilung der Zerspanbarkeit gewonnen werden, wie z.B. die Messung der "spezifischen" Schnittkraft /6.1/, die Spanformbeurteilung u.a.

Es interessiert nun die Frage, wie sich eine Umformung auf das Zerspanungsverhalten eines Werkstoffes auswirkt. Diese Frage ist für die Praxis immer dann von Bedeutung, wenn eine Umformung mit nachfolgender spanender Bearbeitung notwendig ist. Für diese Fertigungsfolge kommen im Prinzip zwei Gruppen von Werkstoffen in Frage (wobei die Betrachtung hier auf eine Kalt- oder Halbwarmumformung mit nachfolgender Zerspanung beschränkt bleibt):

1. Werkstoffe, die im Hinblick auf die Umformeignung optimiert sind, wie speziell die Kaltfließpreßstähle (C15, 16MnCr5, 42CrMo4 usw.). Bei diesen Werkstoffen ist die nachfolgende spanende Bearbeitung u.U. problematisch, da sich z.B. Wirrspäne bilden können.

2. Werkstoffe, die im Hinblick auf die Zerspanungseigenschaften optimiert sind, wie die Automatenstähle (9S20, 10S20, 35S20 usw.). Bei diesen relativ spröden Werkstoffen kann die Umformung problematisch sein.

Um einen Vergleich der beiden Werkstoffgruppen im Hinblick auf die Fertigungsfolge Kaltumformung-Zerspanung zu ermöglichen, wurden der Werkstoff C15 als

Vertreter der Kaltfließpreßstähle und 9SMn28, 10S20 sowie 35S20 als Vertreter der Automatenstähle experimentell untersucht /6.2/.

Zum Vergleich der zwei genannten fertigungstechnischen Alternativen wurde sowohl das Umformverhalten der beiden Werkstoffgruppen als auch ihr Verhalten bei auf das Fließpressen folgender spanender Bearbeitung verglichen. Die Erwartung, daß der Automatenstahl im Hinblick auf die Zerspanung, und der Fließpreßstahl im Hinblick auf die Umformung überlegen ist, wurde durch Versuchsergebnisse im großen und ganzen bestätigt. Dies soll hier exemplarisch aufgezeigt werden.

In Bild 6.2 sind die Ergebnisse von Bestimmungen der "Stauchbarkeit" (vgl. Kapitel 5) für einige Automatenstähle und einen Kaltfließpreßstahl eingezeichnet. Die "kritische relative Höhenänderung", bei der die Anrißbildung eine bestimmte Größe erreicht hat, als Maß für die Stauchbarkeit ist bei Raumtemperatur für den Kaltfließpreßstahl C15 am größten (bei Halbwarm-Temperatur allerdings für 10S20, während der C15 in diesem Falle erst an zweiter Stelle folgt).

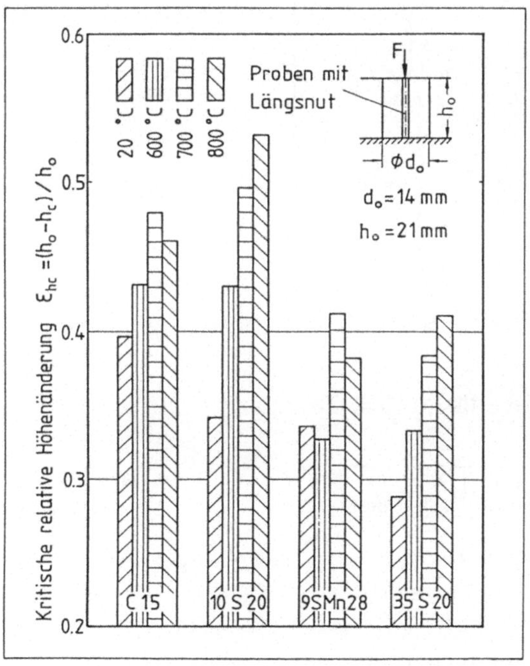

Bild 6.2. "Kritische relative Höhenänderung" im Stauchbarkeitstest für verschiedene Stähle /6.2/

Als Beispiel für eine quantitative Erfassung des Zerspanungsverhaltens diene die Messung der "spezifischen" Schnittkraft K_c nach /6.1/, vgl. Bild 6.3 *).

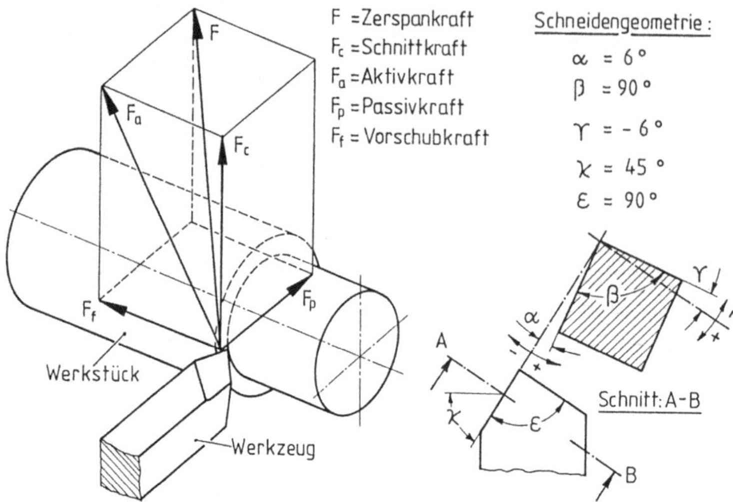

Bild 6.3. Kräfte und Schneidengeometrie beim Drehen

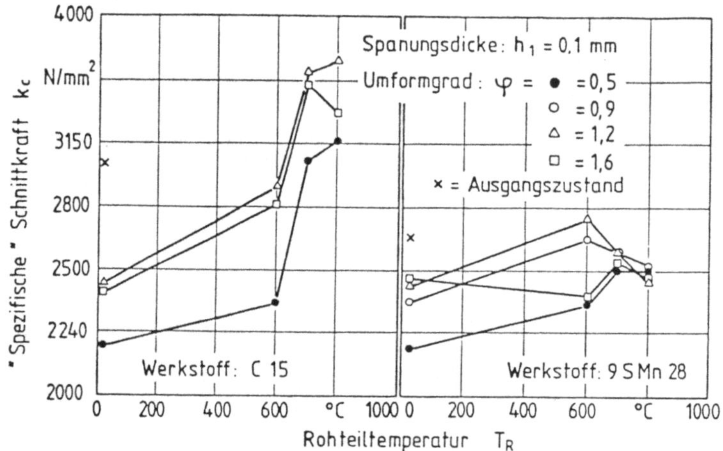

Schnittgeschw.: v = 60 m·min⁻¹

Schnittiefe : a = 1,0 mm (C 15 : a = 0,5 mm)

Vorschub : f_2 = 0,14 mm

Schneidstoff: HM-W.-schn.-pl. SNUN 120408

Schneidengeometrie

α	γ	λ	ε	κ	r_ε
6°	-6°	6°	90°	45°	0,8 mm

Bild 6.4. "Spezifische" Schnittkräfte umgeformter Stähle in Abhängigkeit von der Rohteiltemperatur /6.2/

---

*) Das Wort "spezifisch" wird hier in Anführungsstrichen geschrieben, weil die Schnittkraft auf den Spanungsquerschnitt bezogen ist, d.h. auf eine Fläche, während üblicherweise spezifische Größen auf ein Volumen bezogen werden.

Wie Bild 6.4 zeigt, ist K_c beim Fließpreßstahl und den Automatenstählen nach einer Kaltumformung nicht deutlich verschieden, wohl aber nach einer Halbwarmumformung. Demnach ist die spanende Bearbeitung eines kaltumgeformten C15 verhältnismäßig leicht möglich, die eines halbwarm umgeformten jedoch u.U. schwierig.

Insgesamt lassen die in /6.2/ angegebenen Versuchsergebnisse den Schluß zu, daß die beiden erwähnten fertigungstechnischen Alternativen nicht allgemeingültig bewertet werden können. Keine von ihnen ist allgemein besser, vielmehr muß von Fall zu Fall entschieden werden.

6.3 Eigenschaften des homogen umgeformten Werkstoffes

Eine makroskopisch homogene Umformung läßt sich im Zugversuch bis zum Erreichen der Gleichmaßdehnung realisieren. Dies ist eine seit langem praktizierte Methode, um den Einfluß einer Umformung auf Werkstoffeigenschaften zu bestimmen. Durch Entnahme von Probematerial aus der gedehnten Zugprobe lassen sich im Prinzip alle Werkstoffeigenschaften in Abhängigkeit vom Umformgrad bestimmen. Allerdings ist der bei Gleichmaßdehnung erreichte Umformgrad für die meisten Werkstoffe relativ niedrig, vgl. Gl. (2.13).

Um höhere Umformgrade ohne Formänderungsgradienten zu erhalten, ist es nötig, einen anderen experimentellen Weg zu beschreiten. Vielleicht die einzige praktikable Möglichkeit hierzu bietet der Zylinderstauchversuch mit Schmierung nach Rastegaev, vgl. /2.38 bis 2.41/. Dieser ermöglicht es, Proben bis zu Umformgraden höher als $|\varphi| = 1$ homogen umzuformen und bietet damit die Voraussetzung, um - bei entsprechender Größe der gestauchten Proben - Eigenschaften eines bis zu hohen Umformgraden homogen umgeformten Werkstoffes experimentell zu bestimmen.

Bild 6.5 zeigt als Beispiel, wie eine CT-Probe zur Bestimmung der Bruchzähigkeit (Rißzähigkeit) k_{Ic} aus einer gestauchten Rastegaev-Probe herausgearbeitet wird. Über Ergebnisse derartiger Versuche wurde in /6.3/ berichtet, siehe auch Bild 6.6.

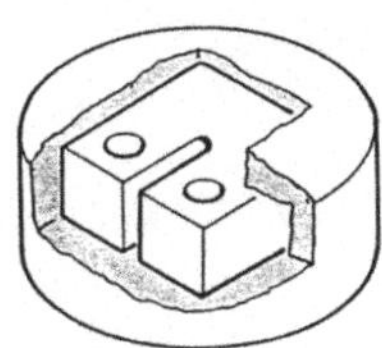

Bild 6.5. Entnahme einer CT-Probe zur Bestimmung von k_{Ic} nach ASTM E 399 - 81 aus einer gestauchten Rastegaev-Probe

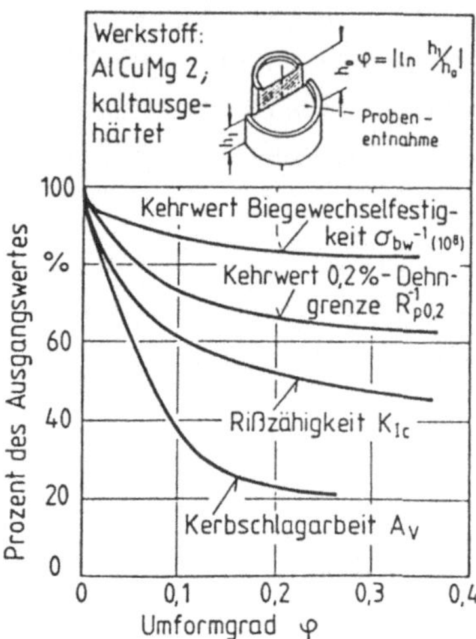

Bild 6.6. Ausgewählte Werkstoffeigenschaften als Funktionen des Umformgrades nach makroskopisch homogener Stauchung /6.3/

6.4 Eigenschaften des umgeformten Werkstückes

6.4.1 Stoffflußuntersuchungen und Formänderungsanalyse

Bei vielen Verfahren der Massivumformung ist es möglich, durch Teilen des Werkstückes und Aufbringen eines Liniennetzes, das während der Umformung verzerrt wird, das Geschwindigkeitsfeld näherungsweise zu bestimmen /6.4/. Als Beispiel wird ein stationärer Vorgang, das axialsymmetrische Fließpressen, betrachtet. Bild 6.7 zeigt ein verzerrtes Liniennetz, das in einer Ebene, welche die Achse des Werkstückes enthält, angebracht wurde. Die ursprünglich zur Achse parallelen Linien des Gitters sind Strom- und Bahnlinien des Geschwindigkeitsfeldes.

Auch bei instationären Vorgängen lassen sich die Geschwindigkeitsfelder auf ähnliche Weise ermitteln, wenn die Änderung der Gitterverzerrung für zwei dicht aufeinanderfolgende Schritte des Umformvorganges betrachtet wird.

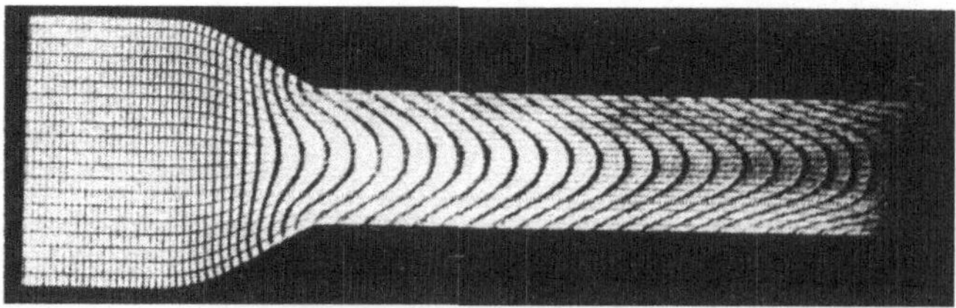

Bild 6.7. Voll-Vorwärts-Fließpressen: Darstellung des Werkstoffflusses in einer Matrize mit ausgerundeter Fließpreßschulter mittels Liniennetzversuch /6.5/

Aus dem Geschwindigkeitsfeld können unter vereinfachenden Annahmen die örtlichen Umformgeschwindigkeiten errechnet werden, und aus diesen die örtlichen Umformgrade selbst und damit - bei bekannter Fließkurve - auch die örtliche Verfestigung. Es ist aber auch möglich, die örtliche Formänderung über Härtemessungen zu bestimmen, vgl. Abschnitt 6.4.2.

Für den Fall der Blechumformung kann mit Hilfe aufgedruckter Liniennetze die Formänderungsverteilung ermittelt werden. Dabei ist ein Zerteilen des Werkstückes nicht erforderlich. Das Liniennetz - das hier zumeist aus kleinen Kreisen besteht - wird einfach auf die Blechoberfläche aufgedruckt /5.23, 6.6, 6.7/, vgl. auch Abschnitte 5.3.3.1 und 5.3.4.

6.4.2 Messungen der Härteverteilung

Wie erwähnt, genügt zur Beschreibung des fertigen Werkstückes die Angabe geometrieunabhängiger Stoffeigenschaften nicht. Trotzdem ist deren Bestimmung unverzichtbar, da die Gebrauchseigenschaften des Werkstückes ohne Kenntnis der Stoffeigenschaften nicht verstanden (oder gezielt verändert) werden können.

Die Bestimmung der Stoffeigenschaften erfolgt grundsätzlich in den gleichen Versuchen wie beim unverformten Werkstück. Diese brauchen nicht nochmals aufgezählt zu werden. Allerdings ergeben sich in vielen Fällen, bedingt durch die endliche Größe der Werkstücke sowie durch Formänderungsgradienten und Eigenspannungen 1. Art, Einschränkungen in Bezug auf die Durchführbarkeit der Versuche: so ist es insbesondere oft nicht möglich, aus einem umgeformten Werkstück DIN-gerechte Zugproben herauszuarbeiten, weil die Stoffeigenschaften über die Länge einer solchen Zugprobe veränderlich wären. Hier stellt sich die Forderung nach Versuchsmethoden mit möglichst guter räumlicher Auflösung.

Aus diesem Grunde wird manchmal, um beispielsweise Festigkeitskennwerte wie die Streckgrenze zu bestimmen, ein Umweg beschritten: es wird die räumliche Verteilung der Härte bzw. Kleinlasthärte in dem (aufgesägten) Werkstück gemessen. Zusätzlich muß für den gegebenen Werkstoff der Zusammenhang zwischen Härte und Umformgrad bestimmt werden, wofür Rastegaev-Stauchproben besonders geeignet sind (Abschnitt 2.3.4). Ist zudem die Fließkurve bekannt, so kann die Härte auch mit der Fließspannung bzw. Streckgrenze verknüpft werden, s. Bild 6.8 (vgl. auch Abschnitt 2.6.4).

Auf diese Weise wurde die in Bild 6.9 gezeigte Verteilung des Umformgrades und der Streckgrenze in einem umgeformten Werkstück ermittelt.

In Bezug auf das Gefüge ist die Möglichkeit zu beachten, daß u.U. während der Umformung eine Phasenumwandlung erfolgt sein kann. Dies ist beispielsweise für die nichtrostenden austenitischen Stähle von unmittelbarer praktischer Bedeutung, da hiervon sowohl die mechanischen Eigenschaften als auch z.B. die Korrosionsbeständigkeit (vgl. Abschnitt 6.4.4.3) beeinflußt werden. In die-

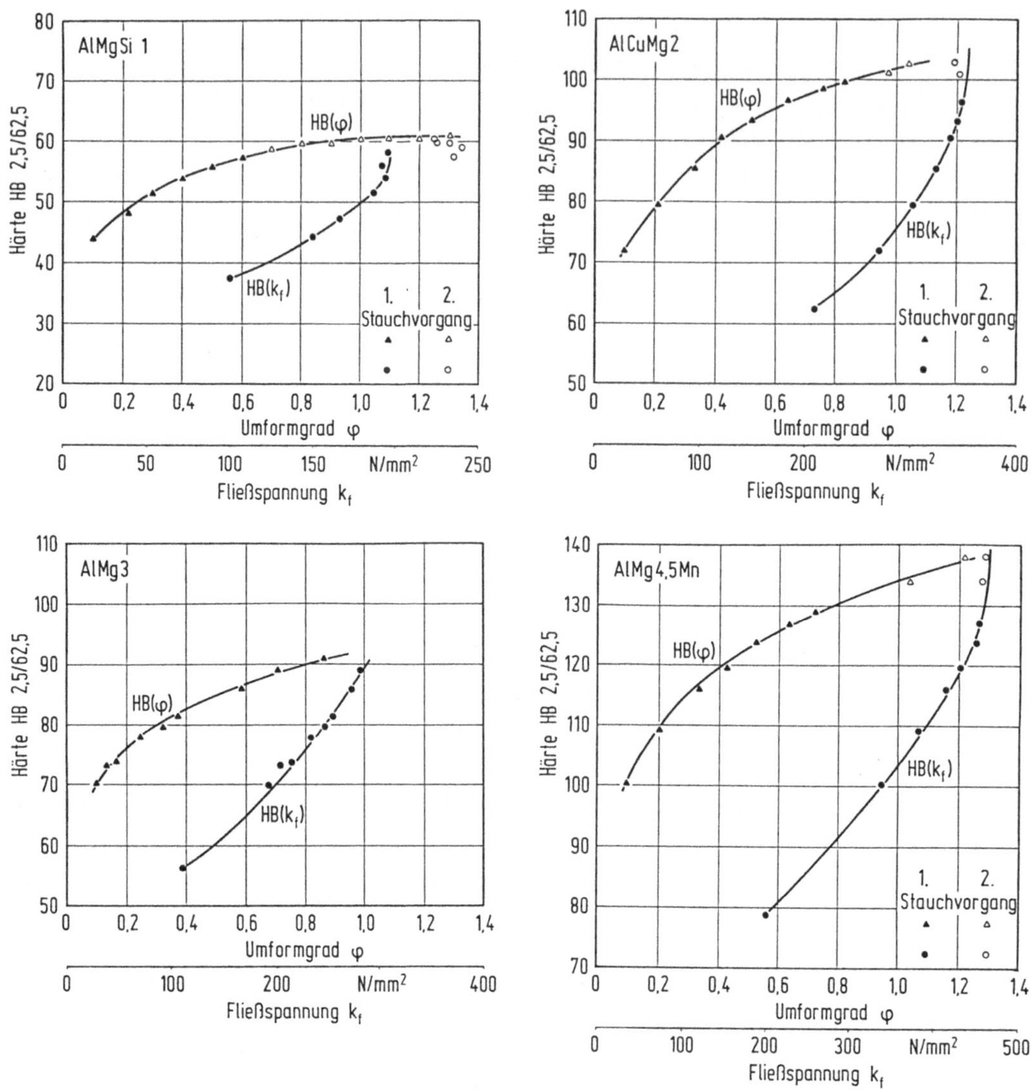

Bild 6.8. Härte von Rastegaev-Stauchproben im Zusammenhang mit Umformgrad und Fließspannung für einige Aluminium-Legierungen /6.8/ (für Stähle finden sich entsprechende Angaben in /6.9/; dabei steigt aber die Härte als Funktion des Umformgrades vergleichsweise schwächer an, wodurch die Anwendung der Methode beeinträchtigt wird)

sem Fall ist eine Bestimmung des Martensitgehaltes nach einem magnetischen Verfahren möglich /6.10/; es kann aber auch stattdessen röntgenographisch der Restaustenitgehalt ermittelt werden /6.11/.

Für das elastische Verhalten des Werkstückes und damit für seine mechanische Belastbarkeit ist neben der Streckgrenze vor allem der E-Modul entscheidend. Dieser kann durch eine Umformung nur insoweit verändert werden, als der

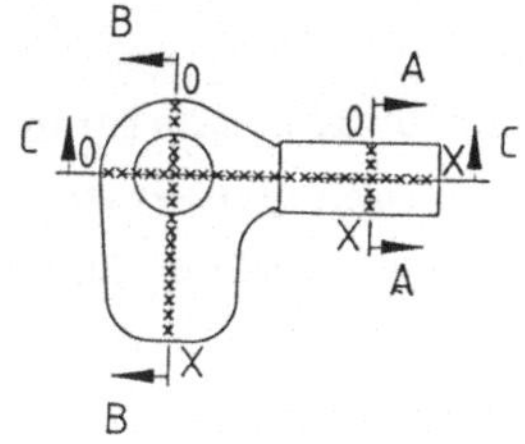

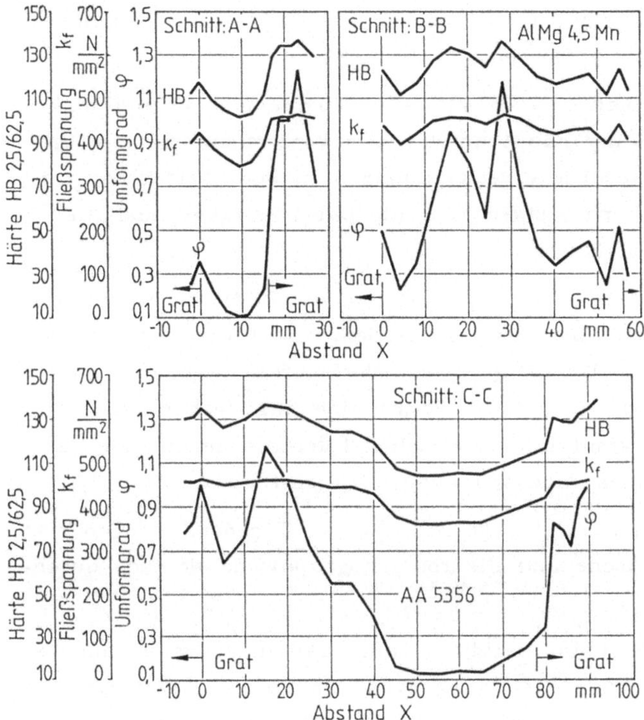

Bild 6.9. Verteilung von örtlicher Härte, Umformgrad und Fließspannung bzw. Streckgrenze bei einem Kaltgesenkschmiedeteil /6.8/

E-Modul eines Einkristalles von der kristallographischen Richtung abhängt. Der E-Modul des vielkristallinen Werkstückes in einer gegebenen Richtung enthält die Orientierungsverteilungsfunktion (ODF) als Gewichtsfunktion sowie den von der kristallographischen Richtung abhängigen E-Modul des Einkristalles in einem Integral über alle kristallographischen Richtungen /6.12/.

Um den richtungsabhängigen E-Modul im Werkstück zu bestimmen, können - wenn die Abmessungen des Werkstückes dies zulassen - in unterschiedlichen Richtungen Zugproben entnommen werden. Dies ist aber sehr aufwendig und in der Praxis auch meist nicht erforderlich, da oft nur der E-Modul in Richtung der hauptsächlichen bzw. größten Beanspruchung interessiert.

6.4.3 Bestimmung von Eigenspannungen 1. Art

Eine Folge der in realen Werkstücken nach einer Kalt- oder Halbwarmumformung vorliegenden inhomogenen Formänderungsverteilung sind Eigenspannungen erster Art /6.13, 6.14/. Während Mikroeigenspannungen (Eigenspannungen zweiter und dritter Art) selbst bei einer ideal homogenen Kalt- oder Halbwarmumformung auftreten - und deshalb als "Stoffeigenschaften" aufgefaßt werden können -, sind Eigenspannungen erster Art geometriebedingt. Besonders hohe Eigenspannungen erster Art sind zu erwarten, wenn der mittlere Umformgrad absolut hoch ist mit hohen räumlichen Gradienten.

Eigenspannungen - gleich ob Makro- oder Mikroeigenspannungen - sind nicht immer schädlich. Ihre Auswirkung hängt ab von dem Vorzeichen, das sie an der Werkstückoberfläche haben: Druckeigenspannungen in der Oberfläche erhöhen, und Zugeigenspannungen erniedrigen z.B. die Dauerfestigkeit und die Beständigkeit gegen Spannungsrißkorrosion.

Im Prinzip können bei einer Kaltumformung entstandene schädliche Eigenspannungen durch eine Wärmebehandlung beseitigt werden. Dabei wird aber auch die in vielen Fällen erwünschte Verfestigung des Werkstoffes abgebaut; zudem können Maßabweichungen auftreten. Deshalb kommt eine Wärmebehandlung oft nicht in Betracht. Es besteht somit ein praktisches Interesse daran, die nach einer Kaltumformung vorliegenden Eigenspannungen zu bestimmen.

Unter den Verfahren zur experimentellen Bestimmung von Eigenspannungen erster Art *) haben sich die mechanische und die röntgenographische Methode durchgesetzt.

Die mechanische Methode /6.15, 6.16/ beruht darauf, daß in einem spannungsbehafteten Körper durch spanende Bearbeitung o. a. das innere Kräftegleichgewicht verändert wird. Dies führt zu einer meßbaren elastischen Verformung, aus der die Eigenspannungsverteilung berechnet werden kann. Dieses Verfahren hat allerdings keine gute räumliche Auflösung.

Demgegenüber gestattet die röntgenographische Methode /1.22, 6.15 bis 6.17/ die Bestimmung der Eigenspannungen in einer Oberflächenschicht von wenigen μ Dicke. Dabei beträgt der Durchmesser des Röntgenstrahles etwa 1 mm. Wenn nur die Eigenspannungen in der Mantelfläche des Werkstückes bestimmt werden sollen (die, wie erwähnt, für das Verhalten bei Ermüdung oder Spannungsrißkorrosion maßgebend sind), ist die Röntgenmethode der mechanischen Methode überlegen, zumal sie zerstörungsfrei ist.

---

*) Die experimentellen Möglichkeiten zur Bestimmung von Eigenspannungen zweiter und dritter Art sind beschränkt. Eigenspannungen zweiter Art können im Prinzip mit Hilfe der Röntgenbeugung abgeschätzt werden, während zur experimentellen Bestimmung von Eigenspannungen dritter Art bisher kein für die Praxis brauchbares Verfahren zur Verfügung zu stehen scheint.

Es kann auch durch schichtweises Abtragen der Außenschicht die Eigenspannungsverteilung im Innern des Werkstückes röntgenographisch ermittelt werden. Hierbei gehen allerdings die gleichen Annahmen in die Versuchsauswertung ein, die bei Anwendung der mechanischen Methode gemacht werden. Daher liefert die Röntgenmethode keine wesentlich über die mechanische Methode hinausgehende Information über die Spannungsverteilung im Innern des Werkstückes.

Die Röntgenbeugungsmessungen für sich allein sind auch in manchen Fällen schwierig zu interpretieren, da z.B. Textureinflüsse auftreten können.

Aus diesen Gründen scheint die Bestimmung von Umformeigenspannungen am zuverlässigsten zu sein, wenn Meßergebnisse sinnvoll mit einer theoretischen Berechnung verknüpft werden. Die theoretische Berechnung von Umformeigenspannungen hat in den letzten Jahren große Fortschritte gemacht, im wesentlichen bedingt durch die Weiterentwicklung der Finite-Element-Methode /6.18 bis 6.20/. Es ist anzunehmen, daß in Zukunft durch Verknüpfung berechneter und experimentell bestimmter Eigenspannungswerte recht zuverlässige Ergebnisse gewonnen werden.

6.4.4 Ermittlung von Gebrauchseigenschaften

6.4.4.1 Überblick

Der eigentlichen Untersuchung von Gebrauchseigenschaften umgeformter Werkstücke geht in vielen Fällen eine Prüfung auf Risse und andere Fehler voraus, wobei Methoden der zerstörungsfreien Werkstoffprüfung zum Einsatz kommen /1.22, 2.83, 6.21 bis 6.23/. Im folgenden wird vorausgesetzt, daß diese Prüfung ein negatives Ergebnis hatte.

Neben den Stoffeigenschaften sind Größe und Gestalt des umgeformten Werkstückes maßgeblich für seine Funktion (vgl. Bild 6.1 rechts).

Der Größeneinfluß ist, soweit der Werkstoff durch die Kontinuumsmechanik beschrieben werden kann, Gegenstand der Ähnlichkeitsmechanik /4.5, 4.6/. Daneben besteht auch ein metallurgischer Größeneinfluß /4.7/. Daher sollen im Laborversuch Proben mit etwa der gleichen Größe wie im Praxisfall verwendet werden.

Größe und Gestalt des Werkstückes sollen einer vorgegebenen Fertigungstoleranz genügen. In der Kaltumformung werden enge Toleranzen gefordert, zumal oft keine spanende Nachbearbeitung des Werkstückes erfolgt. Die Maßhaltigkeit eines umgeformten Werkstückes kann beeinträchtigt werden durch elastische Verformung des Werkzeuges sowie durch Wärmeausdehnung von Werkstück und Werkzeug bei der Umformung /6.24/, ferner durch nach der Umformung im Werkstück verbleibende Eigenspannungen /6.20/.

Die in Bild 6.1 als nächstes angegebenen Oberflächen- und Randschichteigenschaften können im Rahmen dieser Betrachtung, wie schon erwähnt, nicht den Platz einnehmen, der ihnen eigentlich zukommt. Sie sind aber implizit mit zu berücksichtigen, wenn im folgenden das Verhalten des umgeformten Werkstückes bei betrieblicher Beanspruchung an den Beispielen Ermüdung und Korrosion und deren Untersuchung in Laborversuchen betrachtet wird.

6.4.4.2 Schwingprüfung

Das Ermüdungsverhalten des umgeformten Werkstückes kann durch das Zusammenwirken der Einflüsse des Werkstoffes (einschließlich einer homogenen Umformung und der Oberflächeneigenschaften) und der Geometrie (Größe, Gestalt und Inhomogenitäten der Umformung) beschrieben werden.

Über die Werkstoffeinflüsse liegt eine umfangreiche Literatur vor, siehe z.B. /6.25 bis 6.27/. Der Einfluß einer homogenen Umformung auf das Ermüdungsverhalten wurde bislang vor allem am Beispiel des Zugversuches im Bereich der Gleichmaßdehnung untersucht /6.28/. Je nach dem Umformgrad kann sich eine Erhöhung oder Erniedrigung der Dauerfestigkeit ergeben /6.29/.

Der Effekt einer gezielten Oberflächenbeeinflussung auf das Dauerschwingverhalten wird in /6.30/ beschrieben. Druckeigenspannungen an der Oberfläche erhöhen i. allg. die Dauerfestigkeit /6.26, 6.31/. Der starke Einfluß der Oberflächenbeschaffenheit auf das Ermüdungsverhalten äußert sich auch darin, daß die Dauerfestigkeit einer Werkstoffprobe abnimmt, wenn die Oberfläche beschädigt wird.

Der Einfluß der Probengröße auf das Ermüdungsverhalten wird in /6.26/ behandelt, der Einfluß der Gestalt in /6.26, 6.27, 6.31/.

Es ist aber schwierig oder unmöglich, aufgrund dieser Kenntnisse das Ermüdungsverhalten eines Werkstückes im konkreten Einzelfall - gegeben durch Werkstoff, Geometrie, Umformverfahren usw. - vorherzusagen. Hier sind Versuche am gegebenen Werkstück erforderlich, um zu gesicherten, praxisrelevanten Aussagen zu kommen.

Angaben über das Ermüdungsverhalten umgeformter Werkstücke finden sich für das Umformverfahren Gesenkschmieden in /6.32 bis 6.34/. Für das Fließpressen scheinen bisher noch wenig Angaben vorzuliegen, abgesehen von /6.35/.

Um das Ermüdungsverhalten umgeformter Werkstücke in der Praxis realistisch beurteilen zu können, genügen Dauerschwingversuche mit konstanter Amplitude und Frequenz nicht immer, da hierdurch die Betriebsbeanspruchung oft nicht gut simuliert wird. Evtl. ist eine Untersuchung der "Betriebsfestigkeit" /2.83/ erforderlich - wobei eigentlich nicht das umgeformte Werkstück für sich allein, sondern die ganze Konstruktion, in welche es eingebaut wird, zu prüfen wäre.

Wegen des hohen Aufwandes bei Dauerschwingversuchen besteht ein Interesse an Kurzprüfverfahren, die schon bei niedriger Lastwechselzahl eine Aussage über das Werkstoff- oder Bauteilverhalten ermöglichen. Während über "herkömmliche" Dauerschwingversuche eine umfangreiche Literatur vorliegt, ist dies bei Kurzprüfverfahren nicht im gleichen Maße der Fall. Daher soll hier auf diese Prüfmethoden etwas näher eingegangen werden.

Eine Möglichkeit zur Kurzprüfung des Dauerschwingverhaltens bietet im Prinzip die Thermometrie /6.36/. Dabei wird die Tatsache ausgenutzt, daß jede plastische Verformung zu einer Temperaturerhöhung führt. Da dem Ermüdungsbruch stets eine plastische Verformung vorausgeht, kann die Lebensdauer über Temperaturmessungen bestimmt werden. Diese Möglichkeit scheint aber noch kaum zur Untersuchung des Ermüdungsverhaltens umgeformter Werkstücke genutzt worden zu sein.

Eine andere Möglichkeit, durch Versuche mit relativ niedriger Lastwechselzahl eine Information über das Ermüdungsverhalten umgeformter Werkstücke zu gewinnen, besteht darin, die Wechselverformungskurve zu bestimmen /6.35, 6.37, 6.38/ (hierbei ist in Anlehnung an DIN 50100 /6.39/ vorzugehen; der Umlaufbiegeversuch gemäß DIN 50113 /6.40/ ist an eine feste Probengeometrie gebunden und daher für die Erfassung von Bauteileigenschaften kaum geeignet). Auch hierüber liegen in der Literatur bisher noch nicht viel Angaben vor. Ein Beispiel ist /6.35/: in dieser Arbeit wurde der Einfluß einer Umformung durch Voll-Vorwärts-Fließpressen auf die Wechselverformungskurven untersucht. Exemplarische Ergebnisse sind in Bild 6.10 dargestellt. Bild 6.10a zeigt die Wechselverformungskurven von weichgeglühtem unlegiertem Stahl Ck15; dies entspricht dem Ausgangszustand für das Voll-Vorwärts-Fließpressen. Die Spannungsamplituden lagen unter der im Zugversuch ermittelten statischen Streckgrenze. In der Anfangsphase treten bei allen Versuchen keine meßbaren plastischen Deformationen auf. Die Wechselverformungskurven sind durch eine Anfangsentfestigung gekennzeichnet. Diese ist bei großen Spannungsamplituden recht groß und erfolgt sehr schnell, da die ε_{ar}-Zunahme während relativ weniger Lastwechsel eintritt. Für Spannungsamplituden größer als 250 MPa wird eine Entfestigungsspitze beobachtet, an die sich eine Verfestigungsphase anschließt, der dann ein zweites Entfestigungsstadium folgt. Nach Erreichen eines zweiten Höchstwertes setzt Verfestigung bis zum Probenbruch (bei ca. 4000 Schwingspielen) ein.

Bei mittleren Beanspruchungen im Bereich von 225 bis 250 MPa schließt an den Entfestigungsbereich eine Verfestigungsphase an, während sich bei σ_a = 220 MPa mit zunehmender Schwingspielzahl ($N \geq 10^4$) eine konstante plastische Dehnungsamplitude einstellt ("Sättigung"). Werden kleinere Amplituden (σ_a = 200 MPa) wenig oberhalb der Wechselfestigkeit aufgeprägt, so bleibt die plastische Verformung $\varepsilon_{ar} < 0{,}002$ %.

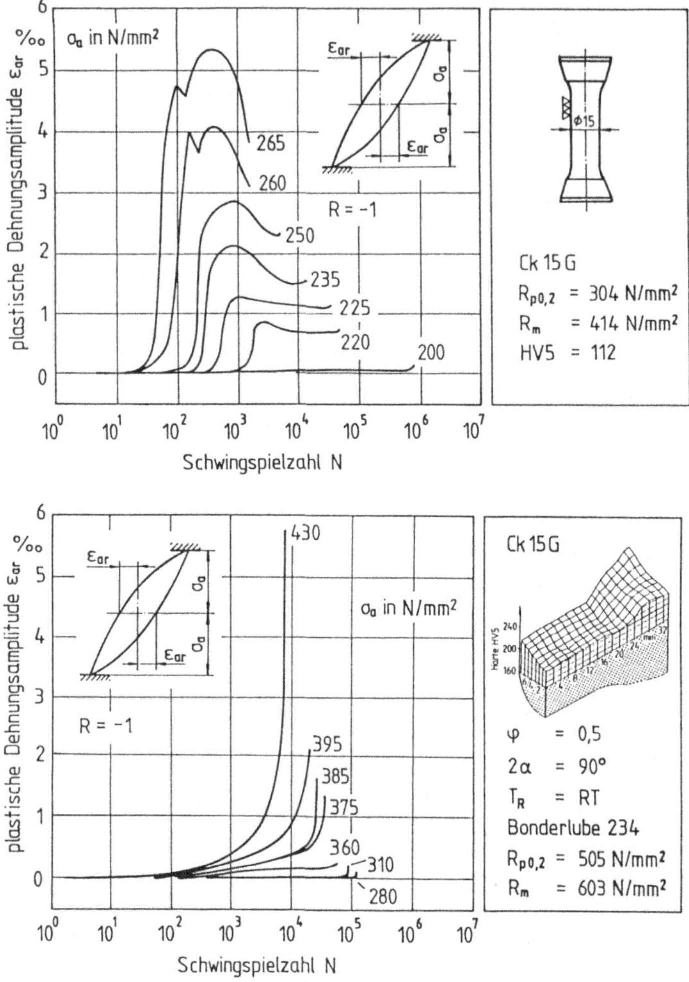

Bild 6.10. a) Wechselverformungskurven von weichgeglühtem Ck15; b) Wechselverformungskurven von Fließpreßteilen aus Ck15 /6.35/. Alle Ermüdungsversuche wurden kraftkontrolliert bzw. bei Annahme eines konstanten Prüfquerschnittes spannungskontrolliert durchgeführt. Die Mittelspannung σ_m war stets gleich Null. Die Auswertung eines spannungsgesteuerten Versuches liefert die zu einem Schwingspiel gehörige irreversible plastische Dehnungsamplitude ε_{ar} als halbe Breite der Hysteresis. Die die Meßpunkte ausmittelnde Kurve wird als Wechselverformungskurve bezeichnet

Der Wiederanstieg der ε_{ar}/lgN-Kurven in der Nähe der Bruch-Schwingspielzahl dürfte auf die zunehmende Nachgiebigkeit der Proben zurückzuführen sein.

In Bild 6.10 b ist im rechten oberen Teil das gemittelte Härteprofil (Randpunkte extrapoliert) mit einem deutlichen Anstieg der Härte HV5 zum Rand hin dargestellt. Der Härteverlauf ist homogen in Längsrichtung des fließgepreßten Schaftes und inhomogen über dessen Querschnitt.

Zu Beginn der Schwingbeanspruchung wird in allen Fällen eine quasielastische Verformung mit ε_{ar} zwischen 0,001 und 0,005 % beobachtet. Die Initialphase nimmt mit zunehmender Spannungsamplitude ab. Daran schließt sich ein kontinuierlicher Anstieg der plastischen Dehnungsamplitude (und somit eine Entfestigung mit steigender Schwingspielzahl) an. Der Verlauf zeigt für σ_a = 430 MPa eine beschleunigte Entfestigung; die plastische Dehnungsamplitude wächst progressiv ohne erkennbare Unstetigkeit bis zur Anrißbildung bzw. bis zum Bruch. Bei kleinen Spannungsamplituden (σ_a = 280 und 310 MPa) - oberhalb der Wechselfestigkeit - erfolgt bis zum Probenbruch rein elastische Verformung; es werden Bruch-Schwingspielzahlen von ca. 10^5 erreicht mit ε_{ar} in der Größenordnung unter 0,05 %.

Zusammenfassend kann der Stand der Dauerschwinguntersuchungen umgeformter Werkstücke bzw. Bauteile wie folgt charakterisiert werden:
- die Vorhersage der Dauerfestigkeit aufgrund bekannter Gesetzmäßigkeiten wird umso unsicherer sein, je stärker bei der Umformung die Oberflächeneigenschaften verändert werden;
- die Versuche müssen am jeweiligen konkreten Werkstück durchgeführt werden unter Berücksichtigung aller praxisrelevanten Einflußgrößen;
- die Versuche sind aufwendig, zeit- und kapitalintensiv, so daß die Anwendung eines Kurzprüfverfahrens zu wünschen ist.

Ergänzend sei noch auf eine häufig erwähnte Eigenschaft von Umformteilen hingewiesen, die mit dem Ausdruck "beanspruchungsgerechter Faserverlauf" beschrieben wird. Damit wird in erster Linie eine Vorzugsorientierung der Zweitphasen gemeint (im weiteren Sinne kann der Ausdruck Faserverlauf auch auf eine Kornformvorzugsorientierung der Hauptphase angewandt werden sowie evtl. auf die Textur; hier wird aber nur die Orientierung der Zweitphasen betrachtet).

Eine Vorzugsorientierung der Zweitphasen hat entscheidenden Einfluß auf das Bruchverhalten des Werkstückes: die Rißentstehung erfolgt entweder an den Grenzen der Zweitphasen oder quer durch sie hindurch. Somit liefern im Prinzip Dauerschwingversuche auch eine Information über die Orientierung von Zweitphasen - allerdings dominiert in der Praxis i. allg. der Effekt der Oberflächeneigenschaften auf das Ermüdungsverhalten.

Zu den Ermüdungsversuchen im weiteren Sinne können auch noch die Hin- und Herbiegeversuche an Blechen nach DIN 50153 /5.52/ und an Drähten nach DIN 51211 /5.53/ gezählt werden. Diese prüfen das Verhalten bei plastischer Wechselverformung. Die Versuche ermöglichen im Prinzip sowohl eine Aussage über das Umformverhalten als auch über das Verhalten bei plastischer Verformung im Gebrauch *).

---

*) Dies trifft auch auf einige andere Prüfverfahren für Drähte zu: den Verwindeversuch nach DIN 51 212 /2.71/ und den Knoten-Zugversuch für Stahldrähte mit $\leq$ 0,5 mm Durchmesser nach DIN 51 214 /6.41/, s. auch /5.38/.

6.4.4.3 Korrosionsprüfung

Im Prinzip können für eine Veränderung der Korrosionsbeständigkeit durch Kaltumformen die folgenden Vorgänge in Betracht gezogen werden:
- die Verfestigung,
- Phasenumwandlungen,
- die Ausbildung von Eigenspannungen,
- Veränderungen der Oberflächenmikrogeometrie,
- chemische Reaktionen zwischen Werkstück und Schmierstoff,
- Werkstoffübertrag vom Werkzeug auf das Werkstück.

Im konkreten Einzelfall werden nicht alle diese Vorgänge gleichzeitig wirksam sein. Naturgemäß spielt die Korrosion im Zusammenhang mit der Blechumformung eine besonders große Rolle aufgrund des im Vergleich zur Massivumformung höheren Oberfläche/Volumen-Verhältnisses der Werkstücke.

Im folgenden werden genormte Korrosionsprüfverfahren für zwei Gruppen von Werkstoffen betrachtet, bei denen durch den Umformvorgang eine besonders relevante Veränderung des Korrosionsverhaltens erfolgt: nichtrostende austenitische Stähle und CuZn-Legierungen. Beide sind anfällig gegen Spannungsrißkorrosion /6.43/.

Unter Spannungsrißkorrosion (abgekürzt SpRk) wird nach DIN 50900 /6.44/ Rißbildung bei gleichzeitiger Einwirkung von Zugspannungen und korrosiven Mitteln verstanden. Nach Angaben in /6.45/ beträgt der Anteil der Spannungsrißkorrosion an den in der chemischen Industrie auftretenden Korrosionsarten etwa 25 %.

Bleche aus nichtrostenden austenitischen Stählen werden zu Bauteilen im Fahrzeugbau, in Haushaltsgeräten, in der Architektur, in Anlagen der Lebensmittelindustrie und der chemischen Industrie umgeformt. Dabei ist die Korrosionsbeständigkeit sowohl unter wirtschaftlichen Gesichtspunkten als auch aus Sicherheitsgründen von Bedeutung.

Bei den Stählen vom Typ X5CrNi18 9 genügt in manchen Fällen schon eine Zugspannung von der Größenordnung 20 N/mm^2, um Spannungsrißkorrosion auszulösen /6.46/, vor allem in Gegenwart von Chlorionen (Leitungswasser!). Die Neigung zur Spannungsrißkorrosion nimmt mit steigender Temperatur zu.

Bei diesen Werkstoffen werden die Verhältnisse noch dadurch kompliziert, daß neben der Entstehung von Eigenspannungen 1. Art aufgrund inhomogener Umformung das Gefüge durch Martensitbildung verändert wird, wodurch Eigenspannungen 2. Art entstehen. Die Martensitbildung erfaßt das ganze Werkstoffvolumen; zudem ist aber eine verstärkte Martensitbildung an der Oberfläche denkbar ("Reibmartensit"). Nach DIN 17440 dürfen die Stähle vom Typ X5CrNi18 9 Nickelgehalte von 8,5 - 10 % haben. Da Nickel den Austenit stabilisiert, wird durch einen Unterschied von 1,5 % im Nickelgehalt die Bildung von Umformmartensit erheblich beeinflußt.

Nach Zeller /6.47, 6.48/ und Kerspe /6.49/ wird die Bildung von Umformmartensit unterdrückt, wenn bei erhöhter Temperatur bzw. erhöhter Umformgeschwindigkeit (adiabatische Erwärmung!) umgeformt wird.

In der Literatur gibt es einige Angaben über die Auswirkung der Martensitbildung auf die Korrosionsbeständigkeit /6.50, 6.51/; diese Angaben beziehen sich zum größten Teil auf die Verformung im Zugversuch (makroskopisch homogene Verformung bei freier Oberfläche). Über den Einfluß von Verfahrensparametern beim Tiefziehen auf das korrosive Verhalten wurde in /6.52/ berichtet.

Zur Prüfung auf Spannungsrißkorrosion kommt als genormtes Prüfverfahren der $MgCl_2$-Kochtest nach ASTM G 36-73 in Betracht (es gibt bis jetzt in der DIN kein Prüfverfahren für Spannungsrißkorrosion bei austenitischen Stählen). Die Rißprüfung kann lichtmikroskopisch durchgeführt werden.

Im Hinblick auf Korrosionsfälle in der praktischen Anwendung können in Anlehnung an DIN 50021 /6.54/ Salzsprühtests durchgeführt werden.

Alle Korrosionsprüfungen sind nach DIN 50905 /6.55/ mindestens dreifach durchzuführen, weil sonst die Streuung der Versuchsergebnisse keine zuverlässige Aussage gestattet.

In den Bildern 6.11 und 6.12 sind Ergebnisse von $MgCl_2$-Kochtests aus /6.52/ wiedergegeben. Bild 6.11 demonstriert, wie aus der Extrapolation auf Rißtiefe = Blechdicke die Standzeit definiert wurde.

Bild 6.12 zeigt, daß die so definierte Standzeit durch Veränderung des Ziehkantenradius r_Z, also eines leicht zu beherrschenden Parameters, drastisch verändert werden kann, woraus sich Konsequenzen für die Fertigungsplanung ergeben. Der Ort des stärksten Korrosionsangriffes befand sich im oberen Drittel der Napfhöhe; dort wurden auch mit der Zerlegmethode /6.16, 6.17/ die stärksten Biegeeigenspannungen in Umfangsrichtung ermittelt.

Auch kaltumgeformte CuZn-Legierungen neigen aufgrund von Eigenspannungen zu Spannungsrißkorrosion /6.56, 6.57/. Daher besteht auch hier die Forderung, den Umformvorgang hinsichtlich der Korrosionsbeständigkeit der Erzeugnisse zu optimieren. Dies macht entsprechende Korrosionsprüfungen umgeformter CuZn-Bleche notwendig.

Es werden hauptsächlich zwei Gruppen von CuZn-Legierungen unterschieden. Oberhalb von 61 % Cu ist das Gefüge homogen (einphasig) und besteht aus α-Mischkristallen; diese sind weich und zäh. Unterhalb von 61 % Cu ist das Gefüge zweiphasig ($\alpha + \beta$); die β -Mischkristalle sind fester und spröder. Für Kaltumformung sind demnach hauptsächlich die Legierungen mit hohem Cu-Gehalt (oberhalb 61 %) geeignet.

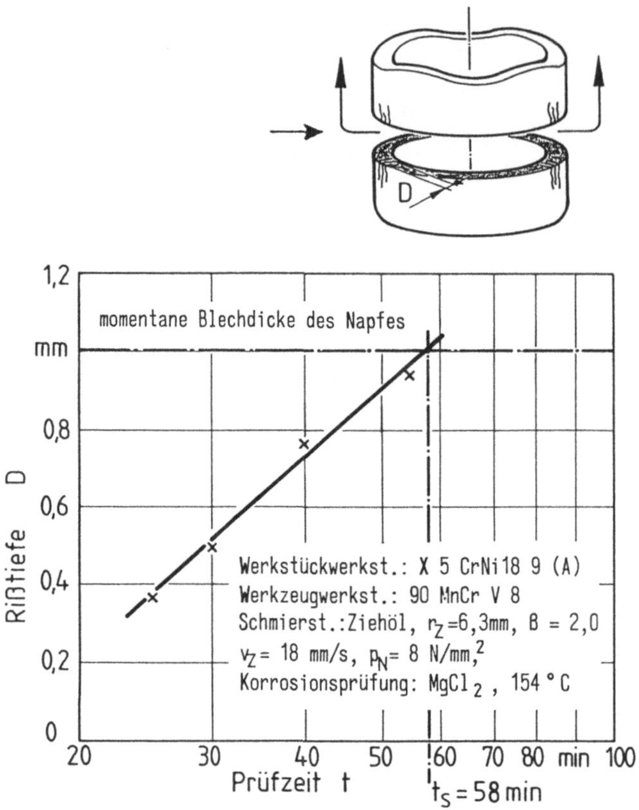

Bild 6.11. Ermittlung der Standzeit im Korrosionstest: Rißtiefe in Abhängigkeit von der Prüfzeit für verschiedene Ziehverhältnisse /6.52/

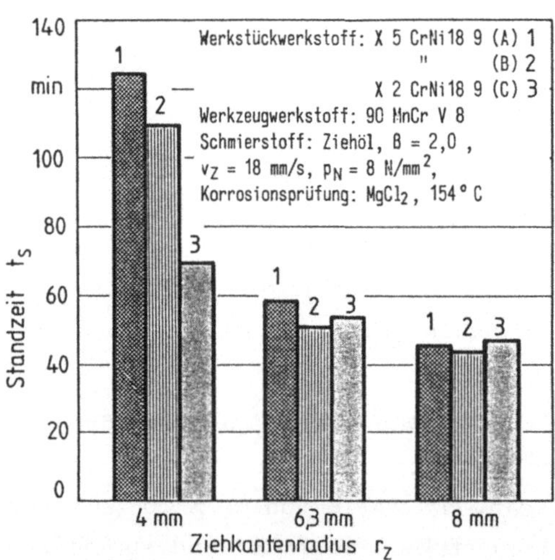

Bild 6.12. Einfluß des Ziehkantenradius auf die Standzeit von Tiefziehnäpfen aus nichtrostenden austenitischen Stählen /6.52/

Die Korrosionsbeständigkeit der α-Messinge ist höher als die der $(\alpha+\beta)$-Messinge. Gegen Laugen, ausgenommen ammoniakalische Medien, ist Messing widerstandsfähig, weniger beständig jedoch gegenüber organischen und anorganischen Säuren.

Neben der ebenmäßigen Abtragung und dem örtlichen Angriff (Lochfraß) tritt bei Messing als spezielle Korrosionsform noch die "Entzinkung" auf /6.44/. Am bedeutsamsten ist jedoch in vielen Fällen die erwähnte Spannungsrißkorrosion.

Die SpRk von CuZn durch Eigenspannungen wird in der englischsprachigen Literatur als "season cracking" bezeichnet. Sie ist seit langem bekannt und vielfach untersucht worden - allerdings nicht hinsichtlich der Fertigungseinflüsse bei der Blechumformung. Als korrosionsauslösende Medien kommen hauptsächlich Ammoniak und Ammoniak-Derivate in Gegenwart von Sauerstoff und Feuchtigkeit in Betracht /6.58/. Über den Einfluß des pH-Wertes auf die SpRk finden sich Angaben in /6.59/.

Die Empfindlichkeit der CuZn-Legierungen gegen SpRk nimmt mit abnehmendem Cu-Gehalt zu. Sie ist besonders stark unterhalb 80 % Cu und oberhalb eines Umformgrades von etwa 0,3. Durch legierungstechnische Maßnahmen, speziell durch Zulegieren von Si, kann die Spannungsrißkorrosionsanfälligkeit verringert, nicht aber beseitigt werden.

Die bisherigen Untersuchungen der SpRk von Messingen haben zwar keine völlige Erklärung, wohl aber einige Gesetzmäßigkeiten und notwendige Bedingungen für das Auftreten von SpRk ergeben /6.58/. Es wird angenommen, daß die Bildung einer Deckschicht eine notwendige Bedingung ist; i. allg. handelt es sich um eine Oxidschicht, die unter der Wirkung einer mechanischen Spannung aufreißt und dadurch einen lokalisierten Korrosionsangriff ermöglicht.

Im Prinzip bestehen folgende Möglichkeiten, die Empfindlichkeit der CuZn-Legierungen gegen SpRk zu unterdrücken /6.61, 6.62/:

- Verhinderung des Zutritts von Angriffsmitteln wie Ammoniak. Dies ist in der Praxis aber kaum möglich, da geringe Mengen von Ammoniak meistens in der Atmosphäre vorhanden sind, vor allem in der Umgebung von Industrieanlagen;
- Beschichtung des Werkstückes nach der Umformung, wie z.B. Vernickeln; hierbei muß aber der Oberflächenschutz aufgebracht werden, bevor erste Korngrenzenschäden entstanden sind. Erfolgt das Vernickeln in ammoniakalischen Bädern, so ist bei Vorhandensein ungleichmäßiger Spannungen rasche Zerstörung der Teile zu erwarten. In jedem Fall bedeutet eine Oberflächenbeschichtung eine zusätzliche Komplikation des Fertigungsablaufes mit entsprechendem Zeitaufwand;
- Wärmebehandlung nach der Umformung (Spannungsarmglühen bei etwa 250°C, wobei Temperatur und Dauer sich nach der jeweiligen Legierung richten). Diese

Vorgehensweise entspricht aber wegen des notwendigen Zeitaufwandes nicht den Erfordernissen der Fertigungstechnik.

Aus diesen Gründen ist es wünschenswert, die SpRk durch einfachere fertigungstechnische Maßnahmen zu unterdrücken, d.h. zunächst einmal den Umformvorgang selbst hinsichtlich der Korrosionsbeständigkeit des Werkstückes zu optimieren; dazu zählt u.a. die Möglichkeit, bei erhöhter Temperatur bzw. erhöhter Umformgeschwindigkeit umzuformen. Hierüber finden sich aber bisher in der Literatur nur wenig Angaben.

Ergänzend ist eine spezielle Art der SpRk im weiteren Sinne zu erwähnen, die in CuZn-Legierungen als Folge von Umformeigenspannungen auftritt: beim Weichlöten (u.U. auch beim Hartlöten) kann das Lot an den Korngrenzen in den Werkstoff eindiffundieren und beim Vorhandensein innerer Spannungen zum Aufreißen führen. Diese Erscheinung ist als "Lötbrüchigkeit" bekannt /6.57/. Auch hier könnte im Prinzip eine Erholungsglühung Abhilfe schaffen, wogegen auch in diesem Falle die genannten Gründe (Störung des Fertigungsablaufes) sprechen.

Zur Prüfung auf Spannungsrißkorrosion von CuZn-Legierungen stehen als genormte Prüfverfahren in Anlehnung an DIN 50916 /6.63/ der Ammoniakversuch und die Kupfertetramminprobe zur Verfügung. Zur Prüfung auf Lötbrüchigkeit dient der Quecksilbernitratversuch gemäß DIN 50911 /6.64/.

Abschließend sei darauf hingewiesen, daß auch für die Prüfung von Leichtmetallen auf Spannungsrißkorrosion bereits ein genormtes Prüfverfahren besteht (DIN 50908 /6.65/).

6.4.4.4 Schlußbemerkung

Es ist grundsätzlich schwieriger, durch Versuche am umgeformten Werkstück zu verallgemeinerungsfähigen Aussagen zu gelangen, als durch Versuche am Werkstoff vor der Umformung. Daher löst sich die Untersuchung der Gebrauchseigenschaften umgeformter Werkstücke in eine Vielzahl von Einzelfällen auf. Dies überschreitet den Rahmen des vorliegenden Buches.

6.5 Literatur zu Kapitel 6

/6.1/ Stahl-Eisen-Prüfblätter 1160-1178, 2. Ausg., 1969.

/6.2/ Nehl, E.: Untersuchungen zum Halbwarmfließpressen von Automatenstählen, Berichte aus dem Institut für Umformtechnik, Universität Stuttgart, Nr. 70, Berlin/Heidelberg/New York/Tokyo: Springer 1983.

/6.3/ Reiss, W.; Pöhlandt, K.: About the fracture behaviour of the aluminium alloy AlCuMg2 after homogeneous cold deformation, Eng. Fracture Mech., 23 (1986), 575-584.

/6.4/ Steck, E.; Geiger, M.: Plastizitätstheoretische Grundlagen, in (Hrsg.) Lange, K.: Lehrbuch der Umformtechnik, Bd. 1: Grundlagen, 1. Aufl., Berlin/Heidelberg/New York: Springer 1972.

/6.5/ Schmidt, V.: Ermittlung von Verfahrenskennwerten durch Messen, in (Hrsg.) Lange, K.: Umformtechnik, Bd. 1: Grundlagen, 2. Aufl., Berlin/Heidelberg/New York/Tokyo: Springer 1984.

/6.6/ Keeler, S.P.: Circular grid system - a valuable aid for evaluating sheet metal formability, Sheet Metal Ind. 45 (1968), 633-641.

/6.7/ Schelosky, H.: Verfahren zur Prüfung der Umformeignung von Blechen, in (Hrsg.) Lange, K.: Lehrbuch der Umformtechnik, Bd. 3: Blechumformung, 1. Aufl., Berlin/Heidelberg/New York: Springer 1975.

/6.8/ Hoang-Vu, Kh.: Möglichkeiten und Grenzen des Kaltgesenkschmiedens als eine fertigungstechnische Alternative für kleine, genaue Formteile, Berichte aus dem Institut für Umformtechnik, Universität Stuttgart, Nr. 65, Berlin/Heidelberg/New York: Springer 1982.

/6.9/ Wilhelm, H.: Untersuchungen über den Zusammenhang zwischen Vickershärte und Vergleichsformänderung bei Kaltumformvorgängen, Berichte aus dem Institut für Umformtechnik, Universität Stuttgart, Nr. 9, Essen: Girardet 1969.

/6.10/ Kerspe, J.-H.: Abstreckgleitziehen von nichtrostenden austenitischen Stählen, Berichte aus dem Institut für Umformtechnik, Universität Stuttgart, Nr. 53, Berlin/Heidelberg/New York: Springer 1980.

/6.11/ Macherauch, E.: Praktikum in Werkstoffkunde, 2. Aufl., Braunschweig: Vieweg 1972.

/6.12/ Bunge, H.-J.: Mathematische Methoden der Texturanalyse, Berlin: Akademie-Verlag 1969.

/6.13/ Kloos, K.H.: Eigenspannungen, Definition und Entstehungsursachen, Z. Werkstofftech. 10 (1979), 293-302.

/6.14/ Benning, O.: Eigenspannungen in Schmiedeteilen, Ind.-Anz. 107 (1985) 42, 38-42.

/6.15/ (Hrsg.) Hauk, V.; Macherauch, F.: Eigenspannungen und Lastspannungen, Härt.-Tech. Mitt. 37 (1982), Beiheft.

/6.16/ Dorfschmidt, E.: Eigenspannungsuntersuchungen beim Voll-Vorwärts-Fließpressen von Stahl, Diss. Univ. Hannover 1982.

/6.17/ (Hrsg.) Macherauch, E.; Hauk, V.: Eigenspannungen - Entstehung - Messung - Bewertung, Symp. Karlsruhe 1983, Oberursel: DGM 1983.

/6.18/ Lee, E.H., et al.: Stress and Deformation Analysis of Metal-Forming Processes, in: (Ed.) Lippmann, H.: Metal Forming Plasticity, Berlin/Heidelberg/New York: Springer 1979.

/6.19/ Kudo, H.; Matsubara, S.: Joint Examination Project of Validity of Various Numerical Methods for the Analysis of Metal-Forming Processes, in (Ed.) Lippmann, H.: Metal Forming Plasticity, Berlin/Heidelberg/New York: Springer 1979.

/6.20/ Tekkaya, A.E.: Ermittlung von Eigenspannungen in der Kaltmassivumformung, Berichte aus dem Institut für Umformtechnik, Universität Stuttgart, Nr. 83, Berlin/Heidelberg/New York/Tokyo: Springer 1986.

/6.21/ Glocker, R.: Materialprüfung mit Röntgenstrahlen, 5. Aufl., Berlin/Heidelberg/New York: Springer 1971.

/6.22/ Krautkrämer, J.; Krautkrämer, H.: Werkstoffprüfung mit Ultraschall, 4. Aufl., Berlin/Heidelberg/New York: Springer 1980.

/6.23/ Rèti, P.: Zerstörungsfreie Werkstoffprüfung, Stuttgart: S. Hirzel 1974.

/6.24/ Leykamm, H.: Beitrag zur Arbeitsgenauigkeit des Kaltmassivumformens, Berichte aus dem Institut für Umformtechnik, Universität Stuttgart, Nr. 57, Berlin/Heidelberg/New York: Springer 1980.

/6.25/ Dahl, W.: Verhalten von Stahl bei schwingender Beanspruchung, Düsseldorf: Stahleisen 1978.

/6.26/ Munz, D.; Schwalbe, K.; Mayr, P.: Dauerschwingverhalten metallischer Werkstoffe, Braunschweig: Vieweg 1971.

/6.27/ (Hrsg.) Schott, G.: Werkstoffermüdung, Leipzig: Grundstoffindustrie 1977.

/6.28/ Maier, H.-J.: Über den Einfluß einer Kaltverformung auf die Zeitfestigkeit biegebeanspruchter glatter Proben, Tech.-wiss. Ber. MPA Stuttgart (1975), Heft 75-02.

/6.29/ Strigens, P.: Einfluß der Oberflächenverfestigung auf die Dauerfestigkeit von Stählen, VDI-Z. 114 (1972), 1193-1199.

/6.30/ Jonck, R.: Oberflächen- und Randschichteinfluß auf die Festigkeitseigenschaften massivgeformter Werkstücke, ZwF 16 (1981), 496-502.

/6.31/ Tauscher, H.: Berechnung der Dauerfestigkeit, Einfluß von Werkstoff und Gestalt, 6. Aufl., Leipzig: Fachbuchverlag 1960.

/6.32/ Flemming, G.: Mechanische Eigenschaften von Stahl bei statischer und wechselnder Beanspruchung nach einer Massivumformung, Diss. TH Darmstadt 1972.

/6.33/ Feldmann, H.; Hagedorn, K.E.: Grundlagen der Zeitfestigkeit, Stahl und Eisen 97 (1977), 1099-1106.

/6.34/ Knolle, B.: Schwingfestigkeit von Schmiedeteilen, Ind.-Anz. 101 (1979) 18, 41-42 (HGF 79/8).

/6.35/ Schwab, W.: Effect of process paramters in metal forming on fatigue behaviour, Annals of the CIRP 34/1 (1985), 215-219.

/6.36/ Harig, H.; Frank, E.: Temperaturmessung als einfache Methode zur Charakterisierung des Ermüdungsverhaltens von Stählen, ZwF 76 (1981), 185-188.

/6.37/ Reik, W.: Zum Wechselverformungsverhalten des Edelstahles Ck45 im normalisierten Zustand, Diss. Univ. Karlsruhe 1978.

/6.38/ Eifler, D.: Inhomogene Deformationserscheinungen bei Schwingbeanspruchung eines unterschiedlich wärmebehandelten Stahles des Typs 42CrMo4, Diss. Univ. Karlsruhe 1983.

/6.39/ DIN 50100: Werkstoffprüfung. Dauerschwingversuche, Begriffe, Zeichen, Durchführung, Auswertung, Februar 1978.

/6.40/ DIN 50113: Umlaufbiegeversuch. März 1982.

/6.41/ DIN 51212: Prüfung metallischer Werkstoffe. Verwindeversuche an Drähten, September 1978.

/6.42/ DIN 51214: Prüfung von Stahl. Knoten-Zugversuch an Runddrähten, Februar 1977.

/6.43/ Speckhardt, H.: Spannungs- und Schwingungsrißkorrosion, VDI-Ber. 243 (1975), 119-126.

/6.44/ DIN 50900, Teil 1: Korrosion der Metalle. Allgemeine Begriffe, April 1982.

/6.45/ Spähn, H.: Grundlagen und Erscheinungsformen der Schwingungsrißkorrosion, VDI-Ber. 235 (1975), 103-115.

/6.46/ Lohmeyer, S.: Korrosion nichtrostender Stähle, in: Edelstahl, Lehrgang TA Esslingen 5.-6.2.1979.

/6.47/ Zeller, R.: Die Messung von Deformationsmartensit in austenitischen nichtrostenden Stählen. Ind.-Anz. 99 (1977) 82, 1592-1593 (HGF 77/51).

/6.48/ Zeller, R.: Martensitbildung beim Tiefziehen von austenitischen nichtrostenden Stählen, Ind.-Anz. 99 (1977) 86, 1711-1712 (HGF 77/54).

/6.49/ Kerspe, J.-H.: Bildung von Umformmartensit beim Abstreckgleitziehen von X5CrNi18 9, Bänder Bleche Rohre 21 (1980), 23-26.

/6.50/ Kato, T., et al.: Stress-corrosion cracking of sensified austenitic stainless steel: effect of phase transformation induced by plastic working, J. Soc. Mater. Sci. Japan 25 (1976), 33-37.

/6.51/ Dean jr., S.W.: Review of recent studies on the mechanism of stress-corrosion cracking in austenitic stainless steels, in: Stress-Corrosion - New Approaches, 78th Annual Meeting, Montreal, Canada, 22.-27.6.1975, STP No. 610, Philadelphia, PA: ASTM 1976.

/6.52/ Weiergräber, M.: Spannungsrißkorrosion tiefgezogener Näpfe aus nichtrostendem austenitischem Stahl, Seminar "Neuere Entwicklungen in der Blechbearbeitung", Stuttgart, 19.-20.6.1984.

/6.53/ ASTM Standard G 36-73: Performing stress-corrosion cracking tests in a boiling magnesium chloride solution, 1973 (Reapproved 1981).

/6.54/ DIN 50021: Korrosionsprüfungen. Sprühnebelprüfungen mit verschiedenen Natriumchloridlösungen, Entwurf, Juni 1985.

/6.55/ DIN 50905, Blatt 1: Chemische Korrosionsuntersuchungen, Allgemeines; Blatt 2: Chemische Korrosionsuntersuchungen, Korrosionsgrößen bei gleichmäßiger Flächenkorrosion; Blatt 3: Chemische Korrosionsuntersuchungen, Korrosionsgrößen bei ungleichmäßiger Korrosion ohne zusätzliche mechanische Beanspruchung, alle Januar 1975.

/6.56/ (Hrsg.) Schatt, W.: Werkstoffe des Maschinen-, Anlagen- und Apparatebaues, Leipzig: Grundstoffindustrie 1975.

/6.57/ Wieland-Buch Kupferwerkstoffe, Wieland-Werke AG, Ulm, 4. Aufl. 1978.

/6.58/ Dies, K.: Kupfer und Kupferlegierungen in der Technik, Berlin/Heidelberg/New York: Springer 1967.

/6.59/ Mattson, E.: Corrosion of copper and brass: practical experience in relation with basic data, Brit. Corros. J. 15 (1980), 6-13.

/6.60/ Wendler-Kalsch, E.: Stand der Erkenntnisse auf dem Gebiet der klassischen Spannungsrißkorrosion, Werkst. u. Korros. 29 (1978), 703-720.

/6.61/ Uhlig, H.H.: Korrosion und Korrosionsschutz, Berlin: Akademie-Verlag 1975.

/6.62/ Barton, K.: Schutz gegen atmosphärische Korrosion, Weinheim: Verlag Chemie 1973.

/6.63/ DIN 50916: Prüfung von Kupferlegierungen. Spannungsrißkorrosionsversuch mit Ammoniak, Teil 1: Prüfung von Rohren, Stangen und Profilen, August 1976; Teil 2: Prüfung von Bauteilen, Entwurf, Juni 1974.

/6.64/ DIN 50911: Prüfung von Kupferlegierungen. Quecksilbernitratversuch, Juni 1964.

/6.65/ DIN 50908: Prüfung von Leichtmetallen. Spannungskorrosionsversuche, Juli 1974.

Anhang A: Zur Theorie und Praxis der Torsionsversuche

Verwendete Symbole

a_K	Korrekturfaktor, def. durch Gl. (A.28)
$\alpha_{I3/5}$	Drehwinkel bei 3/5 des max. Drehmomentes (Probentyp I in Bild 2.24), vgl. Bild A.4
$\alpha_{I5/6}$	Drehwinkel bei 5/6 des max. Drehmomentes (Probentyp I in Bild 2.24), vgl. Bild A.4
$\alpha_{II3/5}$	Drehwinkel bei 3/5 des max. Drehmomentes (Probentyp II in Bild 2.24), vgl. Bild A.4
$\alpha_{II5/6}$	Drehwinkel bei 5/6 des max. Drehmomentes (Probentyp II in Bild 2.24), vgl. Bild A.4
B	Koeffizient, def. durch Gl. (A.5)
B*	Koeffizient, def. durch Gl. (A.45)
D*	Koeffizient, def. durch Gl. (A.8)
$\varepsilon_\tau^{(0)}$	Relativer Fehler der Schubspannung am "kritischen Radius" u_p infolge ungenauer Kerb-Korrektur
$\bar{f}(M)$	Mittelwert von f( ) (ebene Torsion)
$f(\tau)$	"Korrekturfunktion" (ebene Torsion)
$f_2(\tau)$	Zweite Näherung für f( )
$F_1(u)$	Abkürzung, def. durch Gl. (A.16)
$F_2(u)$	Abkürzung, def. durch Gl. (A.17)
F_p	Abkürzung, def. durch Gl. (A.23)
$\dot{\varphi}_1$	Umformgeschwindigkeit bei einem von mehreren Torsionsversuchen zur Erfassung des Geschwindigkeitseinflusses (Rundstab)
$\dot{\varphi}_2$	Umformgeschwindigkeit bei einem zweiten Torsionsversuch zur Erfassung des Geschwindigkeitseinflusses (Rundstab)
$\dot{\gamma}_{p1}$	Zu $\dot{\varphi}_1$ gehörige Schiebungsgeschwindigkeit für $r = r_p$ (Rundstab)

$\dot{\gamma}_{p2}$	Zu $\dot{\varphi}_2$ gehörige Schiebungsgeschwindigkeit für $r = r_p$ (Rundstab)
$g(\gamma_r,\dot{\gamma}_r)$	Abkürzung, def. durch Gl. (A.3)
$h(\gamma_r,\dot{\gamma}_r)$	Abkürzung, def. durch Gl. (A.4)
$H(R,r,r_1)$	Abkürzung, def. durch Gl.(1.22)
l_{pI}	"Wirksame Länge" einer Probe vom Typ I in Bild 2.24
$\tau^{(0)}$	Näherung für die Schubspannung am "kritischen Radius" u_p bei ungenauer Kerb-Korrektur gemäß Gl.(A.27)
τ_i	Schubspannung für $r = r_i$ (ebene Torsion)

A.1 Torsionsversuch am Rundstab

A.1.1 Ermittlung der "nullten Näherung"

Die durch Gl. (2.58) definierte "nullte Näherung" für die Schubspannung wird aus der gemessenen Drehmoment-Drehwinkel-Kurve $M(\alpha)$ erhalten, indem $M(\alpha)$ doppeltlogarithmisch aufgetragen wir, vgl. Bild A.1. An die Kurve $\lg M(\lg\alpha)$ wird eine Gerade möglichst genau angepaßt. Diese entspricht der nullten Näherung für das Dehmoment, vgl. Gl. (2.61); ihre Steigung ist gleich dem Verfestigungsexponenten n, und aus dem Achsenabschnitt kann die Konstante D_1 in Gl. (2.58) berechnet werden. Bild A.1 zeigt auch die Möglichkeit einer graphischen Bestimmung der in Gl. (2.62) definierten Größe $\overline{f}(\gamma_r,\dot{\gamma}_r)$: falls die Bedingung (2.59) erfüllt ist, ergibt sich diese Größe mit Hilfe der Reihen-

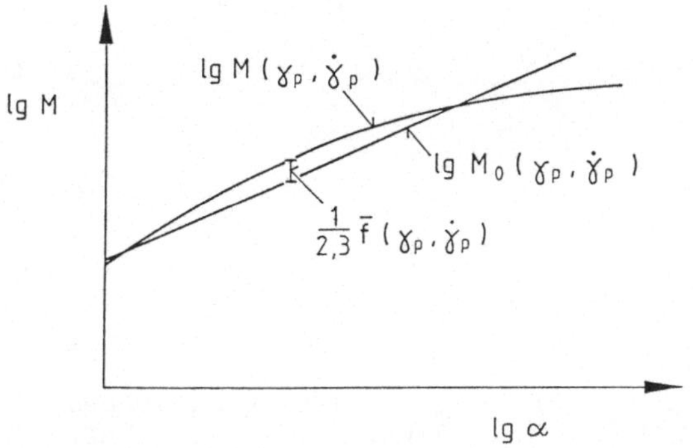

Bild A.1. Zur Ermittlung der "nullten Näherung" für die Fließkurve

entwicklung $\ln(1+x) \approx x$; $|x| \ll 1$, wobei der Faktor 2,3 aus der Beziehung $\ln x \approx 2{,}3 \log x$ herrührt.

Nun bleibt nur noch der Geschwindigkeitsexponent m zu bestimmen. Dieser ergibt sich, Gl. (2.58) vorausgesetzt, indem zwei Torsionsversuche mit unterschiedlicher Drehzahl bei sonst gleichen Bedingungen durchgeführt werden (es können auch zwei unterschiedlich lange Proben bei gleicher Drehzahl tordiert werden). Bei mehr als zwei Versuchen kann die Proportionalität der Schubspannung bzw. Fließspannung zu $\dot{\varphi}^m$ geprüft werden; dieser Fall wird aber hier nicht betrachtet *).

A.1.2 Taylorentwicklung der "Korrekturfunktion"

Zur Bestimmung der in Gl. (2.57) eingeführten "Korrekturfunktion" $f(\gamma_u, \dot{\gamma}_u)$ wird diese in eine Taylorreihe an der Außenfaser (u = r) entwickelt. Einschließlich des quadratischen Gliedes ergibt sich

$$f(\gamma_u, \dot{\gamma}_u) \approx f(\gamma_r, \dot{\gamma}_r) + (\gamma_u - \gamma_r)\frac{\partial f}{\partial \gamma}\bigg|_{\gamma_r} + (\dot{\gamma}_u - \dot{\gamma}_r)\frac{\partial f}{\partial \dot{\gamma}}\bigg|_{\dot{\gamma}_r} + \frac{1}{2}(\gamma_u - \gamma_r)^2\frac{\partial^2 f}{\partial \gamma^2}\bigg|_{\gamma_r} + (\gamma_u - \gamma_r)(\dot{\gamma}_u - \dot{\gamma}_r)\frac{\partial^2 f}{\partial \gamma\, \partial \dot{\gamma}}\bigg|_{\gamma_r, \dot{\gamma}_r} + \frac{1}{2}(\dot{\gamma}_u - \dot{\gamma}_r)^2\frac{\partial^2 f}{\partial \dot{\gamma}^2}\bigg|_{\dot{\gamma}_r} \tag{A.1}$$

Hierin sind γ_r und $\dot{\gamma}_r$ durch die Gln. (2.52), (2.53) definiert; γ_u ist durch (2.51) gegeben, $\dot{\gamma}_u$ ist die Ableitung von γ_u nach der Zeit. Für den (noch zu bestimmenden) "kritischen Radius" u_p folgt aus Gl. (A.1)

$$f(\gamma_p, \dot{\gamma}_p) \approx f(\gamma_r, \dot{\gamma}_r) + B \cdot g(\gamma_r, \dot{\gamma}_r) + \frac{B^2}{2} h(\gamma_r, \dot{\gamma}_r) \tag{A.2}$$

Hierin ist abgekürzt

$$g(\gamma_r, \dot{\gamma}_r) = \gamma_r \frac{\partial f}{\partial \gamma}\bigg|_{\gamma_r} + \dot{\gamma}_r \frac{\partial f}{\partial \dot{\gamma}}\bigg|_{\dot{\gamma}_r} \tag{A.3}$$

sowie

$$h(\gamma_r, \dot{\gamma}_r) = \gamma_r^2 \frac{\partial^2 f}{\partial \gamma^2}\bigg|_{\gamma_r} + 2\gamma_r \dot{\gamma}_r \frac{\partial^2 f}{\partial \gamma\, \partial \dot{\gamma}}\bigg|_{\gamma_r; \dot{\gamma}_r} + \dot{\gamma}_r^2 \frac{\partial^2 f}{\partial \dot{\gamma}^2}\bigg|_{\dot{\gamma}_r} \tag{A.4}$$

und

$$B = \frac{u_p}{r} - 1 \tag{A.5}$$

---

*) Die hier vorgestellte Durchführung und Auswertung des Torsionsversuches zielt in erster Linie darauf ab, den Verlauf der Fließspannung in Abhängigkeit vom Umformgrad möglichst genau zu erfassen; Geschwindigkeitseinflüsse werden nur am Rande betrachtet.

Somit ist B erst bestimmt, wenn u_p/r festgelegt ist. Zu diesem Zweck wird nun Gl. (A.1) in Gl. (2.62) eingesetzt. Es ergibt sich

$$\bar{f}(\gamma_r,\dot{\gamma}_r) \approx f(\gamma_r,\dot{\gamma}_r) - \left\{1-\frac{3+p}{4+p}\,\frac{j_4}{j_3}\right\} g(\gamma_r,\dot{\gamma}_r) + \left\{1-2\left(\frac{3+p}{4+p}\right)\frac{j_4}{j_3}+\left(\frac{3+p}{5+p}\right)\frac{j_5}{j_3}\right\}\cdot\frac{1}{2}h(\gamma_r,\dot{\gamma}_r) \tag{A.6}$$

Der "kritische Radius" u_p wird nun so gewählt, daß die Gln. (A.2) und (A.6) in den linearen Gliedern übereinstimmen. Es folgt mit (A.5) die schon angegebene Beziehung (2.65). Für die gesuchte Funktion $f(\gamma_p, \dot{\gamma}_p)$ folgt als zweite Näherung

$$f_2(\gamma_p,\dot{\gamma}_p) = \bar{f}(\gamma_r,\dot{\gamma}_r) + D^*\cdot h(\gamma_r,\dot{\gamma}_r) \tag{A.7}$$

Hierin ist abgekürzt

$$D^* = \frac{1}{2}\left\{\left(\frac{3+p}{4+p}\right)^2\left(\frac{j_4}{j_3}\right)^2 - \left(\frac{3+p}{5+p}\right)\left(\frac{j_5}{j_3}\right)\right\} \tag{A.8}$$

Mit $0 < p < 1/2$ gilt $D \approx -3\ 10^{-2}$, so daß der zweite Summand in (A.7) oft vernachlässigt werden kann. Dann folgt nach kurzer Rechnung mit (2.57) für die Schubspannung im "kritischen Radialabstand" die zweite Näherung

$$\tau_2(\gamma_p,\dot{\gamma}_p) = \frac{3M(r,r_1,\gamma_r,\dot{\gamma}_r)}{2\pi\ r^3}\cdot\frac{j_4^{\,p}}{j_3^{\,1+p}}\left(1+\frac{p}{25}\right) \tag{A.9}$$

Hierin kann mit $0 < p < 1/2$ oft $p/25 \approx 0$ gesetzt werden. Für massive Proben wird mit $j_3 = j_4 = 1$

$$\tau_2(\gamma_p,\dot{\gamma}_p) = \frac{3M(r,\gamma_r,\dot{\gamma}_r)}{2\pi\ r^3} \tag{A.10}$$

und Gl. (2.65) für den kritischen Radius geht über in

$$\frac{u_p}{r} = \frac{3+p}{4+p} \tag{A.11}$$

Um die Güte der so erhaltenen Näherungslösung genauer beurteilen zu können, ist in Bild A.2 der durch Gl. (A.8) gegebene Faktor D* aufgetragen.

Ersichtlich ist der Betrag von D* umso kleiner, je dünnwandiger die Probe ist. Dies war auch zu erwarten, denn die gesuchte Schubspannung wird gemäß Gl. (2.54) umso enger eingegrenzt, je kleiner die Wanddicke $(r - r_1)$ der Probe ist. Außerdem hängt der zweite Summand in Gl. (A.7) von dem Betrag der Funktion $h(\gamma_u, \dot{\gamma}_u)$ ab, die durch (A.4) definiert ist, d.h. von den zweiten Ableitungen der "Korrekturfunktion".

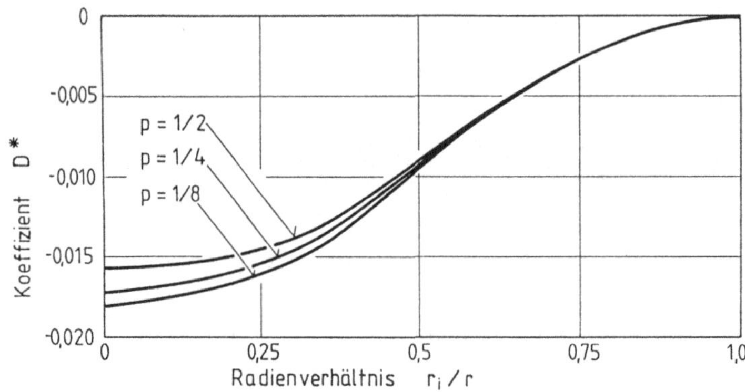

Bild A.2. Der Faktor D* gemäß Gl. (A.8)

A.1.3 Verwendung extrem kurzer Torsionsproben

Bei der Verwendung von Proben des Typs I in Bild 2.24 ist der Begriff der Probenlänge nicht trivial. Nach /2.71/ wird in diesem Fall zweckmäßig eine "wirksame Probenlänge" l_p definiert, die zur Berechnung der Schiebung in Gl. (2.51) einzusetzen ist. Die wirksame Länge kann bei Annahme von Gl. (2.56) für die Fließkurve "semieempirisch" ermittelt werden mit Hilfe der Gleichung

$$l_{pI} = 2 \int_0^R \left\{ \frac{r^{3+p} - r_1^{3+p}}{r(z)^{3+p} - r_1^{3+p}} \right\}^{1/p} dz \qquad (A.12)$$

Hierin ist r(z) der Probenradius im Abstand z von der Mittelebene, vgl. Bild 2.24; der Wert von p = n + m muß experimentell bestimmt werden. Bild A.3 zeigt die aus Gl. (A.12) resultierenden Werte der wirksamen Länge (in Gl. (A.12) ist der Kerbeffekt vernachlässigt).

Eine rein experimentelle Bestimmung der wirksamen Länge ist möglich durch Vergleichsmessungen mit Proben der Typen I und II, sofern diese in allen Abmessungen außer der Länge l_0 der zylindrischen Meßstrecke übereinstimmen (bei Typ I ist l_0 = 0). Dann wird die wirksame Länge l_{pI} berechnet mit Hilfe der Gleichung

$$\frac{l_{pI}}{l_{pI} + l_0} = \frac{\alpha_{I5/6} - \alpha_{I3/5}}{\alpha_{II5/6} - \alpha_{II3/5}} \qquad (A.13)$$

Hierin ist $\alpha_{I5/6}$ der Drehwinkel, bei dem für Probe I das Drehmoment gerade 5/6 des Maximalwertes erreicht hat, vgl. Bild A.4; die anderen Winkel sind entsprechend definiert.

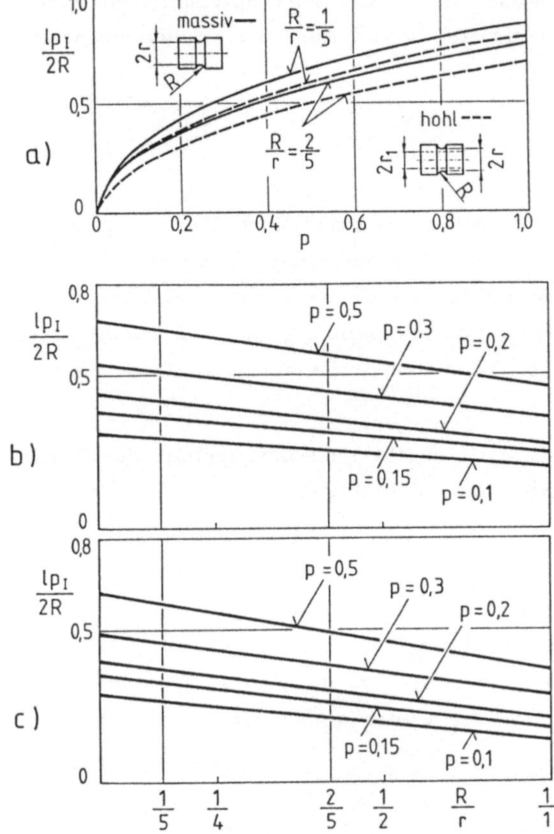

Bild A.3. a) "Wirksame Länge" kurzer Torsionsproben (Typ I in Bild 2.24 gemäß Gl. (A.12)); b) wie a), in halblogarithmischer Darstellung zum Zweck linearer Interpolation für massive Proben; c) wie b), für hohle Proben

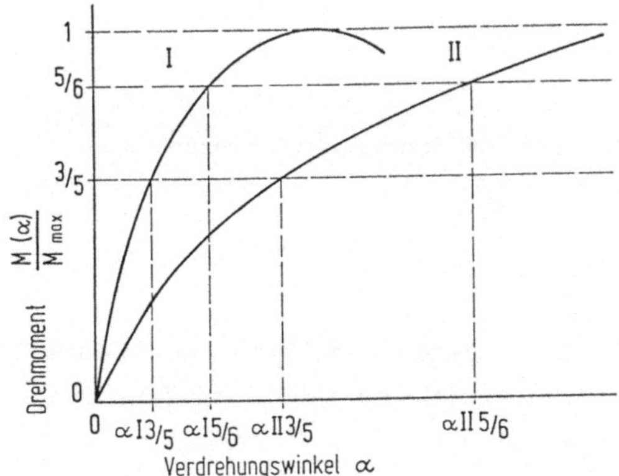

Bild A.4. Zur experimentellen Bestimmung der "wirksamen Probenlängen" /2.71/

Nach Angaben in /2.73/ stimmen die gemäß Gl. (A.12) semiempirisch bestimmten und die gemäß (A.13) experimentell bestimmten wirksamen Längen befriedigend überein für nicht zu scharfe Kerben, d.h. für

$$\frac{R}{r} \geq \frac{1}{2} \tag{A.14}$$

Bei der Verwendung kurzer Proben ist es notwendig, den Kerbeffekt zu diskutieren, da solche Proben praktisch nur aus einer umlaufenden Rundkerbe bestehen (Typ I). In /2.73/ wurde die Kerbwirkung für derartige Proben berechnet. Infolge des Kerbeffektes sind im Kerbgrund Schubspannung und Schiebung höher als bei einer ungekerbten Probe; in der Nähe der Probenachse sind sie niedriger.

Für den Sonderfall massiver Proben ($r_1 = 0$) ergibt sich der Verlauf der Schiebung in Abhängigkeit vom Radialabstand nach den Angaben in /2.73/ aus folgender Beziehung

$$\gamma_u(\alpha, R) = \gamma_u(\alpha) \cdot \left\{ 1 - \frac{r}{2R} \cdot F_1(u) + \frac{r^2}{8R^2} \left[\frac{5p}{2} F_1^2(u) + p F_2(u) \right] \right\} \tag{A.15}$$

Hierin ist $\gamma_u(\alpha)$ die Schiebung, die sich gemäß Gl. (2.51) bei fehlender Kerbwirkung ($R = \infty$) ergeben würde, und es wurde abgekürzt

$$F_1(u) = \frac{3+p}{5+p} - \left(\frac{u}{r}\right)^2 \tag{A.16}$$

sowie

$$F_2(u) = \frac{3+p}{7+p} - 2\left(\frac{3+p}{5+p}\right)\left(\frac{u}{r}\right)^2 + \left(\frac{u}{r}\right)^4 \tag{A.17}$$

Im folgenden wird angenommen, daß die Kerben nicht sehr scharf sind (vgl. Abschnitt A.1.4). Mit $0 < p < 1/2$ gemäß (2.65) kann hierfür geschrieben werden

$$p \frac{r}{R} \leq 1 \tag{A.18}$$

Dann läßt sich Gl. (A.15) mit einem Fehler der Größenordnung Prozent annähern durch

$$\gamma_u(\alpha, R) \approx \gamma_u(\alpha) \cdot \left\{ 1 + \frac{r}{2R} F_1(u) \right\} \tag{A.19}$$

Wie Bild A.5 zeigt, ist für den durch Gl. (2.65) gegebenen "kritischen Radius" $u_p \approx 3r/4$ der Kerbeffekt sehr schwach, denn hier ist die Schiebung fast unabhängig vom Kerbradius: aus Gl. (A.19) folgt nämlich mit Gl. (2.65)

$$\gamma_p(\alpha, R) \approx \gamma_p(\alpha) \cdot \left\{ 1 - \frac{1}{60} \frac{r}{R} \right\} \tag{A.20}$$

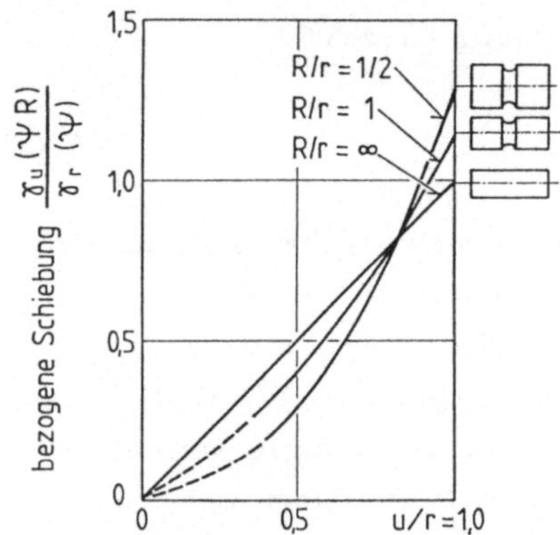

Bild A.5. Verlauf der Schiebung über den Querschnitt (z = 0) massiver Proben vom Typ I mit unterschiedlichen Kerbradien bei gegebenem Drehmoment (Gl. (2.56) für die Fließkurve vorausgesetzt)

Nun soll der Fall hohler Proben am Beispiel $r_1/r = 0{,}8$ diskutiert werden (da nämlich das Drehmoment proportional zu r^3 ist, lohnt es nicht, hohle Proben mit $r_1/r < 0{,}8$ zu tordieren; nur im Bereich $r_1/r \geqq 0{,}8$ wird eine deutlich von den Versuchsergebnissen mit massiven Proben verschiedene Information gewonnen).

Nach /2.73/ gilt für die Schiebung im "kritischen Radialabstand"

$$\gamma_p(\alpha, R) = \gamma_p(\alpha) \cdot \left\{ 1 + H(R, r, r_1) \right\} \; ; \; r_1/r = 0{,}8 \tag{A.21}$$

mit

$$H(R, r, r_1) = \frac{F_p}{2} \cdot \frac{r}{R} \left\{ \left(\frac{u_p}{r}\right)^2 - \frac{3+p}{5+p} \, \frac{1-\left(\frac{4}{5}\right)^{5+p}}{1-\left(\frac{4}{5}\right)^{3+p}} \right\} ; \; r_1/r = 0{,}8 \tag{A.22}$$

wobei

$$F_p = \frac{1 + \frac{2}{1+p} \cdot \left(\frac{4}{5}\right)^{3+p}}{1 - \left(\frac{4}{5}\right)^{3+p}} \; ; \; r_1/r = 0{,}8 \tag{A.23}$$

In Gl. (A.21) ist einzusetzen

$$\frac{u}{r} = \left(\frac{3+p}{4+p}\right) \cdot \frac{1-\left(\frac{4}{5}\right)^4}{1-\left(\frac{4}{5}\right)^3} \; ; \; r_1/r = 0{,}8 \tag{A.24}$$

Mit $0 < p < 1/2$ gilt mit einem Fehler der Größenordnung Prozent

$$\frac{u_p}{r} \approx 0{,}89 \ ; \quad r_1/r = 0{,}8 \tag{A.25}$$

Der Kerbeffekt wirkt sich auf das Ergebnis des Torsionsversuches zweifach aus:
- auf den Umformgrad: der Wertebereich für den Umformgrad, in welchem die Fließkurve bestimmt wird, wird aufgrund des Kerbeffektes geringfügig verändert. Ein Maß für diese Veränderung ist das Korrekturglied in Gl. (A.15) bzw. (A.21). Dieses ist negativ: der Wertebereich wird also geringfügig verkleinert. Der Effekt liegt aber in der Größenordnung Prozent und ist daher meist bedeutungslos;
- auf die Fließspannung: im Falle einer Abweichung der Fließkurve vom Verlauf gemäß Gl. (2.56) bzw. (2.57) wird bei der Versuchsauswertung der relative Verlauf der erhaltenen Fließkurve aufgrund des Kerbeffektes geringfügig verzerrt. Diese Verzerrung kann wie folgt abgeschätzt werden. Für den Wert der Schubspannung, die der wahren Schiebung $\gamma_p(\alpha, R)$ unter dem Einfluß der Kerbwirkung entspricht, ergibt sich im allgemeinen Fall einer hohlen Probe mit Gl. (A.21)

$$\tau(\gamma_p(\alpha,R),\dot{\gamma}_p(\dot{\alpha},R)) \approx \tau(\gamma_p(\alpha),\dot{\gamma}_p(\dot{\alpha})) + H(R,r,r_1)\left\{\gamma_p(\alpha)\frac{\partial\tau}{\partial\gamma}\Big|_{\gamma_p(\alpha)} + \dot{\gamma}_p(\dot{\alpha})\frac{\partial\tau}{\partial\dot{\gamma}}\Big|_{\dot{\gamma}_p(\dot{\alpha})}\right\} \tag{A.26}$$

Zu Abschätzungszwecken wird strenge Gültigkeit von Gl. (2.56) angenommen. Es folgt aus Gl. (A.26) mit (A.21) /2.73/

$$\tau^{(0)}(\gamma_p(\alpha,R),\dot{\gamma}_p(\dot{\alpha},R)) \approx a_K\, \tau^{(0)}(\gamma_p(\alpha),\dot{\gamma}_p(\dot{\alpha})) \tag{A.27}$$

Hierin soll der Index 0 darauf hinweisen, daß diese Beziehung die "nullte Näherung" für die Fließkurve voraussetzt, und es wurde abgekürzt *)

$$a_K \approx 1 + pH(R,r,r_1) \tag{A.28}$$

Die vorliegende Betrachtung beschränkt sich auf schwache Kerben, d.h. es wird ein von Eins nur wenig verschiedener Faktor a_k angenommen, so daß

$$p \cdot H(R,r,r_1) \ll 1 \tag{A.29}$$

Bei der Versuchsauswertung wird zunächst mangels genauerer Kenntnis der Fließkurve der durch Gl. (A.28) gegebene Faktor a_k angenommen. Mit diesem

---

*) Der Faktor a_k darf nicht verwechselt werden mit dem für die Probenoberfläche (Kerbgrund) definierten "Kerbfaktor" /A.1/.

Faktor wird die aus Gl. (2.68) erhaltene Schubspannung multipliziert und als Funktion der durch (A.21) gegebenen Schiebung und der dazugehörigen Schiebungsgeschwindigkeit angegeben.

Dann ist zu prüfen, ob diese Vorgehensweise hinreichend genau war. Korrekter wäre es ja, die Schubspannung mit Hilfe von (A.26) zu berechnen, da diese Gleichung nicht an die Gültigkeit der "nullten Näherung" für die Fließkurve gebunden ist.

Für den aus der Annahme des durch (A.28) gegebenen Faktors a_k folgenden relativen Fehler der Schubspannung am "kritischen Radius" ergibt sich mit (A.26), (2.27), (2.58), (2.59)

$$\varepsilon_\tau^{(0)} \approx H(R,r,r_1)\left\{\gamma_p(\alpha)\frac{\partial f}{\partial \gamma}\Big|_{\gamma_p(\alpha)} + \dot{\gamma}_p(\dot{\alpha})\frac{\partial f}{\partial \dot{\gamma}}\Big|_{\dot{\gamma}_p(\dot{\alpha})} + p\, f\,(\gamma_p(\alpha),\dot{\gamma}_p(\dot{\alpha}))\right\} \tag{A.30}$$

Demnach verschwindet der betrachtete Fehler für $H(R, r, r_1) = 0$ (keine Kerbwirkung) sowie für $f(\gamma_u, \dot{\gamma}_u) \geqq 0$ (strenge Gültigkeit der "nullten Näherung"). In der Praxis wird der Fehler oft vernachlässigbar sein.

Abschließend sei kurz der Kerbeffekt in einer langen Probe (Typ II in Bild 2.24) betrachtet . Wenn $l_0 \gg 2r$ ist, können die Kerbwirkungen an den beiden Probenenden als unabhängig voneinander angesehen werden. In diesem Fall ist in der Mittelebene (z = 0) der Kerbeffekt vernachlässigbar. Für $|z| = l_0/2$ tritt an die Stelle von Gl. (A.20) die in gleicher Näherung geltende Beziehung

$$\gamma_p(\alpha,R) \approx \gamma_p(\alpha)\left\{1 - \frac{r}{120\,R}\right\}; \quad |z| = l_0/2 \tag{A.31}$$

d.h. das Korrekturglied ist um den Faktor 1/2 kleiner als in (A.20).

Analog dazu ist für hohle Proben mit $r_1/r = 0{,}8$ das Korrekturglied $H(R,r,r_1)$ in Gl. (A.21) mit 1/2 zu multiplizieren, um die Schiebung am "kritischen Radius" für $|z| = l_0/2$ zu erhalten.

A.1.4 Zur zweckmäßigen Probengeometrie

An dieser Stelle sind die im vorhergehenden Text (Kapitel 2 und Abschnitt A.1.3) verstreuten Angaben über die zweckmäßige Probengeometrie zusammengestellt, um einen Überblick über die Gesamtheit der Anforderungen zu ermöglichen.

1. Wanddicke hohler Proben: falls überhaupt hohle Proben verwendet werden, lohnt dies nur für

$$\frac{r_1}{r} \geq 0{,}8 \tag{A.32}$$

denn wegen $M \sim r^3$ wird bei größeren Wanddicken keine deutlich von der Torsion massiver Proben verschiedene Information erhalten.

Aus (A.32) folgt, daß die Wanddicke hohler Proben maximal 1/10 des Außendurchmessers 2r betragen sollte. Noch kleinere Wanddicken führen aber leicht zu Instabilitätserscheinungen und sollten daher in der Regel vermieden werden. Somit kommen oft nur zwei Probentypen in Betracht:

$$\begin{aligned}&\text{massive Proben: } r_1 = 0\\&\text{hohle Proben mit } r_1/r \approx 0{,}8\end{aligned} \tag{A.33}$$

2. Schlankheitsgrad: für Versuche bei niedrigen Umformgeschwindigkeiten kann der Schlankheitsgrad der Probe durchaus die für proportionale Zugproben üblichen Werte haben, d.h.

$$\frac{l_0}{2r} = 5 \text{ bzw. } 10 \tag{A.34}$$

In solchen Fällen kann der Beitrag der Übergangsradien zwischen der zylindrischen Meßstrecke der Probe und den Köpfen zur "wirksamen Länge" oft vernachlässigt werden, d.h. es ist dann

$$l_p \approx l_0 \tag{A.35}$$

Für die Simulation technischer Warmumformung sind dagegen Proben erforderlich, deren Geometrie das Erreichen hoher Umformgeschwindigkeiten erleichtert. In solchen Fällen sollte größenordnungsmäßig gelten

$$l_0 \approx r \tag{A.36}$$

Proben mit $l_0 = 0$ (Typ I in Bild 2.24) sind meist nicht günstig, da der Beitrag der Übergangsstrecken zur wirksamen Länge - identisch mit l_{pI} in Gl. (A.12) - nur auf etwa 5-10 % genau bestimmt werden kann.

3. Kerbradius: damit der Kerbeffekt nicht zu stark ist, sollte gelten

$$\frac{R}{r} \geq 2 \tag{A.37}$$

Hieraus folgt mit $0 < p < 1/2$ die o.a. Gl. (A.18).

Diese Angaben gelten für Proben mit Einspannköpfen, wie sie in Bild 2.24 dargestellt sind. Im Prinzip ist es möglich, auf die Einspannköpfe zu verzichten und die (hohle oder massive) zylinderförmige Probe mit Hilfe einer überlagerten Axialspannung zwischen ebene Flächen senkrecht zur Achse einzuspannen /A.2/. Diese Vorgehensweise ist bis jetzt nur selten angewandt worden. Es tritt hierbei an die Stelle der durch den Kerbradius verursachten Probleme die Frage, ob die Einspannung greift oder abrutscht sowie die Problematik des durch eine Axialspannung gestörten Schubspannungszustandes.

A.1.5 Mögliche Fehlerquellen

Die Aussagefähigkeit eines Versuches wird wesentlich durch die Fehlerquellen eingeschränkt, wobei die systematischen Fehler von entscheidender Bedeutung sind /2.63, A.3, A.4/. Im Falle des Torsionsversuches ist eine Fehlerbetrachtung von besonderem Interesse bei den kurzen Proben, mit denen zur Simulation technischer Warmumformung extrem hohe Umformgeschwindigkeiten angestrebt werden.

Die folgenden Fehlerquellen bzw. Unsicherheitsquellen sind speziell bei kurzen Proben wesentlich:
- der Kerbeffekt, auf den aber mit Gl. (A.30) korrigiert werden kann;
- die elastische Verformung der Prüfeinrichtung (bei kurzen Proben ist der Drehwinkel bis zum Bruch relativ klein, so daß ein gegebener absoluter Fehler des gemessenen Drehwinkels im Vergleich zu langen Proben einen viel größeren relativen Fehler ergibt);
- ein Absinken der Drehzahl bei Versuchsbeginn infolge der plötzlichen Belastung der Prüfeinrichtung durch das aufgebrachte Drehmoment (dieser Effekt kann durch Verwendung einer Prüfeinrichtung mit Schwungmasse unterdrückt werden);

Im Vergleich zu diesen Unsicherheitsquellen wird im allgemeinen vernachlässigbar sein, daß sich die "wirksame Länge" l_p in Abhängigkeit vom Umformgrad ändert, wenn die Fließkurve vom Verlauf gemäß Gl. (2.56) abweicht, vgl. Gl. (A.12), und daß bei der Versuchsauswertung i.allg. das quadratische Glied in (A.7) vernachlässigt wird.

Hinzu kommen Fehler, die nicht nur beim Torsionsversuch auftreten, wie z.B. die adiabatische Erwärmung der Probe bei hohen Umformgeschwindigkeiten und der Einfluß der Werkstoffanisotropie, ferner die Unsicherheit des Fließkriteriums, vgl. Abschnitt 2.4.3.

A.1.6 Zur Erfassung des Geschwindigkeitseinflusses

In der hier vorgelegten Darstellung des Torsionsversuches und seiner Auswertung wurde die Ermittlung des relativen Verlaufes der Fließkurve in Abhängigkeit vom Umformgrad bei gegebener konstanter Umformgeschwindigkeit beschrieben. Dies hat seinen Grund darin, daß Torsionsversuche i. allg. bei konstanter Drehzahl durchgeführt werden. Daher läßt sich eine Aussage über den Geschwindigkeitseinfluß auf die Fließspannung nur gewinnen, indem mehrere Versuche bei unterschiedlicher Drehzahl bzw. Umformgeschwindigkeit durchgeführt werden *). Dies soll hier zunächst für den einfachen Fall von nur zwei Versuchen mit unterschiedlicher Umformgeschwindigkeit erläutert werden.

*) Im Prinzip sind auch Versuche denkbar, bei denen die Umformgeschwindigkeit kontinuierlich verändert wird.

Es wird also angenommen, daß die Fließkurve für einen Werkstoff in zwei Versuchen mit den Umformgeschwindigkeiten $\dot{\varphi}_1$ und $\dot{\varphi}_2$ unter sonst gleichen Bedingungen ermittelt worden ist. Die Berechnung der Schubspannung im kritischen Radialabstand sei für beide Versuche gemäß Gl. (2.68) durchgeführt worden.

Im allgemeinen Fall muß nun davon ausgegangen werden, daß der relative Verlauf der Fließkurve in Abhängigkeit vom Umformgrad bei der Umformgeschwindigkeit $\dot{\varphi}_1$ ein anderer ist als für $\dot{\varphi}_2 > \dot{\varphi}_1$, d.h. es ist mit (2.69), (2.57), (2.66), (2.67) für $u = u_p$:

$$k_f(\varphi, \dot{\varphi}_1) = \beta\, \tau_0(\gamma_p, \dot{\gamma}_{p1})\,[1 + f(\gamma_p, \dot{\gamma}_{p1})] \tag{A.38}$$

und

$$k_f(\varphi, \dot{\varphi}_2) = \beta\, \tau_0(\gamma_p, \dot{\gamma}_{p2})\,[1 + f(\gamma_p, \dot{\gamma}_{p2})] \tag{A.39}$$

mit

$$f(\gamma_p, \dot{\gamma}_{p1}) \neq f(\gamma_p, \dot{\gamma}_{p2}) \tag{A.40}$$

In diesem Fall ist für den Bereich $\dot{\varphi}_1 < \dot{\varphi} < \dot{\varphi}_2$ eine lineare Interpolation möglich, d.h. es wird geschrieben

$$f(\varphi_p, \dot{\varphi}_p) = f(\varphi_p, \dot{\varphi}_{p1}) + (\dot{\gamma}_p - \dot{\gamma}_{p1})\,\frac{f(\gamma_p, \dot{\gamma}_{p2}) - f(\gamma_p, \dot{\gamma}_{p1})}{\dot{\gamma}_{p2} - \dot{\gamma}_{p1}} \quad \text{für } \dot{\gamma}_{p1} < \dot{\gamma}_p < \dot{\gamma}_{p2} \tag{A.41}$$

Diese Vorgehensweise kann im Prinzip erweitert werden auf den Fall von mehr als zwei Versuchen mit unterschiedlichen Werten von $\dot{\varphi}$. So ergibt sich z.B. für drei Versuche eine quadratische Abhängigkeit der "Korrekturfunktion" von der Umformgeschwindigkeit, für vier Versuche eine kubische usw. Dabei wird allerdings der experimentelle Aufwand sehr hoch. Es wurde aber schon erwähnt, daß der Torsionsversuch vorzugsweise bei nicht zu starken Abweichungen der Fließkurve von der "nullten Näherung" anwendbar ist, vgl. Gl. (2.59) bzw. (2.72). In solchen Fällen wird es oft genügen, die Geschwindigkeitsabhängigkeit der Fließspannung durch ganz wenige Glieder einer Reihe zu beschreiben. In der Praxis wird diese Bedingung eher bei der Kalt- und Halbwarmumformung als bei der Warmumformung erfüllt sein.

A.2 Ebener Torsionsversuch

Zur Bestimmung der in Gl. (3.14) eingeführten "Korrekturfunktion" $f(\tau)$ wird analog zur Vorgehensweise beim Rundstab eine Taylorreihe angesetzt, allerdings jetzt mit nur einer unabhängigen Variablen, der Schubspannung τ :

$$f(\tau) \approx f(\tau_i) + (\tau - \tau_i) \frac{df}{d\tau}\Big|_{\tau_i} + \frac{1}{2}(\tau - \tau_i)^2 \frac{d^2 f}{d\tau^2}\Big|_{\tau_i} \tag{A.42}$$

Hierin ist gemäß Gl. (3.8)

$$\tau_i = \frac{M}{2\pi s_0 r_i^2} \tag{A.43}$$

die Schubspannung für $r = r_i$ (Kanten der inneren Spannbacken).

Analog zur Vorgehensweise beim Torsionsversuch an Rundstäben wird nun der Ansatz (A.42) in Gl. (3.17) für $\bar{f}(M)$ eingesetzt. Es wird ein "kritischer Radialabstand" r_n so festgelegt, daß die Taylorentwicklung der "Korrekturfunktion" für $r = r_n$ mit derjenigen für $\bar{f}(M)$ übereinstimmt. So ergibt sich nach kurzer Rechnung Gl. (3.19), und für die zweite Näherung der "Korrekturfunktion" im Radialabstand r_n folgt

$$f_2(\tau_n) = \bar{f}(M) + B^* \tau_i^2 \frac{d^2 f}{d\tau^2}\Big|_{\tau_i} \tag{A.44}$$

worin abgekürzt ist

$$B^* = \frac{1}{2}\left\{\left[\frac{p_2}{(1+n)p_0}\right]^2 - \frac{p_4}{(1+2n)p_0}\right\} \tag{A.45}$$

Hierin sind die p_k; k = 0, 2, 4 durch (3.13) definiert.

Der maximale Betrag von B* ergibt sich für den hypothetischen Fall $r_i/r_a \to 0$, für den aus (3.13) folgt

$$p_0 = p_2 = p_4 = 1 \ ; \ r_i/r_a = 0 \tag{A.46}$$

Damit wird aus (A.45)

$$B^* = -\frac{n^2}{2(1+n)^2(1+2n)} \ ; \ r_i/r_a = 0 \tag{A.47}$$

In Bild A.6 ist B* aufgetragen. Ersichtlich kann der Betrag von B* in sehr engen Grenzen gehalten werden, wenn r_i/r_a hinreichend groß gewählt wird, denn es gilt

$$|B^*| \leq 0{,}01 \ \text{für} \ r_i/r_a > 0{,}7 \tag{A.48}$$

Dann kann wohl i. allg. das quadratische Glied in Gl. (A.44) vernachlässigt werden, so daß Gl. (3.20) sogar eine dritte Näherung der Schiebung darstellt

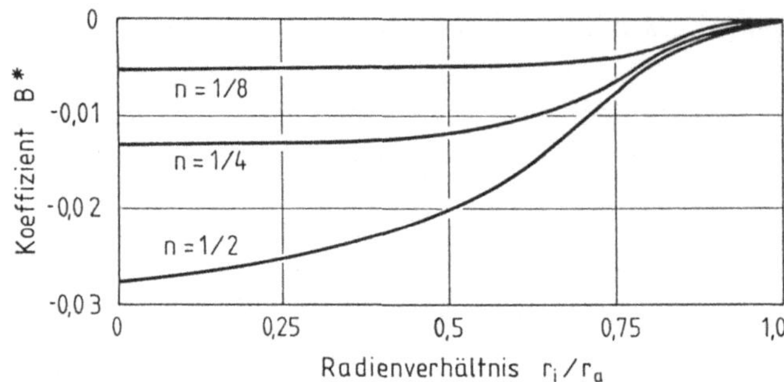

Bild A.6. Der Faktor B* gemäß Gl. (A.45) /3.34/

(vorausgesetzt, daß die zweite Ableitung $|d^2f/d\tau^2|$ nicht zu groß ist, was für die meisten Metalle bei Raumtemperatur erfüllt sein wird).

Abschließend sei zum ebenen Torsionsversuch bemerkt, daß die Unsicherheit des Ergebnisses wohl hauptsächlich durch folgende zwei Ursachen bestimmt ist:

- die Möglichkeit eines Abrutschens der Probe von den inneren Spannbacken;
- die Unsicherheit des Fließkriteriums.

Im Vergleich dazu wird das quadratische Korrekturglied in Gl. (A.42) i. allg. vernachlässigbar sein.

A.3 Literatur zu Anhang A

/A.1/ Neuber, K.: Kerbspannungslehre, 2. Aufl., Berlin/Göttingen/Heidelberg: Springer 1958.

/A.2/ Saunders, I.; Nutting, J.: Deformation of metals to high strains using combination of torsion and compression, Metal Sci. 18 (1984), 571-575.

/A.3/ (Hrsg.) Lautz, G.; Taubert, R.: Kohlrausch, F.: Praktische Physik, Band 1, 22. Aufl., Stuttgart: Teubner 1968.

/A.4/ Squires, G.L.: Meßergebnisse und ihre Auswertung, Berlin/New York: De Gruyter 1971.

Anhang B: Normen und Richtlinien

Hier sind die im vorhergehenden Text zitierten Werkstoffprüfnormen und -richtlinien sowie Werkstoffnormen mit Angabe der Zitatnummer zusammengestellt, ergänzt durch weitere Richtlinien wie auch Euronormen und ASTM-Standards. Die letzteren sind zwar in der Bundesrepublik Deutschland nicht verbindlich, stellen jedoch eine nützliche Hintergrundinformation dar und werden auch in einigen Fällen in Ermangelung einer DIN-Norm herangezogen. Nicht mit aufgeführt sind die in Kapitel 1 erwähnten Normen und Richtlinien für Gefügeuntersuchungen, die nicht zum engeren Thema des Buches gehören sowie - mit Ausnahme von DIN 51 221 - weitergehende Normen über spezielle Prüfmaschinen.

Soweit es sich bei den angegebenen DIN-Normen um "Entwürfe" handelt, war bei der Fertigstellung des vorliegenden Buches meist noch eine ältere Norm gültig, die in dem betreffenden "Entwurf" angegeben ist. Diese wird aber vermutlich bald nach Erscheinen des Buches durch eine aus dem "Entwurf" hervorgegangene neue Norm abgelöst werden.

Es sei darauf hingewiesen, daß für spezielle Werkstoffgruppen auch die VdTüV-Werkstoffblätter /4.5/ sowie die Werkstoff-Leistungsblätter für Metallische Werkstoffe im Werkstoff-Handbuch der Deutschen Luftfahrt Angaben über anzuwendende Prüfverfahren enthalten. Diese wurden im vorliegenden Buch nicht im einzelnen berücksichtigt.

Zugversuch

/1.6/ DIN 50125: Prüfung metallischer Werkstoffe. Zugproben, Entwurf, Juni 1982.

/1.7/ DIN 50145: Prüfung metallischer Werkstoffe. Zugversuch, Mai 1975.

/1.8/ DIN 50114: Zugversuch ohne Feindehnungsmessung an Blechen, Bändern oder Streifen mit einer Dicke unter 3 mm, Dezember 1980.

/1.9/ DIN 51221, Blatt 1: Zugprüfmaschinen. Allgemeine Anforderungen, August 1960.

/1.10/ DIN 51221, Blatt 2: Zugprüfmaschinen. Große Zugprüfmaschinen und Universalprüfmaschinen, August 1960.

/1.11/ DIN 51210: Prüfung metallischer Werkstoffe. Zugversuch ohne Feindehnungsmessung an Drähten, August 1961.

Deutsche Luft- und Raumfahrt-Norm LN 29 512: Kleine Zugproben, Dezember 1969.

Stahl-Eisen-Prüfblatt 1100 E: Begriffsbestimmungen auf dem Gebiet des Verformungs- und Bruchverhaltens metallischer Werkstoffe, Dezember 1978.

Euronorm 2: Zugversuch an Stahl, März 1980.

Euronorm 11-80: Zugversuch an Stahlblechen und -bändern mit Dicken unter 3 mm, März 1979.

ASTM Standard E8-83: Standard Methods of Tension Testing of Metallic Materials, 1983.

/2.126/ Stahl-Eisen-Prüfblatt 88: Eigenschaftsänderungen von Metallpulver durch das Sintern, 1. Ausg., Dezember 1969.

/3.9/ Stahl-Eisen-Prüfblatt 1125: Ermittlung des Verfestigungsexponenten (n-Wert) von Feinblechen im Zugversuch, 1. Ausg., November 1984.

/3.10/ Dripke, M.; Wörner, H.P.: Senkrechte Anisotropie r und Verfestigungsexponent n, Bänder Bleche Rohre 20 (1979), 286-291 (Hinweis auf Richtlinie der IDDRG).

/3.50/ Stahl-Eisen-Prüfblatt 1126: Ermittlung der senkrechten Anisotropie (r-Wert) von Feinblechen im Zugversuch, 1. Ausg., November 1984.

/3.51/ Schmidt, W.: Die senkrechte Anisotropie von Feinblechen, Blech Rohre Profile 25 (1978), 271-275 (Hinweis auf Richtlinie der IDDRG).

Andere Versuche zur Fließkurvenaufnahme

/2.17/ DIN 50106: Prüfung metallischer Werkstoffe. Druckversuch, Dezember 1978.

/2.18/ VDI-Richtlinie 3200: Fließkurven metallischer Werkstoffe, Blatt 1, Grundlagen, Oktober 1978.

/2.19/ Stahl-Eisen-Prüfblatt 1123: Kaltstauchversuch zur Ermittlung des Verfestigungsverhaltens, 1. Ausg., Juli 1973.

/2.21/ Stahl-Eisen-Prüfblatt 1123: Zylinderstauchversuch zur Ermittlung von Kaltfließkurven, 2. Ausg., Entwurf, Februar 1986.

ASTM Standard E 9-81: Standard Methods of Compression Testing of Metallic Materials at Room Temperature, 1981.

ASTM Standard E 309-65: Compression Tests of Metallic Materials at Elevated Temperatures with Conventional or Rapid Heating Rates and Strain Rates, 1981.

Bestimmung der Grenzen der Umformbarkeit

/5.40/ DIN 50101, Teil 1: Tiefungsversuch an Blechen und Bändern mit einer Breite von ≥ 90 mm (nach Erichsen), Dickenbereich 0,2 mm bis 2 mm, September 1979; Teil 2: Tiefungsversuch an Blechen und Bändern mit einer Breite von ≥ 90 mm (nach Erichsen), Dickenbereich über 2 mm bis 3 mm, September 1979.

/5.41/ DIN 50102: Tiefungsversuch an schmalen Bändern (nach Erichsen), Breitenbereich 30 mm bis unter 90 mm, September 1979.

/5.47/ Ziegler, W.: Die Näpfchenprüfung nach Swift, Ind.-Anz. 91 (1969), 2250-2252 (Hinweis auf Richtlinie der IDDRG).

/5.51/ DIN 50111: Prüfung metallischer Werkstoffe. Technologischer Biegeversuch (Faltversuch), Entwurf, November 1984.

/5.52/ DIN 50153: Prüfung metallischer Werkstoffe. Hin- und Herbiegeversuch an Blechen, Bändern oder Streifen mit einer Dicke unter 3 mm, August 1979.

Stahl-Eisen-Prüfblatt 1005: Prüfung von Stahl für Gesenkschmiedestücke im Schmiedewerk, 1. Ausg., Februar 1964.

ISO 7799: Metallic Materials - Sheet and Strip 3 mm thick or less - Reverse Bend Test, October 1985.

Rauheitsmessungen

/1.4/ DIN 4760: Gestaltabweichungen. Begriffe, Ordnungssystem, Juni 1982.

/1.15/ DIN 4762: Oberflächenrauheit, Entwurf, Mai 1978.

/1.16/ DIN 4768, Blatt 1: Ermittlung der Rauheitsmeßgrößen R_a, R_z, R_{max} mit elektrischen Tastschnittgeräten, Grundlagen, August 1974.

/1.17/ DIN 4771: Messung der Profiltiefe P_t von Oberflächen, April 1977.

/1.18/ DIN 4772: Elektrische Tastschnittgeräte zur Messung der Oberflächenrauheit nach dem Tastschnittverfahren, November 1979.

Härtemessungen

/1.29/ DIN 50103, Teil 1: Prüfung metallischer Werkstoffe. Härteprüfung nach Rockwell, Verfahren C, A, B, F, März 1984; Teil 2: Härteprüfung nach Rockwell, Verfahren N und T, März 1984; Teil 3: Härteprüfung nach Rockwell, Modifizierte Rockwell-Verfahren Bm, Fm und 30 Tm für Feinblech aus Stahl, Februar 1985.

/1.30/ DIN 50133: Prüfung metallischer Werkstoffe· Härteprüfung nach Vickers, Bereich HV 0,2 bis HV 100, Februar 1985.

/1.31/ DIN 50351: Prüfung metallischer Werkstoffe. Härteprüfung nach Brinell, Februar 1985.

Kerbschlagbiegeversuch etc.

/1.32/ DIN 50115: Kerbschlagbiegeversuch, Februar 1975.

/1.33/ ASTM Standard E 399-83: Plane-Strain Fracture Toughness of Metallic Materials, 1983.

Kriechversuche

/1.34/ DIN 50118: Prüfung metallischer Werkstoffe. Zeitstandversuch unter Zugbeanspruchung, Januar 1982.

Metallographische Untersuchungen

/1.35/ ASTM Standard E 112-84: Standard Methods for Determining Average Grain Size, 1984.

/1.37/ DIN 50600: Metallographische Gefügebilder. Abbildungsmaßstäbe und Formate, Dezember 1952.

/1.40/ Stahl-Eisen-Prüfblatt 1520: Mikroskopische Prüfung der Carbidausbildung in Stählen mit Bildreihen, März 1978.

/1.41/ Stahl-Eisen-Prüfblatt 1570: Mikroskopische Prüfung von Stählen auf nichtmetallische Einschlüsse mit Bildreihen, 2. Ausg., 1971.

/1.42/ Stahl-Eisen-Prüfblatt 1570, Beiblatt 1: Mikroskopische Prüfung von Edelstählen auf schmale langgestreckte nichtmetallische Einschlüsse, März 1977.

Allgemeines zur Probenahme und Meßtechnik

/4.4/ DIN 1605, Blatt 1: Mechanische Prüfung der Metalle. Allgemeines und Abnahme, Februar 1936.

/2.63/ DIN 1319, Grundbegriffe der Meßtechnik, Teil 3: Begriffe für die Meßunsicherheit und für die Beurteilung von Meßgeräten und Meßeinrichtungen, August 1983.

ASTM Standard E 6-84a: Standard Definitions of Terms Relating to Methods of Mechanical Testing, 1984.

Zerspanbarkeitsprüfung

/6.1/ Stahl-Eisen-Prüfblätter 1160-1178, 2. Ausg., 1969.

Dauerschwingprüfung

/6.39/ DIN 50100: Werkstoffprüfung. Dauerschwingversuche, Begriffe, Zeichen, Durchführung, Auswertung, Februar 1978.

/6.40/ DIN 50113: Umlaufbiegeversuch, März 1982.

Spezielle Prüfmethoden für Drähte

/2.71/ DIN 51212: Prüfung metallischer Werkstoffe. Verwindeversuch an Drähten, September 1978.

/5.53/ DIN 51211: Prüfung metallischer Werkstoffe. Hin- und Herbiegeversuch an Drähten, September 1978.

/6.41/ DIN 51214: Prüfung von Stahl. Knoten-Zugversuch an Runddrähten, Februar 1977.

Korrosionsprüfung

/6.44/ DIN 50900, Teil 1: Korrosion der Metalle. Begriffe. Allgemeine Begriffe, April 1982.

/6.53/ ASTM Standard G 36-73: Performing Stress-Corrosion Cracking Tests in a Boiling Magnesium Chloride Solution, 1973 (Reapproved 1981).

/6.54/ DIN 50021: Korrosionsprüfungen. Sprühnebelprüfungen mit verschiedenen Natriumchloridlösungen, Entwurf, Juni 1985.

/6.55/ DIN 50905, Blatt 1: Chemische Korrosionsuntersuchungen. Allgemeines; Blatt 2: Chemische Korrosionsuntersuchungen, Korrosionsgrößen bei gleichmäßiger Flächenkorrosion; Blatt 3: Chemische Korrosionsuntersuchungen, Korrosionsgrößen bei ungleichmäßiger Korrosion ohne zusätzliche mechanische Beanspruchung, alle Januar 1975.

/6.63/ DIN 50916: Prüfung von Kupferlegierungen. Spannungsrißkorrosionsversuch mit Ammoniak; Teil 1: Prüfung von Rohren, Stangen und Profilen, August 1976; Teil 2: Prüfung von Bauteilen, Entwurf, Juni 1984.

/6.64/ DIN 50 911: Prüfung von Kupferlegierungen. Quecksilbernitratversuch, Juni 1980.

/6.65/ DIN 50908: Prüfung von Leichtmetallen. Spannungskorrosionsversuche, Juli 1974.

Werkstoffnormen und Werkstoffblätter

/3.2/ DIN 1614, Teil 1: Flachzeug aus Stahl. Warmgewalztes Band und Blech aus weichen unlegierten Stählen. Gütevorschriften, September 1974; Teil 2: Warmgewalztes Band und Blech, Technische Lieferbedingungen. Weiche unlegierte Stähle zum unmittelbaren Kaltformgeben, Entwurf, November 1984.

/3.3/ DIN 1623, Teil 1: Flacherzeugnisse aus Stahl. Kaltgewalztes Band und Blech. Technische Lieferbedingungen. Weiche unlegierte Stähle zum Kaltumformen, Februar 1983.

/3.4/ DIN 1623, Teil 2: Flacherzeugnisse aus Stahl. Kaltgewalztes Band und Blech. Technische Lieferbedingungen. Allgemeine Baustähle, Entwurf, August 1984.

/3.5/ DIN 1624: Flachzeug aus Stahl. Kaltgewalztes Band in Walzbreiten bis 650 mm aus weichen unlegierten Stählen. Gütevorschriften, Juli 1977.

/3.6/ Stahl-Eisen-Werkstoffblatt 092: Warmgewalzte Feinkornbaustähle zum Kaltumformen. Gütevorschriften, 2. Ausg., Juli 1982.

/3.7/ Stahl-Eisen-Werkstoffblatt 093: Kaltgewalztes Feinblech und Band mit gewährleisteter Mindeststreckgrenze zum Kaltumformen. Gütevorschriften, 1. Ausg., September 1975.

/4.5/ VdTüV-Werkstoffblatt 100/1: Verzeichnis der VdTüV-Werkstoffblätter, geordnet nach Werkstoffblattnummern, September 1984.

Werkstoff-Leistungsblätter (WL) für Metallische Werkstoffe, in: Werkstoff-Handbuch der Deutschen Luftfahrt, Teil I, Köln: Beuth.

ISO 6930: High Yield Strength Flat Steel Products for Cold Forming, September 1983.

ISO 7778: Steel Plate with Specified Through-Thickness Characteristics, September 1983.

DIN 50049: Bescheinigungen über Werkstoffprüfungen, Juli 1982.

Sachwortverzeichnis

(im Sachwortverzeichnis ist Anhang B nicht berücksichtigt)